研究生力学丛书

Mechanics Series for Graduate Students

冲击动力学

余同希　邱信明

编著

清华大学出版社

北京

内 容 提 要

全书分为四篇,第一篇包括弹性波和弹塑性波两章。第二篇介绍了不同应变率下的动态力学实验技术,概述了目前常用的高应变率下材料的本构关系。第三篇着重分析了刚塑性梁和板的动态响应,其中第 5 章介绍了惯性效应和塑性铰,第 6 章分析了悬臂梁的动态响应,第 7 章探讨了轴力和剪力对梁的动态行为的影响,第 8 章介绍了模态分析技术、界限定理和刚塑性模型的适用性,第 9 章给出了刚塑性板的动力响应分析。第四篇研究了材料与结构的能量吸收,其中第 10 章讨论了材料和结构能量吸收的一般特性,第 11 章介绍了典型的能量吸收结构和材料。

本书着重阐述冲击动力学的基本概念、基本模型和基本方法;同时涉及动态实验方法,以及冲击动力学在冲击和防护问题中的应用。各章均附有习题和主要参考文献,以便于教学和研究参考。

本书作为教材,可供 40 学时左右的研究生课程采用,为固体力学、航空航天、汽车工程、防护工程及国防工程专业的研究生提供冲击动力学领域的前沿科学知识和相关的研究方法,为他们从事有关的科学研究打下基础。同时,也可以供相关专业的教师、研究人员、工程师和大学高年级学生自学和参考。

图书在版编目(CIP)数据

冲击动力学/余同希,邱信明编著. —北京:清华大学出版社,2011.11(2024.8重印)
(研究生力学丛书)
ISBN 978-7-302-26527-6

Ⅰ. ①冲… Ⅱ. ①余… ②邱… Ⅲ. ①冲击动力学－研究生－教材 Ⅳ. ①O342

中国版本图书馆 CIP 数据核字(2011)第 173586 号

责任编辑:佟丽霞 李 嫚
责任校对:刘玉霞
责任印制:丛怀宇

出版发行:清华大学出版社
   网   址:https://www.tup.com.cn,https://www.wqxuetang.com
   地   址:北京清华大学学研大厦 A 座   邮 编:100084
   社 总 机:010-83470000   邮 购:010-62786544
   投稿与读者服务:010-62776969,c-service@tup.tsinghua.edu.cn
   质 量 反 馈:010-62772015,zhiliang@tup.tsinghua.edu.cn
印 装 者:天津鑫丰华印务有限公司
经 销:全国新华书店
开 本:170mm×230mm   印 张:15   字 数:297 千字
版 次:2011 年 11 月第 1 版   印 次:2024 年 8 月第 10 次印刷
定 价:48.00元

产品编号:040001-03

前　言

　　冲击碰撞是在日常生活和体育运动中经常遇到的力学现象,同时又与航空航天、汽车、船舶、海洋平台、核能、防护工程乃至国防工程息息相关。大至载人航天器的着陆、飞机与飞鸟的相撞及汽车碰撞的安全防护,小至手机的跌落、安全帽的设计和对乒乓球的抽击,都需要对冲击碰撞现象有充分的理解与科学的分析。冲击动力学就是专门研究在短暂而强烈的动载的作用下材料行为和结构响应的一门科学。其主要内容涵盖固体中的应力波(弹性波,一维弹塑性波),材料在高应变率下的动态本构关系,结构的动力响应,以及材料和结构的动态能量吸收等。其重点在于阐述基础理论模型和分析方法,同时涉及动态实验方法,以及冲击动力学在冲击和防护问题中的应用。

　　考虑到工程领域的热切需求和学科自身的迅速发展,国内有关专业急需开设冲击动力学的研究生课程,但又缺少一本适用的教材。这就是我们编写这本研究生教材的初衷。事实上,自 1985 年起,本书的第一作者(余同希)先后在北京大学、英国曼彻斯特理工大学(UMIST)和香港科技大学(HKUST)多次为研究生讲授冲击动力学课程,从教学实践和学生反馈中积累了较丰富的经验;同时,作者在这一领域多年积累的前沿研究成果,以及作者的几本专著(如《塑性结构的动力学模型》,余同希与斯壮合著;《材料与结构的能量吸收》,余同希与卢国兴合著)中的核心内容,都为本书提供了丰富的素材。

　　本书的特点是强调冲击动力学的基本概念、基本模型和基本方法,首先阐明冲击动力学的三个要素(应力波、材料的动态行为和结构动力响应中的惯性效应),然后着重通过简明的实例解说简化模型和分析方法,既避免沉湎于数学推演而忘却工程应用背景,又不因陈述技术细节而迷失学科的核心价值。2010 年 9 月,应清华大学航空航天学院的邀请,我们抱着这样的教学理念,在清华大学讲授了40学时的冲击动力学研究生课程,并组织课堂讨论,获得了一致好评。这也极大地鼓舞了我们撰写和出版这本书的信心。

作者衷心感谢清华大学汽车工程系周青教授对开设冲击动力学研究生课程和编写研究生教材的热情支持,同时十分感谢清华大学出版社佟丽霞和李嫚编辑在出版过程中给予的大力帮助。

余同希　邱信明

2011年7月

目录

CONTENTS

第四篇 材料和结构的能量吸收

绪　论

冲击碰撞是在日常生活和体育运动中广泛遇到的力学现象,同时又与航空航天、汽车、船舶、海洋平台、核能、防护工程乃至国防工程息息相关。大至载人航天器的着陆、飞机与飞鸟的相撞及汽车的安全防护,小至手机的跌落、安全帽的设计和对乒乓球的抽击,都需要对冲击碰撞现象有充分的理解与科学的分析。冲击动力学就是专门研究在短暂而强烈的动载的作用下材料的行为和结构的响应的一门科学。

在通常的弹性力学和塑性力学中,讨论的都是准静态的问题。在这些问题中,假定外载荷是缓慢地施加到材料或结构上的,相应的变形也进行得很缓慢。由于不必考虑物质和结构在变形过程中的加速度,惯性力与外载荷相比可以忽略不计,因此可以按平衡问题来分析处理。

但是,在工程实际应用中经常会遇到动态问题,特别是外载荷很强,随时间变化又很快(简称强动载荷)的情况下。在突加载荷作用下,材料或结构的变形也将会有很快的变化,这时就需要处理弹塑性体和结构的动力学问题。例如:

(1) 运载工具的碰撞。汽车、火车、轮船、飞机等运载工具在事故中的相互碰撞或与周围物体的碰撞,会引起结构的变形破坏、人员的伤亡,并造成严重经济损失。随着经济的发展,汽车已经逐渐进入千家万户,而汽车交通事故造成的人员伤亡已经占意外伤亡之首,每年全球约有120万人因此丧生。船舶之间的碰撞、船舶与礁石、桥梁之间的碰撞都会造成巨大的经济损失。随着轨道车辆的高速化,发生碰撞事故时乘员的安全保障已引起了更多的社会关注。飞鸟对飞机的撞击,如果发生在驾驶舱或者发动机上将很危险,虽然鸟的速度不快,但飞机速度很高,二者相向飞行时相对速度很大。有数据表明,当鸟重 0.45 kg,起飞(或降落)时的飞机速度 80 km/h,相撞将产生大于 1500 N 的冲击力;一只 7 kg 重的大鸟撞在时速 960 km/h 的飞机上,产生的冲击力将达 1.44×10^6 N。以飞机起飞或降落时的速度,一只麻雀足以撞毁其发动机。人类越来越频繁的太空活动,造成了太空垃圾的泛滥。由于空间碎片撞击的相对速度平均为 10 km/s,因此这些高速的太空碎片一旦撞上高速运行着的航天器,将会带来极高的破坏力。有人比喻:一个 10 g 的碎片打在卫星上,从双方质量来比较就相当于一个小石块打在一辆正在高速公路上疾驰的汽车上。但是由于撞击速度高,产生的冲击力是石块重量的 13 万倍。

(2) 爆炸载荷的毁伤效应。由于工业事故、军事行动或恐怖袭击,建筑物、桥梁、管道、车辆、舰艇、飞机等都可能受到爆炸载荷的作用,这种载荷通常以空气中的冲击波等形式突然作用在结构物上。

（3）自然灾害载荷。地震、海啸、台风、洪水等自然灾害对水坝、桥梁和高层建筑等结构也会产生强动载荷及毁坏。

（4）各种贮能结构由于局部的破裂诱发能量释放而产生的强动载荷。例如核电站或化工厂输送高压液体的管道在局部破裂后产生的管道甩动；压力容器、水坝等在局部损坏后引起的灾难性溃裂等。

（5）高速成形加载。在爆炸成形、电磁成形等各种金属动力成形的过程中，工件受到强动载荷而发生迅速的塑性变形；锻造和高速冲压等过程中也有类似的问题。

（6）生活和运动中的冲击碰撞。例如高空坠物，冰面上摔倒，运动中人与人的冲撞，快速运动的足球或高尔夫球撞击人的头部和身体，等等。

工程实际和生活中遇到的这些多种多样的问题要求我们对强动载荷作用下的固体材料和结构的行为加以科学的认识和系统的研究。为什么材料和结构的动态特性通常与其准静态特性不同呢？这在力学上主要归结为以下三大类原因：

（1）材料和结构中的应力波。材料和结构的局部表面受到动载荷作用或位移扰动时，所产生的应力和变形将以波的形式传播开去。当这种载荷或扰动比较弱时，产生的是弹性波；载荷或扰动较强时，产生的应力将达到或超过材料的初始屈服应力，于是产生塑性波。假设材料中的应力波速为 c，物体的特征尺度为 L，外载荷的特征时间（例如外载荷上升到最大幅值所经历的时间，或载荷脉冲的持续时间）为 t_c；如果在某一问题中，$t_c \ll L/c$，那么物体在这一尺度上的应力和变形的不均匀性是不可忽略的，即必须考虑波的效应。例如，地壳的特征尺度大，地震和地下爆炸的效应主要通过波的形式表现出来。又如在打桩和分离式 Hopkinson 压杆（简称 SHPB，是一种研究材料动态性质的重要实验装置，详见第 3 章）等问题中，扰动是沿着杆长（杆的大特征尺度）方向传播的，因而波的反射、透射、弥散等对问题的分析至关重要。当梁、板、壳等结构元件受到横向载荷作用时，由于厚度方向特征尺度小，情况就有所不同。金属材料中的弹性波速通常为每秒数公里（例如钢的弹性波速为 5.1 km/s），因此一般在微秒量级的时段内就使结构厚度方向的所有质点受到波及，并产生整体的加速运动。结构的这种整体性运动就叫做结构的弹塑性动力响应（在本书第三篇中将详细分析），通常要经历毫秒量级或者更长的时间才会达到结构的最大变形状态。正是由于结构中波的效应和结构动力响应在时间上相差好几个数量级，通常可以区分为两类问题，分别予以考虑，即：考察波效应时认为结构尚未发生运动和变形；而分析结构动力响应时则不再考虑波传播的影响。

（2）材料的动态行为。在强动载荷作用下，固体和结构物的材料将发生高速变形。由材料的微观变形机制所决定，材料对高速变形的抵御能力通常高于对缓慢变形的抵御能力。这一点已经为众多的材料实验所证实。例如，金属塑性变形的机理主要是位错的运动，而位错在金属晶格中高速通过时所遇到的阻力比缓慢通过时更大,这就造成了大多数金属在高速变形时呈现的较高屈服应力和流动应力。对材料动态性能研究的一项主要任务,就是在实验资料的基础上归纳出应变率对材料应力-应变关系的影响,从而建立与应变率相关的材料动态本构关系。当把这些动态本构关系应用于结构动力学问题时,由于结构内不同微元在不同时刻所经历的应变历史和瞬时应变率各不相同,所以往往需要对本构方程作很大简化。

(3) 结构响应中的惯性影响。在结构的动力响应过程中,通常总是既有弹性变形,又有塑性变形,这两种变形以及它们之间的分界面都随时间而变化。因此,在求解结构动力响应时,不仅需要对不同区域采用不同的本构关系,而且要处理复杂的动边界问题。为了减少数学上的复杂性,在结构动力响应的理论分析中,常常对材料的本构关系做出大幅度的简化,一个最常用也是最成功的理想化是把结构假定为由理想刚塑性材料制成的,不仅忽略了材料的弹性,也忽略了材料的应变强化效应和应变率效应。这样做的背景和依据是:在强动载荷作用下,被考察的结构通常要经历相当大的塑性变形,外载荷做的功绝大部分将转化为塑性变形能被耗散掉,只有很小一部分转化为结构的弹性变形能;因而,忽略弹性变形及相应的能量,对工程上关心的结构最终变形和失效方式等总体性态并不会造成很大的影响,却可以大大简化问题的数学提法和解法。由于材料理想化上的相似性,结构的刚塑性动力响应分析同塑性力学中的结构极限分析在概念和方法上有着密切的联系。例如广泛应用运动许可速度场(机动场)的概念和含有塑性铰的运动机构等。同时,也要注意二者之间的很大不同,主要表现在惯性的介入。塑性力学中的极限分析原理告诉我们,如果结构的材料是理想弹塑性或者理想刚塑性的,那么该结构在外载荷作用下存在一个极限状态,即:外载荷达到某个极限载荷时,结构将变成机构而丧失进一步承载的能力。但是,若从动力学的观念来考察同一个问题,就会发现:当动载荷超过静极限载荷时,结构必然会产生加速度,按照达朗贝尔原理,就相当于结构的惯性力参加承受外载荷、抵抗变形。外载荷越大,加速度越大,惯性力也就越大,因而结构可以在短时间内承受比静极限载荷高得多的外载荷,这是结构动力响应不同于静力极限分析的一个显著特点。

概括来讲,但凡有事故,十之八九就有冲击载荷和冲击动力学问题存在。目前数值方法发展得很快、应用越来越广,部分研究者认为遇到冲击动力学问题,只要用有限元软件进行数值模拟就可以了。事实上,对于数值仿真来说,正确理解最基本的动力学原理、概念和动态变形机制是准确建立模型的前提。数值计算虽然可以给我们提供大量的数据,但是这些数据能说明什么问题,恰恰要求研究者在理解冲击动力学原理的基础上,才能弄清动态变形机制和准静态问题的根本差别。掌握广泛适用的分析方法,从大量数据中提取最重要的影响因素和规律性的结果,这是研究冲击动力学问题的核心所在。

本教材将为固体力学、航空航天、汽车工程、防护工程及国防工程专业的研究生提供的这一领域的前沿科学知识和相关的研究方法,为他们从事有关的课题研究打下基础。其主要内容涵盖固体中的应力波(弹性波,一维弹塑性波),材料在高应变率下的动态行为及实验方法,结构的动力响应,以及材料和结构的动态能量吸收等。重点在于如何建立力学模型,以及如何将这些模型应用到各种冲击问题中去。

第一篇　固体中的应力波

第**1**章

弹 性 波

在可变形固体介质中,对力学平衡状态的扰动表现为质点速度的变化和相应的应力、应变状态的变化。由于可变形介质的特性,当固体中的某些部分受到扰动因而处于力学上的不平衡状态时,固体中的其他部分需要一定的时间才能感受到这种不平衡。这种因应力和应变的变化而引起的扰动以波的形式在固体中传播,就称为应力波。

1.1 圆杆中的弹性波

弹性压缩波的传播

如图 1.1 所示,考虑一个各向同性材料制成的半无限长的均质圆杆,坐标原点 O 点固定于半无限长杆的自由端。设 x 表示杆上某点到原点 O 的距离;$u(x)$ 表示杆上距 O 点初始距离为 x 的平面 AB 发生的位移;平面 $A'B'$ 平行于 AB 且距离原点 O 的初始距离为 $x+\delta x$,该平面的位移为 $u+\dfrac{\partial u}{\partial x}\delta x$。从 $t=0$ 时刻起,在 $x=0$ 的端面上作用一个集中压力,它将引起一个沿杆传播的弹性扰动。在 t 时刻,扰动传播至截面 AB,因此该截面上受压应力 $-\sigma_0$ 的作用。需要注意的是,这里的分析采用了细长杆假设,即认为脉冲载荷的长度至少是杆横截面尺度的 6 倍。在这种情况下,可以忽略横向应变和横向惯性效应。此外,在分析中还忽略了杆的重力和材料的阻尼。

如图 1.2 所示,取均质圆杆中的一个单元进行受力分析。设 A_0 是杆的初始截面积,ρ_0 是材料初始密度,$-\sigma_0$ 是杆中传播的应力水平,负号表示压应力。由牛顿第二定律,该单元的运动方程,$-\dfrac{\partial \sigma_0}{\partial x}\cdot \delta x\cdot A_0=\rho_0\cdot A_0\cdot \delta x\cdot \dfrac{\partial^2 u}{\partial t^2}$,即

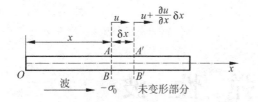

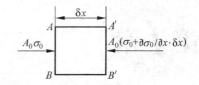

图 1.1   弹性压缩波在均质圆杆中的传播   图 1.2   均质圆杆代表单元的受力平衡

$$\frac{\partial \sigma_0}{\partial x} = -\rho_0 \frac{\partial^2 u}{\partial t^2} \tag{1.1}$$

分析此代表单元的变形可知,单元长度为 δx,单元中的应变为

$$\varepsilon = \frac{\partial u}{\partial x} \tag{1.2}$$

设材料的杨氏模量是 E,在线弹性范围内由胡克定律有

$$-\sigma_0 = E \frac{\partial u}{\partial x} \tag{1.3}$$

对上式求偏导数,进而得到应力在单元上的变化率:

$$\frac{\partial \sigma_0}{\partial x} = -E \frac{\partial^2 u}{\partial x^2} \tag{1.4}$$

将(1.1)式代入(1.4)式,得到

$$\rho_0 \frac{\partial^2 u}{\partial t^2} = E \frac{\partial^2 u}{\partial x^2} \tag{1.5}$$

引入 $c_L = \sqrt{E/\rho_0}$,则上式可以表示为

$$\frac{\partial^2 u}{\partial t^2} = c_L^2 \frac{\partial^2 u}{\partial x^2} \tag{1.6}$$

(1.6)式是一个典型的一维波动方程,考虑此方程的求解。对于具有如下形式的波动方程,

$$\frac{\partial^2 u}{\partial t^2} = c^2 \frac{\partial^2 u}{\partial x^2} \tag{1.7}$$

其通解 $u(x,t)$ 具有如下形式:

$$u(x,t) = f_1(x - ct) + f_2(x + ct) \tag{1.8}$$

将(1.8)式代入波动方程(1.7)验证可知,

$$\frac{\partial u}{\partial t} = -cf_1'(x - ct) + cf_2'(x + ct), \qquad \frac{\partial^2 u}{\partial t^2} = c^2 f_1''(x - ct) + c^2 f_2''(x + ct)$$

$$\frac{\partial u}{\partial x} = f_1'(x - ct) + f_2'(x + ct), \qquad \frac{\partial^2 u}{\partial x^2} = f_1''(x - ct) + f_2''(x + ct)$$

显然,表达式(1.8)是波动方程(1.7)的通解。

为阐明通解(1.8)式的力学意义,只考虑其中的一项,即设 $f_2 = 0$,则有:$u(x,t) =$

$f_1(x-ct)$。

图 1.3 给出了不同时刻,扰动波在均质圆杆中产生的位移分布。若在 $t=t_1$ 时刻,杆中 $x=x_1$ 位置处的位移为 $u=s$;而且在 $t=t_2$ 时刻,杆中 $x=x_2$ 位置处也有相同位移 $u=s$,则 $s=f_1(x_1-ct_1)=f_1(x_2-ct_2)$,也就是 $x_1-ct_1=x_2-ct_2$。可以得到波传播的速度为

$$c=\frac{x_2-x_1}{t_2-t_1} \tag{1.9}$$

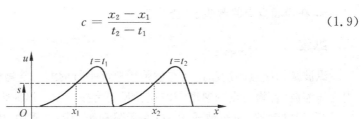

图 1.3　不同时刻扰动波在均质圆杆中产生的位移

这说明,对于由方程(1.6)控制的波的传播过程,$c_L=\sqrt{E/\rho_0}$ 恰恰代表了纵波(即压缩波或拉伸波)的波速。

波动方程的通解(1.8)式中的两项,$f_1(x-ct)$ 表示波沿着 $+x$ 方向传播,也就是右行波;$f_2(x+ct)$ 表示波沿着 $-x$ 方向传播,也就是左行波。通解(1.8)式中的两个行波 $f_1(x-ct)$ 和 $f_2(x+ct)$ 都具有如下的特点:首先,在波的传播过程中波形和幅值都不改变;其次,波传播的速度 c 是恒定的。也就是说,一维纵波(压缩波或拉伸波)在传播过程中是不弥散的。

如何区分一维纵波中的压缩波和拉伸波呢? 从应力的角度讲,压缩波产生负的应力,拉伸波产生正的应力;从物质点的运动速度来看,压缩波中物质点速度方向与波传播方向一致,而拉伸波中物质点速度方向与波传播方向相反。表 1.1 给出了几种典型固体材料的弹性纵波波速。

表 1.1　典型固体材料的弹性纵波波速

	碳钢	铝合金	玻璃	聚苯乙烯
E/GPa	205	75	95	
$\rho_0/(\text{g/cm}^3)$	7.8	2.7	2.5	
$c_L/(\text{m/s})$	5100	5300	6200	2300

1.2　弹性波的分类

不同种类的弹性波都可以在固体中传播。弹性波的分类通常源自固体内物质点的运动方向与波自身传播方向之间的关系,以及问题的边界条件。最常见的弹性波

种类如下:

　　1)纵波(无旋波);

　　2)横波(畸变波,剪切波);

　　3)表面波(Rayleigh 波);

　　4)界面波(Stoneley 波);

　　5)在梁和板中的弯曲波(挠曲波)。

纵波

纵波是物质点的运动速度与波传播速度平行的波。若物质点的速度与波速相同则为压缩波,若物质点的速度与波速相反则为拉伸波。纵波也称作无旋波,在地震学中,被称为推动波、初至波或 P 波;在无限和半无限介质中,因其可以引起物质体积变化,也被称为"膨胀波"。

横波(剪切波)

横波的特点是,其物质点的运动速度方向垂直于波传播的速度方向。如图 1.4 所示,圆杆某处被夹具卡紧后,在其中自由的一端施加扭矩。由于存在夹具的作用,另一端初始时刻处于无应力状态。突然释放夹具,杆中会产生由加载端向远端传播的扰动。由于物质点的运动速度方向处于杆的横截面内,而波传播方向沿着杆的方向,此波动为横波,也称剪切波。横波引起的法向应变(正应变)都等于零,不会引起材料密度的变化;而引起剪切应变非零,会引起形状变化。因此横波也被称为畸变波,或等体积波。

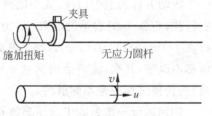

图 1.4　圆杆扭转释放产生的横波

可以证明,横波的波速为 $c_S = \sqrt{G/\rho_0}$,其中 G 为固体材料的剪切模量。比较弹性材料横波和纵波的波速可知,$\dfrac{c_S}{c_L} = \sqrt{\dfrac{G}{E}} = \dfrac{1}{\sqrt{2(1+\nu)}} < 1$,式中 ν 为泊松比;即同种材料中,横波的波速小于纵波的波速。在地震学中,横波也被称为次至波,摇晃波,S 波。

表面波(Rayleigh 波)

在表面波中,质点既上下运动、又前后运动,描绘出的轨迹是个椭圆。水面上水波的运动是表面波,如图 1.5 所示,用一个漂浮软木塞的运动可以看出表面波中物质点的运动规律。表面波的传播局限于邻近表面边界的区域内,在远离表面的区域,质点的速度按指数形式快速下降。

图 1.6 是以小锤敲击半无限固体的表面,产生的波的示意图,它比较了几种波的传播形式。其中纵波(P 波)的速度比横波(S 波)快。而表面波(Rayleigh)只在物体表面的有限区域内有影响。

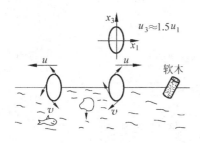

图 1.5 水表面的表面波

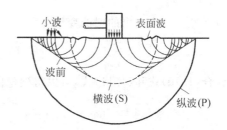

图 1.6 锤击无限大平面产生的波

界面波(Stoneley 波)

当两个材料属性不同的半无限介质互相接触而受到扰动时,它们的接触面上存在界面波。固体的表面波(Rayleigh 波)可以看成是界面波的一种特殊情况,即两种相邻的介质中有一种的密度和弹性波速可以忽略(如空气)。

分层介质中的波(Love 波)

地球其实是由性质不同的地层组成的,因此形成了一种特殊的波,因其最初研究者 Love 而命名。地震产生的位移中,水平方向的分量可以明显大于垂直分量。这种行为与 Rayleigh 波不相符,而是 Love 波的作用结果。

弯曲波(挠曲波)

弯曲波指的是弯曲变形在一维(梁、拱)和二维(板、壳)构型中的传播。如图 1.7 所示,对于一个受弯曲作用的直梁,截面积为 A_0,截面关于中性轴的惯性矩为 I,沿梁的长度方向的坐标为 x,垂直于梁长度方向的坐标为 z,在弯矩 M 和剪力 Q 的作用

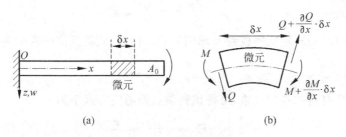

(a)   (b)

图 1.7 梁受弯以及其微元受力分析图

(a) 受弯曲的梁;(b) 微元受力分析

下产生挠度 w。梁的材料的密度为 ρ_0,弹性模量为 E。

取一段微小单元 δx 进行受力分析。考虑此微元 z 方向的受力平衡有

$$-(\rho_0 A_0 \cdot \delta x) \cdot \frac{\partial^2 w}{\partial t^2} = \frac{\partial Q}{\partial x} \cdot \delta x \tag{1.10}$$

由弹性力学中给出的梁的变形方程:

$$EI \frac{\partial^3 w}{\partial x^3} = Q \tag{1.11}$$

综合(1.10)式和(1.11)式,可以得到弯曲波的波动方程:

$$\rho_0 A_0 \frac{\partial^2 w}{\partial t^2} = -EI \frac{\partial^4 w}{\partial x^4} \tag{1.12}$$

或者表示为

$$\frac{\partial^2 w}{\partial t^2} = -c_{\mathrm{L}}^2 k^2 \frac{\partial^4 w}{\partial x^4} \tag{1.13}$$

上式中 $c_{\mathrm{L}} = \sqrt{E/\rho_0}$ 是纵波波速,k 是梁的横截面关于中性轴的回转半径,也就是 $I = A_0 k^2$。

显然,$w(x,t) = f_1(x - ct)$ 或者 $w(x,t) = f_2(x + ct)$ 形式的解不再能够满足 (1.13)式的弯曲波波动方程。这表明任意形式的弯曲扰动(即对挠度施加的扰动)都不会无耗散地传播。

1.3   波的反射和相互作用

机械阻抗(mechanical impendance)

仍以一维压缩波为例,研究波的反射及相互作用。如上节所示,在波动方程的通解(1.8)式中,右行纵波(即波传播方向沿着 x 轴正向的波)中物质点的位移为

$$u(x,t) = f(x - ct) \tag{1.14}$$

将位移(1.14)式对时间 t 求偏导数,可以得到物质点的速度为

$$v_0 = \frac{\partial u}{\partial t} = -cf'(x,t) \tag{1.15}$$

将位移(1.14)式对空间位置 x 求偏导数,可以得到物质点的应变为

$$\varepsilon = \frac{\partial u}{\partial x} = f'(x,t) \tag{1.16}$$

利用弹性材料的本构关系,可得该物质点处的应力水平为

$$\sigma = -E\varepsilon = -Ef' = \frac{Ev_0}{c} \tag{1.17}$$

考虑波速 $c = \sqrt{E/\rho_0}$,(1.17)式可以变化为

$$\sigma = \frac{Ev_0}{c} = \rho_0 c v_0 = v_0 \sqrt{E\rho_0} \tag{1.18}$$

(1.18)式中的物理量 $\rho_0 c$ 称为杆的**机械阻抗**(mechanical impedance)或者**波阻抗**(sonic/sound impedance)。将上述表达式写成如下形式,

$$v_0 = \frac{\sigma}{\sqrt{E\rho_0}} = \frac{c}{E}\sigma = \frac{\sigma}{\rho_0 c} \tag{1.19}$$

(1.19)式给出了物质点运动速度与应力水平之间的关系式。例如,对于钢材,若应力水平为 100MPa,可计算出对应的物质点运动速度为

$$v_0 = \frac{c}{E}\sigma = \frac{5100 \text{ m/s} \cdot 100 \text{ MPa}}{205 \text{ GPa}} \approx 2.49 \text{ m/s} \tag{1.20}$$

钢材的波阻抗为

$$\rho_0 c = 7800 \text{ kg/m}^3 \times 5100 \text{ m/s} \approx 4 \times 10^7 \text{ N} \cdot \text{s/m}^3 \tag{1.21}$$

波速和波阻抗是两个很重要的物理量,波速的物理意义是扰动在可变形固体中的传播速度,而波阻抗的物理意义是代表了可变形固体对扰动的抵抗程度。

波在边界上的相互作用

这里我们简要描述一下波传播到两种介质的边界时所发生的力学现象。当界面两侧的介质的波阻抗(由介质的密度乘以弹性波速决定)不相同时,图 1.8 给出了一个入射的纵波在边界上发生的反射和透射现象。该纵波传播到边界上时,除了反射和透射产生的纵波以外,还同时在界面上产生了两个横波。反射角、透射角和入射角间的关系可以由以下的公式简单给出,

$$\frac{\sin\theta_1}{c_L} = \frac{\sin\theta_2}{c_S} = \frac{\sin\theta_3}{c_L} = \frac{\sin\theta_4}{c_L'} = \frac{\sin\theta_5}{c_S'} \tag{1.22}$$

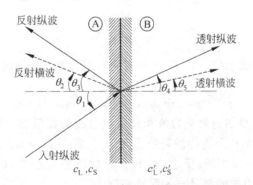

图 1.8 纵波在界面上的反射和透射

作为特殊情况,当入射波沿分界面法向入射的时候($\theta_1 = 0$),一个入射纵波将只反射和透射纵波,而一个入射横波将只反射和透射横波。问题可以简化成一维波的

反射和透射。

一维纵波的反射和透射

　　如图 1.9(a)所示，一个纵波在细长圆杆中以波速 c 传播，此时物质点的速度为 v，应力水平为 σ。假定细长圆杆由两种介质构成，分别标记为 A 和 B；当波传播到两种介质的边界时，将发生反射和透射。图 1.9(b)给出了分界面上由入射波、透射波和反射波分别引起的应力水平；对应的图 1.9(c)给出了分界面上的物质点由入射波、透射波和反射波分别产生的速度。根据两种介质的密度 ρ_A，ρ_B 以及波速 c_A，c_B，可以对透射波和反射波的幅值进行计算。

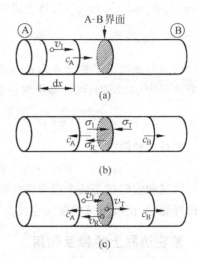

图 1.9　细长圆杆中一维纵波的反射和折射

　　分别用下标 I，T 和 R 表示入射波、透射波和反射波。在细长杆中 A，B 两种介质的分界面上进行分析。首先根据力的平衡方程得到

$$\sigma_I + \sigma_R = \sigma_T \tag{1.23}$$

　　再根据物质点运动的连续性条件，有

$$v_I + v_R = v_T \tag{1.24}$$

利用物质点速度与应力水平之间的关系式(1.19)式，对于入射波、反射波和透射波分别有

$$v_I = \frac{\sigma_I}{\rho_A c_A}, \quad v_R = -\frac{\sigma_R}{\rho_A c_A}, \quad v_T = \frac{\sigma_T}{\rho_B c_B} \tag{1.25}$$

由(1.23)式，(1.24)式和(1.25)式，容易得到透射波及反射波的应力幅值分别为

$$\frac{\sigma_T}{\sigma_I} = \frac{2\rho_B c_B}{\rho_B c_B + \rho_A c_A}, \quad \frac{\sigma_R}{\sigma_I} = \frac{\rho_B c_B - \rho_A c_A}{\rho_B c_B + \rho_A c_A} \tag{1.26}$$

　　根据(1.26)式，显然透射应力波和反射应力波的幅值都取决于介质(材料)的机械阻抗(波阻抗)。若 B 介质的波阻抗大于 A 介质，$\rho_B c_B > \rho_A c_A$，有 $\sigma_R/\sigma_I > 0$，即反射应力波的符号与入射波相同；反之，若 B 介质的波阻抗小于 A 介质，$\rho_B c_B < \rho_A c_A$，有 $\sigma_R/\sigma_I < 0$，即反射应力波的符号与入射波相反。

　　利用类似的方法对物质点的速度进行分析，可以得到反射波和透射波导致的物质点运动速度，结果如下：

$$\frac{v_R}{v_I} = \frac{\rho_A c_A - \rho_B c_B}{\rho_A c_A + \rho_B c_B}, \quad \frac{v_T}{v_I} = \frac{2\rho_A c_A}{\rho_A c_A + \rho_B c_B} \tag{1.27}$$

第一种特殊情况,应力波在自由端的反射

对于自由端来说,相当于 B 介质为真空(或空气),即 $\rho_B c_B = 0$。代入(1.26)式和(1.27)式可以分别得到透射应力波和反射应力波的幅值,以及透射和反射引起的物质点运动速度,得

$$\frac{\sigma_T}{\sigma_I} = 0, \quad \frac{\sigma_R}{\sigma_I} = -1, \quad \frac{v_R}{v_I} = 1, \quad \frac{v_T}{v_I} = 2 \tag{1.28}$$

因而,在自由端发生反射之后,应力和物质点速度的分布如图 1.10 所示。

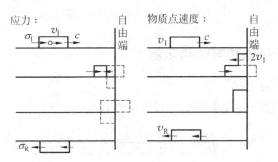

图 1.10　一维应力波在自由端的反射

当一个入射波到达自由端时,自由端的应力水平始终保持为零。自由端产生的反射波与入射波符号相反,也就是说压缩波产生的反射波为拉伸波,而拉伸波产生的反射波为压缩波。

入射波到达自由端时,自由端的物质点速度加倍;反射完成之后,杆中的物质点速度和入射波产生的物质点速度相同。

第二种特殊情况,应力波在固定端的反射

对于杆的一端完全固定的情况,可以认为 B 材料无限刚硬,即 $E_B = \infty$,相应的波阻抗 $\rho_B c_B = \infty$。代入(1.26)式和(1.27)式可以分别得到透射应力波和反射应力波的幅值,以及透射和反射引起的物质点运动速度为

$$\frac{\sigma_T}{\sigma_I} = 2, \quad \frac{\sigma_R}{\sigma_I} = 1, \quad \frac{v_R}{v_I} = -1, \quad \frac{v_T}{v_I} = 0 \tag{1.29}$$

因而,在固定端发生反射之后,应力和物质点速度的分布如图 1.11 所示。

当一个入射波到达固定端时,固定端的应力水平加倍。固定端产生的反射波与入射波符号必定相同,也就是说压缩波产生的反射波仍为压缩波,而拉伸波产生的反射波仍为拉伸波。

入射波到达固定端时,固定端的物质点速度始终保持为零;反射完成之后,杆中的物质点速度方向和入射波产生的物质点速度方向相反,但速度大小和入射波相同。

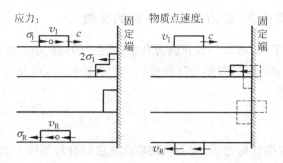

图 1.11　一维应力波在固定端的反射

一维波的传播与相互作用示例

【例 1】　矩形脉冲的产生

考虑如图 1.12 所示半无限长的细长弹性杆。

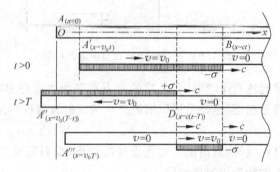

图 1.12　半无限长细长弹性杆中的矩形脉冲

在 $t=0$ 时刻,在杆的自由端 A 点施加一个向右初速度 v_0,将引起一个向右传播的压缩波。

在 $t>0$ 的 t 时刻,压缩波的前沿到达 B 点,其中 B 点离自由端的距离为 $AB=ct$;同时原来的 A 点运动到 A' 点,位移为 $AA'=v_0 t$。此时在杆的 $A'B$ 段中所有物质点均具有相同的速度 v_0,由于压缩波产生的压应力大小则为 $\sigma=\rho c v_0$。

在 $t=T$ 的时刻,在 A 点再施加一个向左的速度 v_0,这将引起一个向右传播的拉伸波。

在 $t>T$ 的 t 时刻,拉伸波前沿到达 D 点,D 点到 A' 的距离为 $A'D=c(t-T)$。同时原自由端 A 点运动到 A'' 位置处。两个弹性波互相叠加,作用效果是产生了一个长度为 cT,应力幅值为 $\sigma=\rho c v_0$ 的矩形脉冲。脉冲(对应杆中 DB 段)是一个有限长度的压缩波,以弹性波速 c 向右传播。除了 DB 段以外,细长杆中其他的物质点的运动速度为零都而且不承受应力,和没有受到扰动的状态相同。

【例 2】 压缩脉冲和拉伸脉冲的相互作用

如图 1.13 所示,细长杆 A_1A_2,杆的中点为 B。在杆的 A_1B 段,一个应力幅值为 σ 的压缩脉冲由左向右传播,易知脉冲中物质点的运动速度为 $+v_0$(方向向右)。在相对于 B 点与 A_1B 段对称的 A_2B 段中,同时有一个应力幅值为 σ 的拉伸脉冲由右向左传播,脉冲中物质点的运动速度也为 $+v_0$(方向向右)。

经过一定的传播时间后,压缩脉冲和拉伸脉冲在截面 B 处相遇。拉压应力叠加的效果是 B 点的应力降为零,同时物质点速度叠加的效果造成 B 点的速度加倍,变成 $2v_0$。

相遇后的两个脉冲各自向前传播,分别完全经过 B 点后,压缩波继续在 A_2B 段传播,而拉伸波继续在 A_1B 段传播。由于在任意时刻 B 点的应力都为零,可以设想细长杆 A_1A_2 在 B 点被切断,产生了 A_1B 和 A_2B 两根均以 B 点为自由端的杆;其结果,如图 1.13 中两脉冲相遇的图像就正好代表了一个脉冲在自由端 B 点反射的情况,即:当一维纵波在自由端反射的时候,应力符号改变,物质点速度加倍。

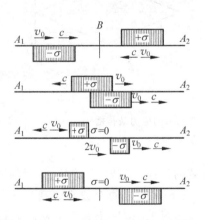

图 1.13　细杆中的压缩脉冲和拉伸
　　　　　脉冲的相互作用

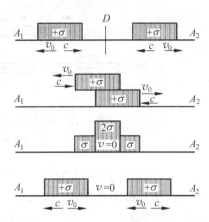

图 1.14　细杆中的两个相向的拉伸
　　　　　脉冲的相互作用

【例 3】 拉伸脉冲和拉伸脉冲的相互作用

如图 1.14 所示,细长杆 A_1A_2,杆的中点为 D。在杆的 A_1D 段和 A_2D 段,分别有两个应力幅值为 σ 的拉伸脉冲相向传播。A_1D 段中为右行波,物质点的运动速度为 $-v_0$(方向向左)。A_2D 段中为左行波,物质点的运动速度为 $+v_0$(方向向右)。

经过一定的传播时间后,两个拉伸脉冲在截面 D 处相遇。两个拉应力叠加的效果是 D 点的物质点速度降低为零,同时应力叠加的效果造成 D 点的应力加倍,变成 2σ。

相遇后的两个脉冲各自向前传播,分别完全经过 D 点后,仍然是两个拉伸脉冲各自在 A_2D 段和 A_1D 段中继续传播,但是 A_1D 段中为左行波,而 A_2D 段中为右行波,均与到达 D 点的入射波方向相反。由于在任意时刻 D 点的物质点速度都为零,可以设想细长杆 A_1A_2 在 D 点被切断,产生了 A_1D 和 A_2D 两个均以 D 点为固定端的杆;其结果,如图 1.14 中脉冲相遇的图像就代表了波在固定端 D 点反射的情况,即:当一维波在固定端反射的时候,物质点速度保持为零,应力水平加倍。反射波经过杆的其他部分时,波传播方向和物质点速度方向均反号。

【例 4】 两相同杆发生共轴正碰撞后的应力波传播

如图 1.15(a)所示,两根材料和尺寸都完全相同的杆,以相同的速度 v_0 相向运动。设在 $t=0$ 时刻,两个杆发生共轴的正碰撞。碰撞同时产生应力幅值为 $\sigma=\rho c v_0$ 的两个压缩波,沿两杆各自传播。压缩波前沿经过的区域,物质点的速度降低为零。

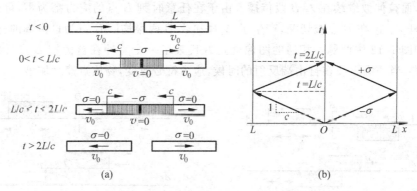

图 1.15   两相同杆发生共轴正碰撞后的应力波传播
(a) 力学图像;(b) 位置-时间图

图 1.15(b)在位置-时间(x-t)平面上显示波的传播与反射,称为位置-时间图或 Lagrange 图。由于弹性纵波的波速为常数,在(x-t)平面上每个波都表现为一条斜率为 $1/c$ 的直线。于是,碰撞产生的两个压缩波在图 1.15(b)上表现为从原点 O 出发的斜率为 $1/c$ 的,分别朝向右上方和左上方的两条直线。

若杆的长度为 L,在 $t=L/c$ 的时刻,两杆中的物质点速度处处为零,即该时刻杆处于静止状态,但同时处处都受到 $\sigma=\rho c v_0$ 的压应力作用。

两个压缩波在 $t=L/c$ 的时刻在自由端分别发生反射,变成拉伸波。两个拉伸波向内相向传播,拉伸波前沿经过的区域应力降低为零,但物质点重新获得向外的速度 v_0。这两个反射产生的拉伸波在图 1.15(b)上表现为从左右边界分别出发的斜率为 $1/c$ 的两条直线。

在 $t=2L/c$ 的时刻,上述两条代表拉伸波的直线在 $x=0$ 相遇,即:两个拉伸波各自重新到达接触面,接触面上的点也获得了向外的速度 v_0,因此两根杆分离并各自向外运动。从这个例子我们看到,Lagrange 图是显示波的传播和相互作用的有力工具。

　　设杆的截面积为 A,则一根杆的初始动能为 $K_0 = AL\rho v_0^2/2$。在 $t = L/c$ 时刻,动能全部转化为杆件的弹性变形能,$W^e = AL\sigma^2/2E = AL\rho v_0^2/2$。在 $t = 2L/c$ 时刻以后,弹性能重新转化为动能。整个撞击过程中没有能量损失,因此在这种情况下,碰撞的恢复系数(coefficient of restitution,简称 COR),$e = 1$,对应于理想状态下的完全弹性碰撞。这是一个假设,在真实情况下是很难实现的。

思考题

　　1. 列出一维弹性波理论的基本假设,并指出其局限性。

　　2. 在实际工程应用中,在哪些种情况下必须考虑弹性波传播效应?

习题

1.1　细长圆杆一端受到突加扭矩的作用,请证明弹性扭转波传播的速度是 $c_t = \sqrt{G/\rho_0}$,其中 G 和 ρ_0 分别为材料的剪切模量和密度。

1.2　如图所示,三根完全相同的杆共轴线,杆长度均为 L。初始时刻杆 2 和杆 3 互相接触,杆 1 以初速度 v_0 朝向杆 2 运动。请绘制位置-时间图(x-t 图),说明碰撞时刻 $t = 0$ 后发生的现象。

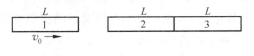

习题 1.2 图

第2章

弹塑性波

2.1 一维弹塑性波

如图 2.1 所示,考虑一个具有均匀截面和初始密度 ρ_0 的半无限长细杆,在自由端($x=0$)处突然施加应力 σ 或初速度 v。

若应力波幅值小于材料的屈服应力 Y,即 $\sigma<Y$,杆中的应力在弹性范围内,在 1.1 节中已得出此弹性纵波的传播速度为 $c_0=\sqrt{E/\rho_0}$。

如图 2.2 所示,如果此长杆是由弹塑性材料(或非线性弹性材料)制成的,当应力波幅值大于屈服应力(或非线性弹性材料的比例极限)时,即 $\sigma>Y$ 时,应力-应变曲线的斜率不再保持为常数,因而导致应力波传播速度的改变。注意非线性弹性材料在卸载时应力-应变沿非线性的加载曲线返回,而弹塑性材料卸载时应力-应变则按弹性斜率进行变化。下面我们着重讨论弹塑性材料中的一维纵波。

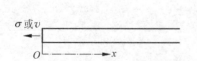

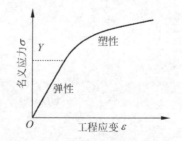

图 2.1 半无限长细杆中诱发应力波 图 2.2 弹塑性材料的应力-应变关系

设在波传播过程中细长杆的横截面保持为平面,则所有的变量都只是位置 x 和时间 t 的函数。假设位移函数 $u(x,t)$ 是连续可微的,则应变和物

质点速度都可以表示成位移的偏导数形式,即

$$\varepsilon = \frac{\partial u}{\partial x}, \quad v = \frac{\partial u}{\partial t}$$

根据函数的连续条件,交换求偏导数顺序可得

$$\frac{\partial v}{\partial x} = \frac{\partial u}{\partial t} \tag{2.1}$$

由牛顿第二定律,得到物质点的动力学方程为

$$\rho_0 \frac{\partial v}{\partial t} = \frac{\partial \sigma}{\partial x} \tag{2.2}$$

设固体为应变率无关材料(即应力 σ 不是应变率 $\dot{\varepsilon}$ 的函数),且不考虑温度的影响,则不失一般性可将材料的应力-应变关系写为

$$\sigma = \sigma(\varepsilon) \tag{2.3}$$

由(2.2)式和(2.3)式可以得到

$$\frac{\partial v}{\partial t} = \frac{1}{\rho_0} \cdot \frac{\partial \sigma}{\partial x} = \frac{1}{\rho_0} \cdot \frac{\mathrm{d}\sigma}{\mathrm{d}\varepsilon} \cdot \frac{\partial \varepsilon}{\partial x} = c^2 \frac{\partial \varepsilon}{\partial x} \tag{2.4}$$

只要材料的应力 σ 是随应变 ε 增加的,上式中定义的 $c^2 \equiv \frac{1}{\rho_0} \frac{\mathrm{d}\sigma}{\mathrm{d}\varepsilon} > 0$。将(2.1)式代入(2.4)式可得到一维波动方程如下:

$$\frac{\partial^2 u}{\partial t^2} = c^2 \frac{\partial^2 u}{\partial x^2} \tag{2.5}$$

波动方程中的 c 为波传播速度,且有

$$\begin{cases} c = \sqrt{\dfrac{1}{\rho_0} \dfrac{\mathrm{d}\sigma}{\mathrm{d}\varepsilon}} = c_0, & \sigma \leqslant Y, \mathrm{d}\sigma/\mathrm{d}\varepsilon = E \\[3mm] c = \sqrt{\dfrac{1}{\rho_0} \dfrac{\mathrm{d}\sigma}{\mathrm{d}\varepsilon}} < c_0, & \sigma > Y, \mathrm{d}\sigma/\mathrm{d}\varepsilon < E \end{cases} \tag{2.6}$$

上式表明,波速取决于应力-应变曲线的斜率 $\mathrm{d}\sigma/\mathrm{d}\varepsilon$,它在弹性阶段和塑性阶段是不同的。塑性波速是应变(或者应力)的函数。对于大多数工程常用的材料而言,应力-应变曲线是向上凸(即向下弯)的,即材料屈服后呈现渐减硬化,因此对应的塑性波速随着应力或者应变的增长而逐渐降低,并且小于弹性波速。对于弹塑性材料中的波速变化,可以参见图 2.3 给出的示意图。

对于某些材料(如某些铝合金和高分子材料),可以将材料的应力-应变关系简化为如图 2.4 所示的线性硬化材料(linear strain-hardening),即材料具有双线性应力-应变曲线(bilinear stress-strain curve)。这种理想化的材料在塑性段($\sigma > Y$),塑性波速 c_p 也为恒定值,其大小取决于塑性模量 E_p:

$$c_p = \sqrt{\frac{E_p}{\rho_0}} = \mathrm{const.} \tag{2.7}$$

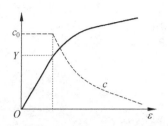

图 2.3   弹塑性材料中波速随应
力-应变关系的变化

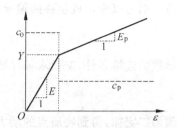

图 2.4   线性硬化材料的应力-应变
关系及波速随应变的变化

线性硬化材料受阶跃载荷作用

如图 2.5(a)、2.5(b)所示,一根均质半无限长细杆由线性硬化材料制成,在其自由端突然受到阶跃载荷 σ_0 的作用,而载荷高于材料屈服应力,$\sigma_0 > Y$。为了分析此阶跃载荷在杆中引起的应力波,首先看到由于阶跃载荷已经超过材料的屈服应力,加载的瞬间同时产生弹性应力波和塑性应力波。由于在线性硬化材料中弹性波速 c_0 大于塑性波速 c_p,弹性波的前沿必定在塑性波前沿之前方传播。整个细长杆可以分为三个部分:弹性波前未到达的部分为未扰动区域,应力水平为零;而弹性波前已扫过、塑性波前尚未到达的部分承受的应力刚刚达到材料的屈服应力 Y,对应于弹性区;速度较慢的塑性波前扫过的部分具有阶跃载荷的应力水平 $\sigma_0 > Y$,对应于塑性区。

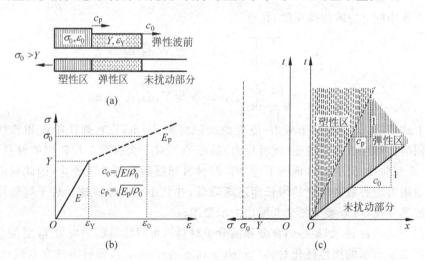

图 2.5   线性硬化半无限长细杆受阶跃载荷作用

(a)应力波传播示意图;(b)应力-应变关系曲线;(c)位置-时间图

在图 2.5(c)中给出了相应的位置-时间图。由之可见,随着时间 t 的增加未扰动区域逐渐减小,弹性区和塑性区则随时间增长而扩大。

渐减硬化材料受单调增加载荷作用

仍然考虑半无限细长杆的自由端受到载荷作用的情况,但假设材料为渐减硬化材料。如图 2.6(a)所示,所谓渐减硬化材料(decreasingly hardening),是塑性应力随应变增加而增加,即 $\dfrac{\mathrm{d}\sigma}{\mathrm{d}\varepsilon}>0$;但塑性区应力-应变曲线的斜率随应变增加而减少的材料,即 $\dfrac{\mathrm{d}^2\sigma}{\mathrm{d}\varepsilon^2}<0$。在单调增加的载荷作用下,开始阶段载荷尚未达到塑性屈服应力 Y,因此只有弹性应力波以弹性波速传播。在载荷未达到屈服应力之前,从原点发射出的不同幅值的弹性应力波以相同的速度向右传播。在图 2.6(b)的位置-时间图中,弹性波表现为一系列互相平行的直线。而当载荷增大到屈服应力以上之后,塑性波开始形成并在杆中传播。由于材料是渐减硬化材料,塑性波速随着应变增加而逐渐降低,即后发出的塑性波(高应力-应变水平)的波速要低于先发出的塑性波;因此,在位置-时间图中,塑性波表现为一系列斜率渐增的直线,先发出的塑性波斜率小(代表波速快),后发出的塑性波斜率大(代表波速慢),造成图中塑性波传播线是逐渐分散的。这就表明,此时塑性波是弥散的,在传播过程中不能保持其原有波形。

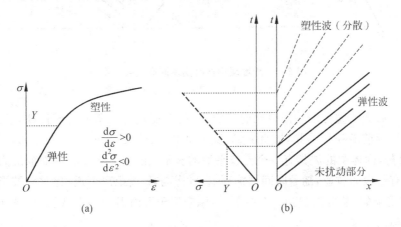

图 2.6　渐减硬化材料受单调增加载荷作用
(a) 应力-应变关系曲线;(b) 位置-时间图

渐增硬化材料受单调增加载荷作用

与渐减硬化材料相对应,现在考虑渐增硬化材料受单调增加载荷作用时候的应力波传播规律。如图 2.7(a)所示,所谓渐增硬化材料(increasingly hardening),是塑性应力随应变增加而增加,即 $\dfrac{\mathrm{d}\sigma}{\mathrm{d}\varepsilon}>0$,同时塑性区应力-应变曲线的斜率随应变增加也增加的材料,即 $\dfrac{\mathrm{d}^2\sigma}{\mathrm{d}\epsilon^2}>0$。在单调增加的载荷作用下,在载荷未达到屈服应力 Y 之前,发出的弹性应力波以相同的速度向右传播。在图 2.7(b)的位置-时间图中,弹性波表现为一系列互相平行的直线。而当载荷增加到屈服应力以上之后,塑性波开始形成并在杆中传播。由于材料是渐增硬化材料,随着应变增加塑性波速也逐渐增加,即后发出的塑性波(高应力-应变水平)的波速要高于先发出的塑性波,因此在位置-时间图中,塑性波表现为一系列斜率渐减的直线,先发出的塑性波斜率大(代表波速慢),后发出的塑性波斜率小(代表波速快),最终造成图中塑性波传播线是汇聚的。

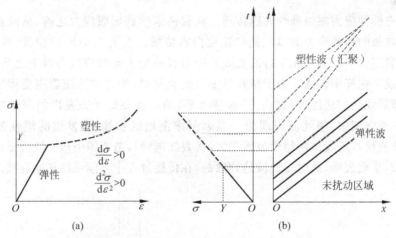

图 2.7　渐增硬化材料受单调增加载荷作用

(a) 应力-应变关系曲线;(b) 位置-时间图

　　由于后面的塑性波传播得比前面的快,就会逐渐追上前面的塑性波。这种情况会造成波形前沿变得陡峭,因此最终形成冲击波(shock wave)。如图 2.8 所示,在 $t=t_1$ 时刻,固体中的波具有一个比较平滑的波形;由于位于 A 点后面的应力更大的 B 点具有更大的波速,随着时间增加到 t_2,B 点与 A 点距离更近,此时刻波形的前沿比 t_1 时更陡峭;总可以找到一个时刻 t_3,原来位于后面 B 点追上 A 点,形成了一个冲击波的前沿。

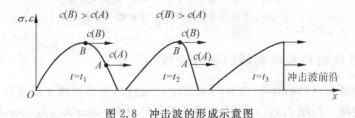

图 2.8　冲击波的形成示意图

这里介绍的冲击波的形成条件是固体为渐增硬化材料,这在均匀的工程材料中并不多见。但是，近年来轻质结构和能量吸收结构中常用的多胞材料（cellular material），包括格栅、蜂窝、泡沫等多胞结构，它们的等效应力-应变曲线从平台段到压实段具有向下凹的特征，也就是具有图 2.7(a) 所示渐增硬化材料的特点，因此它们在冲击加载下会产生汇聚的塑性波，以至出现冲击波。

卸载波

在不考虑卸载的情况下，非线性弹性材料和弹塑性材料没有区别。在考虑卸载以后，弹塑性材料是按弹性斜率卸载的，即在卸载过程中有 $\dfrac{\mathrm{d}\sigma}{\mathrm{d}\varepsilon} = E$。这表明，卸载扰动也是以弹性波速传播的。对一般情形，除了已经讨论过的加载条件下的弹塑性波以外，还需要考虑波速为弹性波速 $c_0 = \sqrt{E/\rho_0}$ 的卸载波的作用。

现在以线性硬化材料制成的半无限长细杆受到矩形脉冲载荷 $\sigma_0 > Y$ 的作用为例来分析卸载波的影响。如图 2.9 所示，在加载阶段，弹性波和塑性波的影响和前面所分析的完全相同。但在 $t = t_d$ 时刻，在承受载荷的自由端将应力水平卸载为零。这个卸载过程也产生一个扰动，由此产生的卸载波以弹性波速 c_0 向右传播。由于弹性波速 c_0 大于塑性波速 c_p，卸载的弹性波将追上加载塑性波，并对塑性波进行卸载。在 $t = t_u$ 时刻，塑性波被完全卸载。

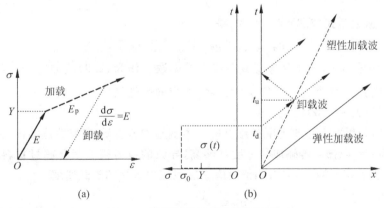

图 2.9　线性硬化材料中的卸载波
(a) 应力-应变关系曲线；(b) 位置-时间图

初始时刻 $t = 0$ 在杆的自由端加一个矩形应力脉冲 $\sigma(t)$。在 $t < t_d$ 的时间段，$\sigma(t) = \sigma_0$，杆件处于加载状态，弹性加载波和塑性加载波同时向右传播，弹性波速比塑性更快，于是在杆中形成了弹性区和塑性区两个区域。图 2.10 给出了不同时刻杆中弹性区和塑性区的分布。在 $t = t_d$ 时刻，加载端应力降为零，$\sigma(t) = 0$，于是一个速度为 c_0 的卸载波由自由端发出追赶加载波，卸载波前沿经过的区域应力被卸载为零。因此，在 $t_d < t < t_u$ 时间段，杆中存在三个区域：弹性区、塑性区和卸载区。在

$t=t_u$ 时刻,卸载波前沿追上塑性加载波的前沿,塑性波被完全卸载,杆中剩下长度为 $c_0 t_d$ 的弹性区以弹性波速继续向右方传播。

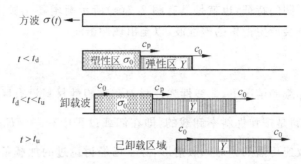

图 2.10 受到矩形脉冲作用的线性硬化材料杆内不同时刻的变形区域分布

应力与物质点速度之间的关系

从图 2.9(b)所示的位置-时间图中,容易看出在 dt 时间内波传播的距离 $dx = c \cdot dt$,其中 $c = \sqrt{\dfrac{d\sigma/d\varepsilon}{\rho_0}}$ 为波速。利用已经得到的质点动力学方程(2.2)式可以得到

$$d\sigma = \rho_0 \frac{dx}{dt} \cdot dv = \rho_0 c \cdot dv \tag{2.8}$$

将波速表达式(2.6)代入上式,得

$$d\sigma = \rho_0 c \cdot dv = \sqrt{\rho_0 (d\sigma/d\varepsilon)} \cdot dv \tag{2.9}$$

式中 $\rho_0 c$ 为波阻抗,通常是应变或者应力的函数。作为(2.9)式的特例,若扰动为弹性波动,则弹性波速 $c_0 = \sqrt{E/\rho_0}$ 为常数,相应的弹性波阻抗 $\rho_0 c_0$ 也为常数。此时应力波的幅值为 $\sigma = \rho_0 c_0 v$。

可见,如果在一个半无限长细杆的自由端施加速度 v,在弹性范围内会导致的应力幅值为 $\sigma = \rho_0 c_0 v$。若施加的速度足够高,导致的应力幅值就会超过材料屈服应力 Y。在临界状态,导致的应力幅值对应于屈服应力水平的加载速度

$$v_Y \equiv \frac{Y}{\rho_0 c_0} = \frac{Y}{\sqrt{E \rho_0}} \tag{2.10}$$

v_Y 称为**屈服速度**(yield velocity)。以低碳钢为例,弹性模量 $E = 205 \text{ GPa}$,材料密度为 $\rho_0 = 7800 \text{ kg/m}^3$,可以计算出低碳钢的波阻抗为 $\rho_0 c_0 = \sqrt{E \rho_0} = 40 \times 10^6 \text{ kg/(m}^2 \cdot \text{s)}$。若此低碳钢的屈服应力为 $Y = 400 \text{ MPa}$,则对应的屈服速度为 $v_Y = 10 \text{ m/s}$。也就是说,如果撞击速度在 10 m/s 以上,低碳钢杆内将产生永久的塑性变形。对于 Hopkinson 杆(见第 3 章)等实验装置,为了使得装置中的杆件可以重复使用,要避免它们产生塑性变形。这种情况下,就要保证加载的速度不能超过杆件材料的屈服速度。此外,还需要注意的是,影响屈服速度的因素有弹性模量、屈服应力和材料密度

三个物理量,并不是仅仅取决于材料屈服应力。经过计算容易证实,由于铝的密度低,它的屈服速度要高于低碳钢的屈服速度。

　　现在考虑图 2.11 所示的材料应力-应变曲线。该材料具有一个弹性段,屈服点对应的应力和应变分别为 Y 和 ε_Y。若加载的应力水平 $\sigma_0 > Y$,则材料进入到塑性变形阶段。可以通过对(2.9)式的积分得到对应于这个应力水平的加载速度,

$$v = \int_0^{\sigma_0} \frac{\mathrm{d}\sigma}{\sqrt{\rho_0 (\mathrm{d}\sigma/\mathrm{d}\varepsilon)}} = \int_0^{\varepsilon_0} \sqrt{\frac{\mathrm{d}\sigma/\mathrm{d}\varepsilon}{\rho_0}} \mathrm{d}\varepsilon \qquad (2.11)$$

上式同时给出了利用当前应变水平经过积分计算加载速度的方法。

　　若图 2.11 表示的是某种材料的单向拉伸时的应力-应变曲线,材料进入塑性后,应力随着应变的增加而增加。但是,材料具有一个极限强度(ultimate strength),它对应于应力-应变曲线上斜率为零的点,即 $\mathrm{d}\sigma/\mathrm{d}\varepsilon = 0$,在该点处材料的应力水平最高,为 $\sigma = \sigma_u$,对应的应变为 $\varepsilon = \varepsilon_u$。拉伸试验中,极限强度点对应于韧性材料开始发生颈缩的状态;这时若令试件继续伸长,试件将发生拉伸破坏。可以计算出材料达到其极限强度时对应的加载速度为

$$v_c = \int_0^{\varepsilon_u} \sqrt{\frac{\mathrm{d}\sigma/\mathrm{d}\varepsilon}{\rho_0}} \mathrm{d}\varepsilon \qquad (2.12)$$

这个速度 v_c 称为**冯·卡门临界速度**(Karman critical velocity)。冯·卡门临界速度的存在意味着高速冲击产生的拉应力可以导致材料的拉伸断裂。临界速度 v_c 实际上给出了一个材料在动态加载时的一个失效判据,这个判据与准静态断裂力学中的判据是不同的。

　　通过以上讨论可知,每种弹塑性材料有两个特征速度:无论是拉伸波还是压缩波,都存在加载时的屈服速度 v_Y;如果是拉伸波,还存在冯·卡门临界速度 v_c。

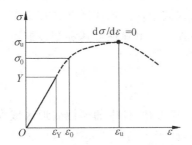

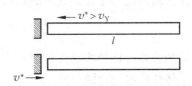

图 2.11　具有极限强度的材料的应力-应变曲线　　图 2.12　有限长度均匀细长杆撞击刚性墙

有限长度的线性硬化材料细杆撞击刚性墙

　　这是 Lensky 在 1949 年解决的一个经典问题。如图 2.12 所示,一个长度为 l 的均匀细长杆,由弹性-线性硬化材料制成。以速度 v^* 撞向静止的刚性墙,此撞击速度

已经超过材料的屈服速度,即 $v^* > v_Y$;根据运动相对性原理,也可以等价的认为,刚性墙以速度 v^* 撞击初始静止的细长杆。现分析细长杆中的应力波的传播情况。

图 2.13 给出了位置-时间曲线。初始时刻,由于撞击的作用,弹性压缩波和塑性压缩波同时从杆的左端出发,分别以弹性波速 c_0 和塑性波速 c_p 向杆的右端传播。

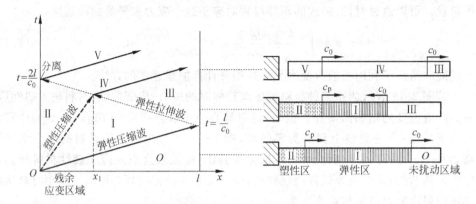

图 2.13　有限长度杆撞击刚性墙时塑性区随时间的分布

如图 2.13 的右下图所示,在 $t < l/c_0$ 的时间段,弹性波尚未到达右端的自由面,因此杆可以按应力状态分为三个区域:O 区为波前未曾到达的未扰动区域,Ⅰ 区为弹性区,Ⅱ 区为塑性区。

随着时间的增加,在 $t = l/c_0$ 时刻弹性压缩加载波到达杆的右端,然后经自由表面反射回来的弹性拉伸波向左传播。在 $t > l/c_0$ 后,如图 2.13 的右中图所示,弹性拉伸波向左传播,首先卸载弹性压缩加载波,弹性区 Ⅰ 区卸载后变为卸载的 Ⅲ 区,此时杆中同时存在弹性卸载区 Ⅲ 区、弹性加载区 Ⅰ 区和塑性区 Ⅱ 区。左行的弹性卸载波将弹性加载波完全卸载后,将与右行的塑性加载波相遇。塑性区 Ⅱ 区在遭遇弹性拉伸波的迎面卸载后会留下塑性残余应变,称为 Ⅳ 区。由弹性波速和塑性波速可以计算弹性卸载波与塑性加载波的相遇位置:

$$\frac{x_1}{c_p} = \frac{2l - x_1}{c_0}, \quad x_1 = \frac{2c_p}{c_0 + c_p}l \tag{2.13}$$

在杆的 $x < x_1$ 区域将存在塑性残余应变。由上式可知,杆中的塑性变形区域大小取决于弹性波速、塑性波速以及杆的原长。显然,由于弹性波速 $c_0 > c_p$,从(2.13)式容易证实塑性区 $x_1 < l$,即不管碰撞速度多高,塑性区都不可能遍及整个杆,塑性残余应变永远只存在于局部区域。对比前面的例子(图 2.9),可以看到,局部塑性区的形成来自两种情形:卸载弹性波的追赶卸载,以及反射弹性波的迎面卸载。

在 $t = 2l/c_0$ 时刻,弹性卸载波返回撞击端,此时卸载波已经将原来的弹性区 Ⅰ 区和塑性区 Ⅱ 区的应力完全卸除,并为杆内的质点带来了比 v^* 更大的向右的速度。因而,在这一时刻,杆和墙面发生分离,同时弹性拉伸波在自由端再次反射成为压缩波。

二次反射波经过的区域是Ⅴ区，此后是弹性波在杆的两端之间来回反射的过程。由于飞走的杆中还有弹性波在继续反复传播，弹性变形能还要带走一部分能量。

接下来分析一下杆中的应力情况和物质点的速度。图 2.14 给出了线性硬化材料的应力-应变曲线，以及此问题的应力-质点速度图。

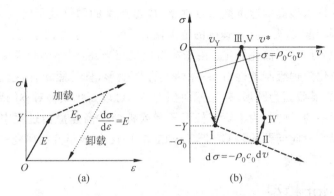

图 2.14 有限长度杆撞击刚性墙

(a) 应力-应变曲线；(b) 应力-质点速度图

首先计算弹性加载区Ⅰ区的应力状态。显然此区域内应力为屈服应力 $Y = \rho_0 c_0 v_Y$，质点速度为屈服速度 v_Y。对于塑性加载区Ⅱ区，由于撞击速度 $v^* > v_Y$，根据塑性波的应力与速度之间的关系，$d\sigma = \rho_0 c_p \cdot dv$，可以得到 $\sigma_0 - Y = \rho_0 c_p (v^* - v_Y)$，亦即：

$$\sigma_0 = Y + \rho_0 c_p (v^* - v_Y) \tag{2.14}$$

这是塑性加载区Ⅱ区的应力水平 σ_0；Ⅱ区的质点速度为 v^*。根据图 2.14(a) 中的应力-应变关系，在塑性阶段有

$$\sigma_0 - Y = E_p(\varepsilon_0 - \varepsilon_Y) \tag{2.15}$$

可以得到Ⅱ区内的塑性应变为

$$\varepsilon_p = \varepsilon_0 - \frac{\sigma_0}{E} = \varepsilon_Y + \frac{\sigma_0 - Y}{E_p} - \frac{\sigma_0}{E} \tag{2.16}$$

将(2.14)式代入(2.16)式可得塑性应变的另外一种表达形式，即

$$\varepsilon_p = \rho_0 c_p (v^* - v_Y) \left(\frac{1}{E_p} - \frac{1}{E} \right) \tag{2.17}$$

上式表明残余应变随撞击速度 v^* 的增加而增大。

2.2 有限长度杆在高速冲击下的大变形

在 2.1 节的最后，已介绍了 Lensky 分析有限长度杆撞击刚性墙的结果。通过将固体简化为弹性-线性硬化材料，得到了在不同撞击速度的情况下，塑性区的尺度以

及塑性应变的大小。以上分析很好地解释了塑性区只在局部出现的原因。但Lensky 的解是建立在细长杆的假设基础上，整个过程中默认杆的截面尺寸不变。在杆不够细长，或是撞击速度非常高的情况下，需要考虑由于撞击引起的杆的截面积变化。

设一个短杆以很高的速度撞击刚性壁，撞击产生的塑性变形将会使撞击端横截面积变大，即形成蘑菇头。撞击速度的范围使 $\rho_0 v_0^2 \approx Y$，对于低碳钢而言 $v_0 \approx 300 \text{ m/s}$。在分析过程中采用以下简化假定：由于撞击速度相当高，固体的弹性变形影响较小，因此将材料简化为理想刚塑性材料，忽略其弹性变形；杆是短粗杆，撞击过程中不会发生屈曲；杆的横截面为圆形，初始截面积为 A_0，可以简化成轴对称问题来分析。

研究此问题的目的是为了解释柱形子弹或桩杆在高速撞击过程中，撞击端的蘑菇头形成的规律。此问题的是 G. I. Taylor 在 1948 年最早开始研究的，因此此问题也称为 Taylor 杆问题。

2.2.1　Taylor 模型

如图 2.15 所示，由于假设杆的材料为理想刚塑性材料，忽略弹性波效应。撞击发生后，撞击端发生塑性变形，由此产生的塑性变形扰动以速度 c_p 向自由端传播。注意刚性区的速度将随之发生变化，由初始撞击速度 v_0 逐渐降低到 t 时刻的 v。与此同时，在已经发生塑性变形的区域与未发生变形的刚性区域之间的分界面上，横截面积发生间断，由刚性区的截面积 A_0 跳跃增加到塑性区的截面积 A。

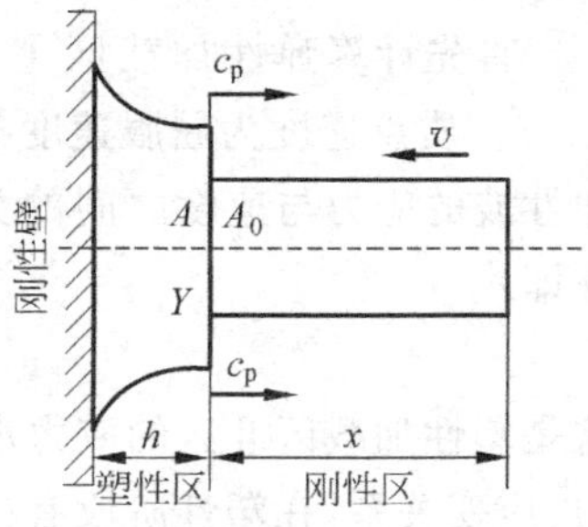

根据材料的连续性条件，任意微小时刻，进入塑性区的材料和流出刚性区的材料质量相同，即

$$A_0(v + c_p) = A c_p \qquad (2.18)$$

图 2.15　短粗圆柱杆撞击刚性墙问题(Taylor 杆问题)

在时间变化 dt 的微小时段内，刚性区长度缩短了 dx，这里 $dx = (v + c_p)dt$。由水平方向动量定理，对于此 dx 的微元有 $\rho_0 A_0 \cdot dx \cdot v = Y(A - A_0) \cdot dt$，即

$$\rho_0 A_0 v(v + c_p) = Y(A - A_0) \qquad (2.19)$$

设微元的初始长度为 dl_0，撞击后变为 dl。对于轴对称问题，此微元长度的变化通过其横截面积的变化表示出来。设微元的体积为 dV，在塑性变形过程中保持不变，则有 $dl_0 = dV/A_0$ 和 $dl = dV/A$。由此可以将刚塑性分界面上的微元承受轴向压缩的工程应变，用该分界面上的面积突变表示成：

$$e = \frac{dl_0 - dl}{dl_0} = \frac{dV/A_0 - dV/A}{dV/A_0} = 1 - \frac{A_0}{A} \qquad (2.20)$$

显然由(2.20)式可知，$\dfrac{A_0}{A} = 1 - e$，或 $\dfrac{A}{A_0} = \dfrac{1}{1-e}$。请注意，这里工程压应变 e 和塑性区

的截面积 A 都是在刚塑性分界面上定义的量,不代表整个塑性区。

将工程应变的表达式(2.20)代入连续性条件(2.18)式,可以得到塑性区扩展速度的表达式,即

$$c_p = \frac{A_0}{A - A_0} v = \frac{1-e}{e} v \qquad (2.21)$$

由(2.21)式可知,在 Taylor 的分析模型中,塑性区扩展速度 c_p 是与该时刻刚性区的速度 v 及刚塑性分界面上的塑性应变 e 相关的。

将(2.21)式给出的塑性区扩展速度代入动量方程(2.19)式,整理后可以得到每一时刻刚性区的速度 v 同刚塑性分界面上的塑性应变 e 之间的关系式,为

$$\frac{\rho_0 v^2}{Y} = \frac{e^2}{1-e} \qquad (2.22)$$

图 2.16 画出了 Taylor 模型给出的 v 与 e 之间的非线性关系。例如,在刚性区的速度 v 满足 $\rho_0 v^2 / Y = 0.5$ 的时刻,刚塑性分界面上的塑性应变为 $e = 0.5$。随着撞击过程的进展,刚性区的速度 v 逐渐降低,因而塑性应变 e 逐渐减小,直至 $e = 0$ 为止。

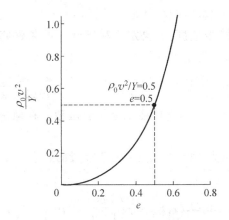

图 2.16　刚性区的速度 v 与刚塑性分界面上
的塑性应变 e 之间的曲线关系

再参照图 2.15,设在任一时刻,已变形的塑性区长度为 h,未变形刚性区长度为 x,则二者的变化率分别为

$$\frac{dh}{dt} = c_p, \qquad \frac{dx}{dt} = -(v + c_p) \qquad (2.23)$$

对未变形的刚性段列动量方程有,$YA_0 = -\rho_0 A_0 x \cdot \dfrac{d}{dt}(v + c_p)$。假设塑性区扩展速度 c_p 接近于常数,动量方程可以简化为 $YA_0 \approx -\rho_0 A_0 x \cdot \dfrac{dv}{dt}$,则有

$$\frac{\mathrm{d}v}{\mathrm{d}t} = -\frac{Y}{\rho_0 x} \tag{2.24}$$

将(2.23)式的第二个表达式同(2.24)式相除,可以得到

$$\frac{\mathrm{d}x}{\mathrm{d}v} = \frac{1}{Y}(v + c_p)\rho_0 x \tag{2.25}$$

由(2.21)式给出的塑性区扩展速度 c_p,可以得到 $v + c_p = \left(1 + \frac{1-e}{e}\right)v = \frac{v}{e}$,将此关系代入(2.25)式有

$$\frac{\mathrm{d}x}{x} = \frac{\rho_0 v}{Ye} \cdot \mathrm{d}v \tag{2.26}$$

对(2.22)式进行微分,可以得到

$$\frac{2\rho_0 v}{Y} \cdot \mathrm{d}v = \frac{2e - e^2}{(1-e)^2} \cdot \mathrm{d}e \tag{2.27}$$

综合(2.26)式和(2.27)式,可以得到

$$2\frac{\mathrm{d}x}{x} = \frac{2-e}{(1-e)^2} \cdot \mathrm{d}e \tag{2.28}$$

在撞击发生的 $t=0$ 瞬间,全杆都是刚性区($x=L$),设在撞击端面产生的塑性应变为 $e=e_0$,它由初始撞击速度 v_0 决定。利用此初始条件将微分方程(2.28)积分可得

$$\ln\left(\frac{x}{L}\right)^2 = \ln\left(\frac{1-e_0}{1-e}\right) + \frac{e - e_0}{(1-e)(1-e_0)} \tag{2.29}$$

上式给出了刚性区长度 x 随塑性应变 e 变化的函数。在撞击过程中,e 逐渐减小,x 也就逐渐减小。

当撞击过程最终结束,塑性应变 $e=0$,刚性段的剩余长度为 $x=x_f$。由(2.29)式可知

$$\ln(L/x_f) = \frac{1}{2}\left(\frac{e_0}{1-e_0} + \ln\frac{1}{1-e_0}\right) \tag{2.30}$$

整个撞击过程的计算包含以下步骤:

1) 对于给定的撞击速度 v_0,以及材料属性 ρ_0 和 Y,利用(2.22)式的特殊情况 $\frac{\rho_0 v_0^2}{Y} = \frac{e_0^2}{1-e_0}$,确定撞击端的塑性应变 e_0;

2) 对于任意给定的塑性应变 $e < e_0$,利用(2.20)式确定对应的横截面积 A/A_0,$A/A_0 = 1/(1-e)$;此时刚性区的剩余速度由(2.22)式给出,$\frac{\rho_0 v^2}{Y} = \frac{e^2}{1-e}$;再利用(2.29)式确定此时的刚性区长度 x/L。

3) 在撞击结束时刻,$e=0$,利用(2.30)式确定变形后刚性段剩余长度 x_f。

注意:以上分析中,利用了变化范围在 e_0 与 0 之间的塑性应变 e 作为过程参数,

而不是用真实的时间 t 做过程参数。这样可以使计算过程得到很大的简化。

接下来讨论 Taylor 杆撞击后的形状变化,即蘑菇头的形成。由(2.23)式,再利用塑性区扩展速度 c_p 的表达式(2.21),$c_p = \dfrac{1-e}{e} v$,就有

$$\frac{\mathrm{d}h}{\mathrm{d}x} = -\frac{c_p}{v + c_p} = e - 1 \tag{2.31}$$

整理后对(2.31)式积分可得

$$\frac{h}{L} = \int_{x/L}^{1} (1-e) \cdot \mathrm{d}\left(\frac{x}{L}\right) \tag{2.32}$$

取由前面分析得到的刚性区剩余长度 $x = x_f$,代入(2.32)式可以得到变形后塑性区最终长度 h_f,而 $x_f + h_f$ 是 Taylor 杆撞击后剩余的总长。

设 Taylor 杆初始直径为 d_0,变形后为 d,由横截面积和塑性变形的关系式可以给出蘑菇头的外形,

$$\frac{d}{d_0} = \sqrt{\frac{A}{A_0}} = \frac{1}{\sqrt{1-e}} \tag{2.33}$$

表 2.1 给出了一个通过 Taylor 模型计算出的数值算例。初始时撞击端塑性变形为 $e_0 = 0.5$,撞击速度满足 $\dfrac{\rho_0 v_0^2}{Y} = \dfrac{e_0^2}{1 - e_0} = 0.5$ 的情况。

表 2.1 Taylor 模型给出的数值算例（Johnson，1972）

e	0	0.1	0.2	0.3	0.4	0.5
时间 t	t_f					0
x/L	0.43	0.48	0.54	0.635	0.7	1.0
h/L	0.38	0.34	0.28	0.21	0.12	0.0
d/d_0	1.00	1.05	1.12	1.20	1.29	1.41
$v_0 t/L$	0.34	0.29	0.24	0.18	0.10	0.0

Taylor 杆模型发展的背景是在第二次世界大战期间,需要在武器攻击的速度范围内预测材料在高速撞击下的动态屈服应力 Y。由于当时实验手段还相对落后,没有办法在高速加载下确定材料的屈服应力以及相应的应变率效应。利用 Taylor 的研究成果,就可以根据在不同撞击速度下 Taylor 杆的最终变形形状,估计出相应的材料动态屈服应力。基于这一思路,Whiffin 得到了一系列 Taylor 杆的实验结果(Whiffin,1947)。图 2.17 给出了不同撞击速度情况下,Taylor 杆撞击后的变形形状。

但是,通过与实验对照发现,Taylor 模型预测的结果在撞击速度很高时可能有偏差。这时,Taylor 模型预测的杆最终变形形状是外凸的蘑菇状,而实验获得的形状偏于内凹。因此,后续的研究者对 Taylor 模型进行了一些修正。

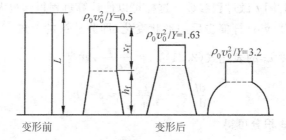

图 2.17   由 Taylor 模型预测的 Taylor 杆撞击后的形状

2.2.2   用能量法求解 Taylor 杆问题

1969 年，Hawkyard 在 Taylor 提出的变形模式的基础上，在塑性变形区前沿，利用整体能量平衡（global energy balance）取代了原 Taylor 模型中的局部动量平衡（local momentum balance），得出了修正的结果。

在 Hawkyard 的分析中，原 Taylor 模型中的连续性方程（2.18），应变定义（2.20）式，以及塑性区扩展速度表达式（2.21）式保持不变。但原 Taylor 模型中的动量方程（2.19）式被弃去不用。

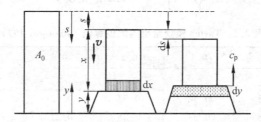

图 2.18   Hawkyard 能量方法求解 Taylor 杆撞击问题

参照图 2.18 中的符号，在变形过程中，

$$\frac{\mathrm{d}y}{\mathrm{d}t}=c_{\mathrm{p}}, \quad \frac{\mathrm{d}s}{\mathrm{d}t}=v, \quad \frac{\mathrm{d}x}{\mathrm{d}t}=\frac{\mathrm{d}s}{\mathrm{d}t}+\frac{\mathrm{d}y}{\mathrm{d}t}=v+c_{\mathrm{p}} \tag{2.34}$$

塑性波前沿的能量耗散率为

$$\frac{\mathrm{d}w}{\mathrm{d}t}=\frac{1}{\mathrm{d}t}\left(A_0 \cdot \mathrm{d}x \cdot Y\ln\frac{A}{A_0}\right)=A_0(v+c_{\mathrm{p}})Y\ln\frac{A}{A_0} \tag{2.35}$$

需要注意的是 Hawkyard 的分析中采用的是对数应变 $\ln(A/A_0)$，而不是原 Taylor 模型中的工程应变；考虑到过程中应变很大，这是一个合理的修正。

Taylor 杆的动能损失速率为

$$\frac{\mathrm{d}E}{\mathrm{d}t}=\frac{1}{\mathrm{d}t}\left(\frac{1}{2}A_0\rho_0 \cdot \mathrm{d}x \cdot v^2+A_0Y \cdot \mathrm{d}s\right)=A_0v\left[\frac{1}{2}\rho_0 v(v+c_{\mathrm{p}})+Y\right] \tag{2.36}$$

其中第一项 $A_0\rho_0 \cdot \mathrm{d}x \cdot v^2/2$ 是变形微元 $\mathrm{d}x$ 的动能损失；而第二项 $A_0Y \cdot \mathrm{d}s$ 是考虑

到刚性区的缩短（表现为杆尾部的位移），刚塑性区交界面上力所做的功。

由任一时刻的总体能量平衡有

$$\frac{\mathrm{d}w}{\mathrm{d}t} = \frac{\mathrm{d}E}{\mathrm{d}t} \tag{2.37}$$

综合(2.35)式～(2.37)式，可以得到

$$(v + c_\mathrm{p})Y\ln\frac{A}{A_0} = \frac{1}{2}\rho_0 v^2(v + c_\mathrm{p}) + vY \tag{2.38}$$

利用能量平衡方程(2.38)式以及连续条件(2.18)式，$A_0(v + c_\mathrm{p}) = Ac_\mathrm{p}$，有

$$\frac{\rho_0 v^2}{Y} = 2\left[\ln\frac{A}{A_0} - \left(1 - \frac{A_0}{A}\right)\right] = 2\left(\ln\frac{1}{1-e} - e\right) \tag{2.39}$$

显然，Hawkyard 利用能量平衡方法得出的速度-应变关系与原 Taylor 模型给出的(2.22)式有差异。接下来进行变形分析。与 Taylor 模型的(2.24)式类似，对未变形的刚性段列动量方程有

$$YA_0 = -\rho_0 A_0 x\left(v \cdot \frac{\mathrm{d}v}{\mathrm{d}s}\right) \tag{2.40}$$

对(2.39)式求导数，可以得到 $\mathrm{d}v$ 和 $\mathrm{d}e$ 的关系式。将此关系式代入(2.40)式整理得

$$-\frac{\mathrm{d}s}{x} = \frac{e}{1-e} \cdot \mathrm{d}e \tag{2.41}$$

由 $\mathrm{d}s = -e \cdot \mathrm{d}x$，(2.41)式可变为

$$\frac{\mathrm{d}x}{x} = \frac{\mathrm{d}e}{1-e} \tag{2.42}$$

再利用初始条件 $x = L$，$e = e_0$ 对(2.42)式进行积分可得

$$x = L\left(\frac{1-e_0}{1-e}\right) \tag{2.43}$$

取 $e = 0$，代入(2.43)式可得变形结束后刚性段的剩余长度为

$$x_\mathrm{f} = L(1 - e_0) \tag{2.44}$$

Hawkyard 能量方法与原 Taylor 模型相比，并没有修改 Taylor 的质量守恒的条件，但将原来 Taylor 模型的动量方程，改成了能量守恒方程，让动能的损耗等于变形能增加，同时在分析中采用了对数应变。图 2.19 画出了 Hawkyard 的修正模型预测

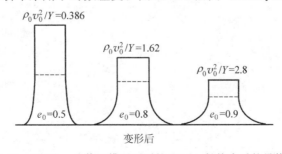

图 2.19　Hawkyard 修正模型预测的 Taylor 杆撞击后的最终形状

的 Taylor 杆撞击后的变形形状,最终是内凹的,这与观察到的实验测试形状比较一致。

思考题

1. 如果外加应力是一个峰值高于材料屈服应力的三角形脉冲,应力波传播会发生哪些现象?

习题

2.1　某种弹塑性材料在破坏前的 σ-ε 关系可以近似表示为 $\sigma = 2(2\varepsilon - 5\varepsilon^2)$ GPa,材料的密度为 $\rho_0 = 8000$ kg/m³,请确定该材料的冯·卡门临界速度 v_c。

2.2　长度为 L 的细杆由弹性-线性硬化材料制成,材料密度为 ρ_0,屈服应力为 Y,硬化模量 $E_p = E/16$。杆的右端完全固定,左端自由。在 $t = 0$ 时刻对杆的自由端突然施加恒定的压缩应力 $\sigma = -Y$。请分析由此产生的应力波传播到固定端后发生的现象。

2.3　两根长度 L、截面积 A、密度 ρ_0、弹性模量 E 均相同的杆,杆 1 的屈服应力为 Y,硬化模量为 $E_p = E/16$。两杆以速度 v 相对运动,共轴相撞。由于杆 2 的屈服应力高,其中只产生弹性压缩波,而杆 1 则进入了塑性状态。请利用位置-时间图分析两杆内应力波的传播及相互作用,两杆何时分离,塑性区的大小及残余应变的大小,以及过程中能量的转化。

2.4　在某次 Taylor 杆实验中,撞击速度满足 $\rho_0 v_0^2 / Y = 0.35$。请利用 Taylor 模型计算:(1)最大压缩应变 e_0;(2)未变形段最终长度 x_f/L;(3)变形后撞击端最大半径 d/d_0。(答案:$e_0 = 0.4419, x_f/L = 0.5028, d/d_0 = 1.339$)

第二篇　材料在高应变率下的动态行为

第3章

动态力学实验技术

3.1　材料的应变率

本章将介绍产生材料动态变形和确定材料动态力学性能的各种实验技术，详细内容可参考 Meyers 在 1994 年出版的书（Dynamic Behavior of Materials）。需要指出的是：在材料的动态实验中，关键参数是应变率，而不是试件的变形速度。不同的动态实验方法可以产生不同应变率范围的变形。因此，这里首先给出应变率的定义和计算方法。

应变率是应变随时间的变化率，其单位为秒的倒数（s^{-1}）。

$$\dot{\varepsilon} = \frac{\mathrm{d}\varepsilon}{\mathrm{d}t} \tag{3.1}$$

从下面两个例子中可看出如何计算应变率。

【例1】　如图 3.1(a)所示，拉伸试件在材料试验机上受拉，试件长度为 100 mm，拉伸加载的速度为 1 m/s。其拉伸变形的应变率为

$$\dot{\varepsilon} = \frac{\Delta\varepsilon}{\Delta t} = \frac{\Delta l/l_0}{\Delta l/v_0} = \frac{v_0}{l_0} = \frac{1 \text{ m/s}}{0.1 \text{ m}} \tag{3.2}$$

即

$$\dot{\varepsilon} = 10 \text{ s}^{-1} \tag{3.3}$$

这表明，即使拉伸试验机的拉伸速度非常快，高达 1 m/s，试件的应变率才只有 10 s^{-1}；而在常规的材料拉伸试验中，拉伸速度通常约为每分钟 6 mm，对应的试件的应变率只有 10^{-3} s^{-1}。此外，从以上的计算可以看出，应变率的大小不仅取决于加载速度，还取决于试件本身的尺寸。对于相同的加载速度，试件的尺寸越小，其变形的应变率越大。

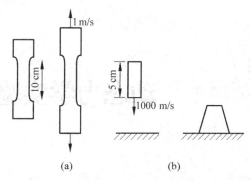

图 3.1　应变率计算(Meyers,1994)

(a) 试件拉伸；(b) 弹丸撞击刚性靶

【例 2】　如图 3.1(b)所示,圆柱形弹丸长度为 5 cm,以 1000 m/s 的速度撞击刚性靶板。设弹丸在变形过程中,速度线性减少;弹丸发生动态变形后的长度变为 2.5 cm,形状为截去顶部的圆锥体。可以对其应变率进行近似估算为

$$\dot{\varepsilon} = \frac{\Delta l}{l_0 t} = \frac{2.5}{5t} \tag{3.4}$$

利用给出的匀减速运动假设,计算其响应时间 t 为

$$\Delta l = 2.5 \text{ cm}, \qquad \frac{1}{2}v_0 t = \Delta l, \qquad t = \frac{2\Delta l}{v_0} = 5 \times 10^{-5} \text{ s} \tag{3.5}$$

代入(3.4)式容易得到:

$$\dot{\varepsilon} = \frac{2.5}{5 \times 5 \times 10^{-5} \text{ s}} = 10^4 \text{ s}^{-1} \tag{3.6}$$

可见,在枪炮发射的弹体的应用范围内,应变率更高;由常规拉伸试验装置是很难产生此范围内的应变率的,必须用冲击动力学的方法设计特殊的实验装置,采用特别的动态实验技术来确定材料的性质。

上述两个例子给出了动态拉伸和弹丸撞击靶板的应变率,其应变率水平尚属于中低应变率范畴。核爆炸产生的冲击波,其前缘波阵面的厚度随着压力的增大而减小,因此应变率可高达 10^8 s^{-1} 甚至 10^9 s^{-1},比军工武器应用范围的应变率还高几个数量级,对应如此高应变率的材料的响应是未知的。另一方面,蠕变试验则需要低于 10^{-7} s^{-1} 的应变率;与蠕变类似的还有地质上的造山运动,也是极低应变率下的力学现象。

图 3.2 给出了各种实验技术可以实现的应变率范围的示意图,其中应变率的跨度达到 16 个数量级之多,试验的时间长至数年,短至纳秒。

蠕变和应力松弛两种物理现象对应的应变率最低,关注的是金属或高分子材料的粘塑性响应,在此应变率范围内可以利用蠕变试验机(应变率约为 $10^{-9} \sim 10^{-7}$ s^{-1})或者常规试验机(应变率约为 $10^{-7} \sim 10^{-5}$ s^{-1})进行测试。在准静态实验中(应变率约为 $10^{-5} \sim 10$ s^{-1}),需要保持整个试件在长度方向上受力和变形均匀,要求加载速度均匀,常用的实验装置为液压、伺服液压或螺旋驱动的试验机。低速动态变形

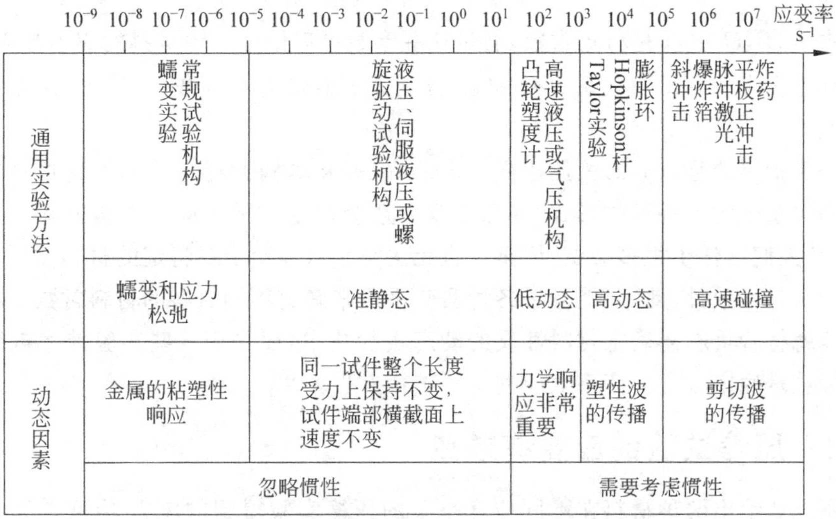

10⁻⁹ 10⁻⁸ 10⁻⁷ 10⁻⁶ 10⁻⁵ 10⁻⁴ 10⁻³ 10⁻² 10⁻¹ 10⁰ 10¹ 10² 10³ 10⁴ 10⁵ 10⁶ 10⁷ 应变率 s⁻¹

通用实验方法	常规试验机构（蠕变实验）	液压、伺服液压或螺旋驱动试验机构	凸轮塑度计 / 高速液压或气压机构	Hopkinson杆	膨胀环	斜爆炸冲击 脉冲炸箔激光 平板冲击 炸药正冲击
	蠕变和应力松弛	准静态	低动态	高动态		高速碰撞
动态因素	金属的粘塑性响应	同一试件整个长度受力上保持不变，试件端部横截面上速度不变	力学响应非常重要	塑性波的传播		剪切波的传播
	忽略惯性			需要考虑惯性		

图 3.2　各种测试手段可以达到的应变率范围示意图

是最难实现的实验,其应变率范围为 $10\sim10^3\ \mathrm{s^{-1}}$,因为在这一速度范围的加载往往会引起试验机共振等问题。而在高速动态应变率范围内(应变率约为 $10^3\sim10^5\ \mathrm{s^{-1}}$),必须考虑塑性波的传播;此范围内已发展了 Hopkinson 杆、膨胀环、Taylor杆等比较成熟的实验技术。为实现更高的应变率(应变率大于 $10^5\ \mathrm{s^{-1}}$),就需要采用高速碰撞,这时冲击波效应很重要,已发展的实验技术包括平板斜撞击等,试件的变形从一维应力状态转变为一维应变状态。至于更高应变率水平的核爆等现象,目前还没有很好的实验方法去模拟。

当应变率在 $1\sim10\ \mathrm{s^{-1}}$ 以下,由于变形缓慢,可以忽略惯性效应;而在应变率较高的范围,变形速度快,必须考虑结构(包括试验机和试件自身)的惯性效应。

3.2　中、高应变率下的材料动态力学性质

Bertram Hopkinson 早在 1905 年就对钢材进行了一系列的动态试验(Hopkinson,1905),发现钢的动态强度至少是低应变率下的两倍。他的实验方法简单却相当准确。实验还发现,钢在应变率增加时会经历一个由韧性转到脆性的转变过程。自此,科学家们对应变率对材料性质的影响非常感兴趣。自 Hopkinson 以后,许多采用不同实验技术测试的动态试验结果一致表明,材料的流动应力不仅取决于应变,还取决于应变率、应变历史,以及温度,即

$$\sigma = f(\varepsilon, \dot{\varepsilon}, \mathrm{history}, T) \tag{3.7}$$

常用的 Johnson-Cook 本构方程就是一个例子:

$$\sigma_{eff} = (\sigma_0 + B\epsilon_{eff}^n)(1 + Cln\,\dot{\epsilon}^*)(1 - T^{*m}) \tag{3.8}$$

上式中 σ_0, B, C, n, m 是材料常数,通过这些参数可以给出一种材料的应力与应变、应变率和温度之间的函数关系。σ_{eff} 和 ϵ_{eff} 分别为等效应力和等效应变,T^* 为无量纲化的温度。

需要指出的是,(3.8)式给出的 Johnson-Cook 本构方程只是率相关材料的很多种本构关系中的一种可能形式,在第 4 章中还会讨论其他不同的本构方程。还要注意,虽然人们已作了很多尝试,但至今也无法完全从理论上对特定的材料预测本构方程中的材料参数;因此,只能通过各种实验手段来确定不同材料的材料常数。本章下面几节就将着重叙述确定材料性质的动态实验技术,而采用这些实验技术进行测试的目标就是确定考虑应变率效应的材料本构方程。

3.2.1　压缩试验的应变率效应

图 3.3 给出两种材料在不同应变率下的压缩实验得到的应力-应变关系。实验采用的是圆柱形试件受压缩的方法,测试了 7075-T6 铝和 Ti-6% Al-4% V 钛合金两种材料。显然,在从 $3 \times 10^{-2}\ s^{-1}$ 到 $5 \times 10^2\ s^{-1}$ 的应变率范围内,铝合金 7075-T6 铝没有表现出明显的应变率效应,因此该材料为应变率不敏感材料;而 Ti-6% Al-4% V 钛合金在应变率从 $4 \times 10^{-3}\ s^{-1}$ 到 $2 \times 10^1\ s^{-1}$ 的范围内,在塑性变形阶段表现出很强的应变率效应,而在弹性阶段的模量则与应变率无关。

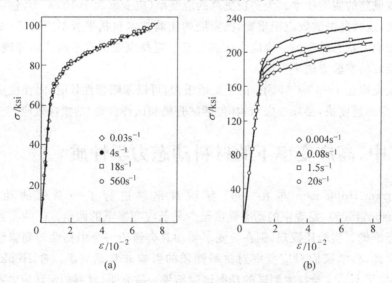

图 3.3　从压缩实验得到的两种材料在不同应变率下的
应力-应变曲线(Maiden 和 Green,1966)

(a) 7075-T6 铝; (b) Ti-6% Al-4% V 钛合金

1ksi=6.9 MPa

3.2.2 拉伸试验的应变率效应

图 3.4 给出了低碳钢在拉伸试验中表现出的流动应力和材料强度随应变率的变化。图 3.4(a)显示的应力-应变曲线表明,随着应变率的提高,低碳钢的屈服应力和流动应力均有提高,但同时断裂应变减小,即韧性降低;图 3.4(b)则给出了低碳钢在拉伸时的屈服应力和材料强度随应变率的变化规律,其中曲线 A 代表上屈服应力,B 代表下屈服应力,C 代表最大拉伸应力,即材料的拉伸强度,三者都随着应变率增加而有所提高。与图 3.3(a)对照也可以发现,与应变率不敏感的铝合金不同,低碳钢是应变率敏感的材料。

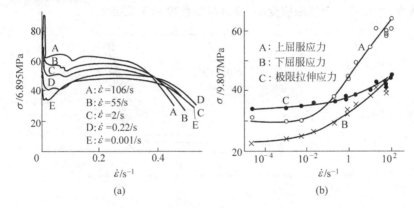

(a)   (b)

图 3.4 低碳钢拉伸试验得到的应力和强度随应变率变化曲线(Campbell 和 Copper,1966)

(a)应力随应变率变化曲线;(b)强度随应变率变化曲线

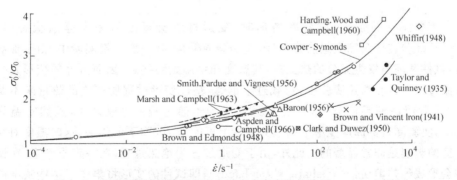

图 3.5 低碳钢单轴拉伸屈服应力随应变率变化规律(Symonds,1967)

图 3.5 给出了低碳钢在单轴拉伸试验中测得的屈服应力随应变率的变化规律。通过把很多学者利用不同的实验方法,对低碳钢的单轴拉伸实验结果汇总到同一张图上,可以发现低碳钢在相当大的应变率范围内($10^{-4} \sim 10^4 \ s^{-1}$),无量纲化的动态屈服应力 σ_0'/σ_0 随应变率 $\dot{\varepsilon}$ 的增加,大体显示为一条上升的曲线,且随着应变率增加,

动态屈服应力的上升得更快。可见低碳钢这种常用材料具有下述明显特征：①屈服应力和最大应力随着应变率的增加而增加；②延展性随着应变率的增加而降低；③低碳钢是应变率敏感材料。

3.2.3   剪切试验的应变率效应

Clifton(1983)通过平板斜撞击实验发现，当应变率达到 10^5 s^{-1} 量级时，1100-0 铝的流动应力会有大幅度变化。如图 3.6 所示，随着剪切应变率 $\dot\gamma$ 的增加，铝的剪切应力 τ 先缓慢增加，但当剪切应变率 $\dot\gamma$ 达到约 10^5 s^{-1} 左右时，剪切应力 τ 急剧增大。这种显著的应变率"硬化"现象，是常规的本构方程所不能解释的。因此，一些科学家认为，存在着一个极限应变率，使材料的强度趋于无穷大。

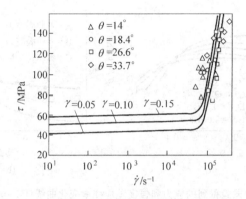

图 3.6   1100-0 铝的剪切应力与剪切应变率
之间的关系(Clifton,1983)

需要注意的是，当应变率增加时，变形过程会逐渐由完全等温状态(fully isothermal)转变为完全绝热状态(fully adiabatic)。在一般常规实验中，由于加载缓慢，试件和环境发生充分的热交换，其温度和室温始终接近，因而试件的变形是一个等温过程。但在高速实验中，加载过于迅速，塑性变形过程所产生的热量来不及散失，就会使试件温度升高，使变形过程成为绝热过程。也就是说，虽然室温只有 20℃，实验测得的高应变率下的应力实际上可能是 200℃ 下的结果，这时温度对材料性能的影响是非常显著的。此外，由于变形过程为绝热过程，在一定条件下，在试件中会形成绝热剪切带(adiabatic shear bands)，即试件的变形将集中于某些狭窄的带状区域，其中变形非常剧烈，而在这些带状区域之外则没有发生变形。变形局部化的绝热剪切带是不符合均匀变形假设的，其结果是按均匀变形假设计算出的应变严重偏低，因而这时得到的应力-应变曲线完全失真。可见，即使对于同一种材料，也要根据变形机制的变化，采用不同的本构关系分段进行分析。

3.3　中、高应变率下的力学实验技术

3.3.1　中等应变率的实验装置

由 3.1 节的讨论,我们知道常规的拉伸试验机不能很快加速,所以做不了中、高应变率的实验。为了达到中等应变率,最可行的方案是通过一定方式蓄能,然后再突然释放。所以,获得中等应变率的实验装置大都采用蓄能原理,如利用压缩气体、落锤以及飞轮等。

1. 气锤

气锤,即压缩气体设备,如示意图 3.7 所示。试件放置在机械砧座上;在图 3.7(a)中,装置处于蓄能的安全状态,一个可以活动的活塞穿过汽缸,并用支撑千斤顶将活塞"顶起"。图 3.7(b)表示触发后支撑顶被突然释放,辅助汽缸里的空气受压,活塞向下加速落下,直至以一定速度撞击砧座上的试件,结果使得试件受到快速压缩,如图 3.7(c)所示。图 3.7 所示的这种 DYNAPAK 试验机可以加速到 15 m/s。气锤在实际应用中,还需要配备相应的应力和应变的测量装置。该设备简化形式就是"落锤",即让重物块自由下落,并撞击试件。

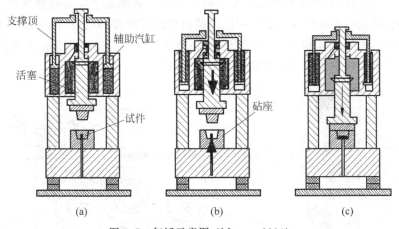

图 3.7　气锤示意图（Meyers,1994）

（a）安全位置；（b）触发；（c）撞击

2. 落锤（drop hammer）

落锤试验机的基本原理是利用自由落体的速度对试件实现撞击加载。通过调整释放高度,以及释放重物的质量达到预期的撞击速度或者撞击能量。除了自由落体产生的加速度以外,还可以通过气动辅助装置对落锤实现进一步的加速,以达到更高

的撞击速度和撞击能量。落锤与高速摄像机、动态力传感器等实验仪器相结合,可以测出材料和结构在冲击载荷作用下的响应。因此,它是材料和结构在中应变率(应变率范围约为 $10^{-1} \sim 10^3 \text{ s}^{-1}$)下的动态响应的重要实验装备。

目前国内和国际常用的落锤冲击试验机是美国 MTS 公司生产的 Dynatup 落锤冲击试验机,其不同的型号在测量范围、配置的传感器,以及数据采集软件等方面有所不同。图 3.8 为 Dynatup 9200 型落锤的照片,整套仪器包括试验机机架、DSP 电子仪器、自动识别载荷传感器、冲量控制和数据采集软件,其最大冲击速度可达 20 m/s。

落锤和前述的气锤一样,都具有在冲击过程中速度逐渐变低,因而应变率不恒定的缺点。在落锤和气锤的试验数据处理中,普遍都假设锤体是一个刚体,不考虑其变形,可以直接应用牛顿第二定律建立力与加速度的关系。

3. 旋转飞轮式拉伸机

图 3.9 给出了旋转飞轮式拉伸机的示意图。一个大飞轮在电动机的驱动下顺时针转动,当飞轮的转速达到预设的速度时,释放销就会松开击锤(见图 3.9 中箭头指示处),接着击锤撞击与受拉试件底部连接的砧座。实验中采用的飞轮质量要足够大才能够确保在试件拉伸过程中其运动速度几乎不变。击锤的释放位置应与砧座所在的位置协调,使击锤被释放后立刻可以撞击砧座。利用光学位移转换器测量弹性应力杆的位移和砧座的位移。试件的应力值由应力杆的位移得到,应变值由与试件底部连接的砧座的位移得到,从而可以得出试件在冲击过程中连续变化的应力-应变曲线。这种飞轮式拉伸机能测得的应变率范围约为 $0.1 \sim 10^3 \text{ s}^{-1}$。

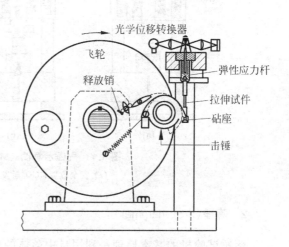

图 3.8　Dynatup 9200 型落锤　　　　图 3.9　旋转飞轮式高速拉伸机(Meyers,1994)

4. 快速拉压试验机

一种典型的快速拉压试验机如图 3.10 的照片所示,其型号为 INSTRON VHS8800 High Strain Rate System。它的上方的刚性横梁固定不动;下方的机架往下迅速移动时对试件产生快速拉伸,最大拉伸速度可达 25 m/s;下方的机架往上迅速移动时对试件产生快速压缩,最大压缩速度可达 10 m/s。参照 3.1 节中的(3.2)式可知,若拉伸和压缩试件的长度分别为 100 mm 和 50 mm,则相应的最大拉伸应变率和最大压缩应变率分别可达到 250 s^{-1} 和 200 s^{-1},这正是典型的"中应变率",很难用其他实验技术得到。在快速加载的同时,该试验机能施加的最大载荷为 100 kN,由特别设计的力传感器来测定。

实现快速加载的关键在于利用一个 28 MPa 的液压系统来克服机械的移动部分自身的惯性并产生很高的加速度,直到加载夹头达到预定的速度时才夹紧试件,使之受拉或受压。机架往上移动的最大距离为 300 mm,机架加速段的移动距离比这个最大距离要小很多。当然在设计实验时还要将试件本身的长度考虑在内。此外,这种快速拉压试验机对横向载荷非常敏感,即使相当小的横向载荷也会对机件产生损坏,所以需要用横向载荷保护系统来加以保护。

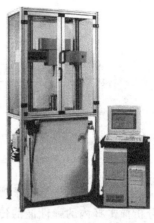

图 3.10 快速拉压试验机

3.3.2 Hopkinson 杆

1. 分离式 Hopkinson 压杆装置

分离式 Hopkinson 压杆(split Hopkinson pressure bar,SHPB),在中等应变率 $10^2 \sim 10^4$ s^{-1} 范围内,是一种普遍认可和广为应用的测试技术。

Hopkinson 压杆的原型是 B. Hopkinson 在 1914 年提出的。在距今约 100 年前的当时,并没有可以测量应变的应变片,没有激光和光测技术,也没有高速摄影等测量动态变形的仪器,如何设计实验才能捕捉爆炸产生的脉冲波,是实验上的难题。B. Hopkinson 设计了如图 3.11 所示的实验装置,它既是使飞片获得加速的加载装置,又可以用来作脉冲波形的测量装置。该装置中压杆用轻质绳悬吊;杆的左端贴上炸药,由雷管引爆炸药后产生压力脉冲,在压杆中由左向右传播。杆的右端用机油粘贴一块质量很小的飞片;爆炸产生的压缩波传到飞片右侧的自由端后产生反射,反射的拉伸波会导致飞片向右飞出。飞片撞击到右方单独悬挂的单摆上,通过测量单摆的最终摆动角度可以推算出摆的初速度,进而得知飞片带来的初始动量。这样,就可以将被飞片捕捉到的、长度为二倍飞片厚度的这部分脉冲的平均幅值计算出来。通过改变飞片的厚度,可以测量出整个脉冲波形。

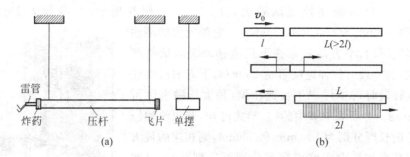

图 3.11　Hopkinson 压杆原理

(a) Hopkinson 压杆原型实验示意图；(b) 产生指定长度压缩脉冲的原理

当采用长圆柱形的子弹(即撞击杆)代替炸药作为 Hopkinson 压杆的动力源时,分析撞击杆内的弹性波的传播,很容易知道撞击产生的脉冲(近似为矩形脉冲)的长度必然是撞击杆杆长的二倍；在撞击杆与压杆分离后,这个脉冲会继续沿着 Hopkinson 压杆向远端传播,如图 3.11(b)所示。

Hopkinson 压杆实验装置由 Kolsky 和 Davis 等人在 20 世纪 40 年代末进行了改进(Kolsky,1949),除了采用撞击杆作为压杆的动力源外,还将原来的 Hopkinson 压杆分离成两根长杆(分别称为入射杆和透射杆),将试件夹在两根长杆之间使之受到脉冲加载并发生动态变形。因此,这种实验装置被称为分离式 Hopkinson 压杆,也被称为 Kolsky 杆。装置的示意图见图 3.12(a)。

当长度为 l 的撞击杆以速度 v_0 对长度为 L_i 的入射杆施加撞击时,在两根杆中都产生弹性压缩波由撞击面向两边传播。当撞击杆自由端反射回来的拉伸波返回两杆的接触面时,两杆分开,此时一个长度为 $2l$ 的矩形压缩脉冲在压杆中由左向右传播,脉冲的幅值与撞击速度 v_0 成正比,但仍在弹性范围内。通过改变撞击杆的长度和初速度,就能够在入射杆中产生不同长度和幅值的矩形脉冲；它传到试件中时,就对试件实施了脉冲加载。这就是分离式 Hopkinson 压杆(SHPB)的基本原理。对于中等速度的动态试验(应变率约为 $10^3 \sim 10^4$ s^{-1}),它提供了一种非常成熟的实验技术,在 20 世纪 70 年代后得到了普遍认同和广泛应用。

为了使得各杆中传播的应力波尽量接近于一维纵波,由第 1 章提到的波的知识可知,撞击杆、入射杆和透射杆都应该是细长的,并调整为同轴状态。各杆的弹性模量已知,且屈服应力应该足够高,使得撞击杆的撞击只在各杆中产生弹性波,而非塑性波,这样可以保证应力波的幅值能用贴在杆上的应变片来测定,而且应变片可以反复使用。但当弹性压缩波穿过入射杆进入试件中时,该脉冲的应力幅值应足以使试件发生塑性变形。一部分脉冲穿过试件进入透射杆,一部分脉冲反射回入射杆。从

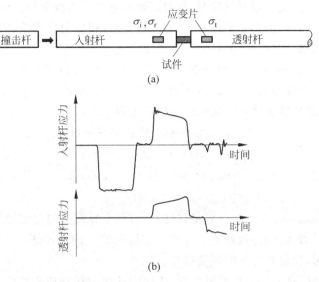

图 3.12　SHPB 压杆示意图
(a) 实验装置示意图；(b) 入射和透射的应力波

入射杆和透射杆适当位置上粘贴的应变片，可以测得入射应力和透射应力随时间的变化曲线。这样可以直接测定入射脉冲、透射脉冲和反射脉冲，其应变幅值分别为 $\varepsilon_i, \varepsilon_t, \varepsilon_r$。下面将看到，从这些数据可以得到试件中应力、应变和应变率之间的关系。

　　为了从弹性波信号获得可靠的应力和应变，在设计 SHPB 时需要满足如下几何条件：

　　1）入射杆的长度 L_i 和透射杆的长度 L_t 应远大于撞击杆的长度 l，即 $L_i \gg l$ 及 $L_t \gg l$；

　　2）试件的长度 L_s 应远小于压缩脉冲的长度 $2l$，也就是说 L_s 应远小于撞击杆的长度 l，即 $l \gg L_s$。

　　第一个条件是为了保证，在入射杆和透射杆中长度为 $2l$ 的压缩脉冲，由应变片记录下来时不受远端反射的影响，也就是确保入射杆和透射杆中的应变信号是"干净的"。而第二个条件是为了保证长度为 $2l$ 的压缩脉冲能够在试件两端之间多次来回反射，使得试件达到一种均匀的应力和应变状态；于是，入射杆和透射杆中的应变片所记录的信号就可以转换成试件中的应变和应力。

2．分离式 Hopkinson 压杆的实验结果分析

SHPB 压杆的实验结果分析基于下面两个基本假设。

　　首先，假设不仅在应变片所在的测量点应变波形已知，而且杆上其他各点的应力波形也完全已知。因为入射杆和透射杆都处于一维弹性波状态，根据一维弹性波的

特点，应力等于应变乘以弹性模量，同时其他各点的应力波形完全可以由测量点的波形平移得到。因此，根据入射杆表面的应变片测量得到的输入波，平移可以得到入射杆和试件接触面上的应变和应力波形，进而得到此界面上的"输入力"和物质点速度；再根据透射杆表面的应变片测量得到的透射波，平移可以得到透射杆和试件接触面上的应变和应力波形，进而得到该界面上的"输出力"和物质点速度。

于是，试件两端的力和速度可以由以下方程给出，

$$
\begin{cases}
F_{\text{input}}(t) = S_{\text{B}}E[\varepsilon_{\text{i}}(t) + \varepsilon_{\text{r}}(t)] \\
F_{\text{output}}(t) = S_{\text{B}}E\varepsilon_{\text{t}}(t) \\
v_{\text{input}}(t) = c_0[\varepsilon_{\text{i}}(t) - \varepsilon_{\text{r}}(t)] \\
v_{\text{output}}(t) = c_0\varepsilon_{\text{t}}(t)
\end{cases}
\tag{3.9}
$$

其中 F_{input}，F_{output}，v_{input}，v_{output} 分别是试件左、右两个界面上的力和物质点速度；S_{B}，E，c_0 分别是杆的截面积、弹性模量和弹性压缩波的波速；而 $\varepsilon_{\text{i}}(t)$，$\varepsilon_{\text{r}}(t)$，$\varepsilon_{\text{t}}(t)$ 分别表示试件中的入射、反射和透射的应变脉冲。

SHPB 分析的第二个基本假设是，试件中的应力场和应变场沿着试件长度方向是均匀的。于是，由试件两端的力和速度场(3.9)式，可以得到试件中的应力-应变曲线。先由试件两端的速度差计算试件的压缩应变率 $\dot{\varepsilon}_{\text{s}}(t)$，即

$$
\dot{\varepsilon}_{\text{s}}(t) = \frac{v_{\text{output}}(t) - v_{\text{input}}(t)}{L_{\text{s}}}
\tag{3.10}
$$

同时，根据均匀变形的基本假设，任意时刻试件都处于左右两侧受力平衡的状态，$F_{\text{input}}(t) = F_{\text{output}}(t)$。于是，试件中的应力可以表示为

$$
\sigma_{\text{s}}(t) = \frac{F_{\text{output}}(t)}{S_{\text{s}}}
\tag{3.11}
$$

(3.10)、(3.11)两式中 L_{s} 是试件的长度，S_{s} 是试件的截面积。

由于在均匀变形的基本假设下，试件中应变均匀，所以一定有 $\varepsilon_{\text{i}}(t) + \varepsilon_{\text{r}}(t) = \varepsilon_{\text{t}}(t)$。此时将(3.9)式代入(3.10)式，得到试件的应变率为：

$$
\dot{\varepsilon}_{\text{s}}(t) = \frac{2c_0}{L_{\text{s}}}\varepsilon_{\text{r}}(t)
\tag{3.12}
$$

再对时间积分，得出试件的应变为

$$
\varepsilon_{\text{s}}(t) = \frac{2c_0}{L_{\text{s}}}\int_0^t \varepsilon_{\text{r}}(t)\,\mathrm{d}\tau
\tag{3.13}
$$

同时，试件内的应力可以从试件与透射杆的界面上的合力求出，

$$
\sigma_{\text{s}}(t) = \frac{S_{\text{B}}E}{S_{\text{s}}}\varepsilon_{\text{t}}(t)
\tag{3.14}
$$

上述(3.13)式～(3.14)式只用到反射和透射这两组应变信号，即 $\varepsilon_{\text{r}}(t)$ 和 $\varepsilon_{\text{t}}(t)$，就得出了试件的应变率、应变和应力，所以这套公式被称为 SHPB 分析的**二波公式**(two-waves formula)。不难看到，只要把任一时刻从(3.13)式和(3.14)式得到的应

力和应变联系起来,就得到相应于某一应变(它由(3.12)式确定)下,试件材料的应力-应变关系曲线。

但是,从实际测试经验中发现,上述均匀变形的假设在快速加载情况下不是完全正确的,至少在测量的最初阶段是如此,因为应力波在试件中反射次数不多时,试件尚达不到均匀应力状态。例如,当应力波刚刚通过入射杆与试件的接触界面时,该界面已经受力且已发生应变,但试件和透射杆接触的界面还是静止和未受力的。因此,为了计及非均匀受力的影响,可以采用两界面上的平均力来计算试件中的应力,即用下式取代(3.11)式,

$$\sigma_s(t) = \frac{F_{input}(t) + F_{output}(t)}{2S_s} \tag{3.15}$$

相应地,即使放弃 $\varepsilon_i(t) + \varepsilon_r(t) = \varepsilon_t(t)$ 的假定,试件中的应力、应变率及应变仍可以用三组应变信号表示出来,分别为

$$\sigma_s(t) = \frac{S_B E}{2S_s}[\varepsilon_t(t) + \varepsilon_r(t) + \varepsilon_i(t)] \tag{3.16}$$

$$\dot{\varepsilon}_s(t) = \frac{c_0}{L_s}[\varepsilon_t(t) + \varepsilon_r(t) - \varepsilon_i(t)] \tag{3.17}$$

$$\varepsilon_t(t) = \frac{c_0}{L_s}\int_0^t[\varepsilon_t(t) + \varepsilon_r(t) - \varepsilon_i(t)]d\tau \tag{3.18}$$

(3.16)式~(3.18)式综合考虑了入射波、反射波和透射波共三组应变信号,所以被称为 SHPB 分析的**三波公式**(three-waves formula)。当然,这套公式也同样可以导出相应于某一应变(由(3.17)式确定)下的应力-应变关系曲线。

应该看到,无论是二波公式还是三波公式,都是基于无弥散的一维应力波传播理论,以及试件内应力和应变场近似均匀的假设得到的。然而,如果实验只关心试件两端的力和速度,则(3.9)式已给出试件两端的力和速度的准确测量值,此时不需要试件的均匀应力和均匀应变状态的假设。

根据二波公式或三波公式得出试件中的应力、应变和应变率后,可以由这些数据构造出该平均应变率下试件材料的应力-应变曲线。由于试件的(平均)应变率同撞击速度直接相关,通过不同撞击速度下的多次实验,可以得出不同应变率情况下材料的应力-应变曲线,进而得到材料的率相关本构关系,为高应变率下的材料动力学行为的数学建模及数值模拟提供有用的信息。

使用 SHPB 技术确定 σ-ε-$\dot{\varepsilon}$ 关系式时,事实上对试件本身还作了以下三个假设:

1) 在高应变率快速加载下,试件内的应力和应变仍是均匀分布的。

2) 试件在轴向快速受压时,横向惯性效应可以忽略;为此,试件的长度和直径比应满足一定要求,研究表明,这一比值取得接近于 $L_s/d_s = \sqrt{3}/2$ 较好。

3) 试件与两侧长杆的界面上的摩擦可以忽略不计;为此,在实验中,需要对接触面进行润滑以减少摩擦的影响。

在决定试件尺寸时要注意保证材料的均匀性,所以试件的长度和直径都应该比材料的微结构尺度大一个数量级。对金属材料,微结构尺度主要是晶格的尺度,因而试件的长度和直径比晶格尺度大 10 倍以上通常很容易实现。但是近年来 SHPB 技术也已用来测试混凝土材料、复合材料或泡沫材料的动态性质,在这些情况下,以上三个假设都不容易实现。以混凝土为例,混凝土中的骨料(如碎石)本身具有不小的尺度,要求试件尺寸比骨料大一个数量级可能会带来一系列问题,如:①要求使用更粗的入射杆和透射杆(为保证一维应力状态,粗杆还必须更长才行);②难以实现很高的应变率(这是因为应变率同试件长度成反比);③试件动态变形时自身的横向效应非常严重。由于高速加载时的横向惯性效应也会提升测得的流动应力,对于利用 SHPB 方法测定出的混凝土的率相关特性是否真实可靠,目前学术界仍存在争议。

蜂窝、泡沫、格栅等具有胞元结构的材料广义上都属于多胞材料(cellular material),在静力学分析时经常被等效为宏观上的均匀材料,具有类似于一般均匀固体的弹性模量和屈服应力等等效参数。但是,考虑到微结构(泡沫孔洞、蜂窝单胞尺寸等)本身的尺寸,试件需要具有一定数目的胞元(一般来说大于 10 个)才能保证试件的整体均匀性。但是,采用大截面试件时,要求用的杆更粗、更长。同时,由于泡沫等多胞材料的密度和波阻抗都很小,若用金属杆进行测试,透射信号很弱;为了降低测量杆的波阻抗,需要采用尼龙杆等(这又会带来粘弹性杆中应力波的弥散等问题)。除此以外,蜂窝、泡沫等多胞材料受到快速压缩时通常会丧失变形的均匀性,经常出现试件的加载面附近已被压实,而其他区域尚未开始变形的情况。这种变形的局部化是与 SHPB 要求试件均匀变形的假设相违背的。

以上例子表明,做实验之前需要明确实验原理、精心设计,否则测试结果可能失去意义。

3. 分离式 Hopkinson 拉杆

早期 Hopkinson 杆只能做压缩实验,但有些材料(如铸铁、单向纤维增强复合材料)的拉压性能不同,还有些情况下(如纤维)试件只能承受拉伸,所以我们必须知道这些材料的快速拉伸行为。20 世纪 70 年代初,在分离式 Hopkinson 压杆的基础上,逐渐发展了分离式 Hopkinson 拉杆实验技术,以测量材料在拉伸试验时表现出的应变率效应。

分离式 Hopkinson 拉杆可以有多种不同的实验方案,其中一些方案如图 3.13 所示。

在图 3.13(a)中,测量拉伸应力、应变和应变率的方法是把试件做成帽形(如图中阴影部分所示),试件放置在卡环中,入射杆的压缩脉冲会导致帽形试件的侧壁受快速拉伸。

图 3.13(b)所示的方案为,在入射杆和透射杆之间除试件外还夹着一个空心圆

柱形的轴套。压缩脉冲能透过轴套传播，但从透射杆远端反射回来的拉伸脉冲使轴套与透射杆分离，因此，这个反射回来的拉伸脉冲对试件产生快速拉伸加载。

图 3.13(c)的试验方案是采用惯性杆。其"撞击杆"和"入射杆"都采用空心管作为杆件，入射管的内部设置一个惯性杆，作为透射杆。撞击杆冲击右侧的主管(即"入射杆")后，产生一个压缩脉冲，该脉冲拉动试件向右运动；而由于惯性杆的惯性效应，会阻碍试件向右运动，进而对试件造成拉伸。

图 3.13(d)的设计思想是，发射一个同心轴套作为撞击管，打击右侧杆的端部，因此产生一个拉伸波向左侧的试件传播。此实验方案要求撞击轴套无摩擦地沿系统轴线飞过整个系统，实现起来较为困难。替

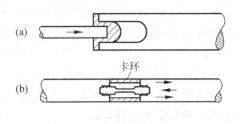

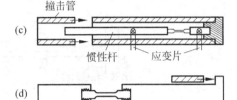

图 3.13　Hopkinson 拉杆的几种实现方法(Meyers,1994)

(a) 帽形试件；(b) 环形试件；(c) 惯性杆结构；
(d) 环撞击栓头

代方案可以采用飞轮或者摆锤去打击杆的右端，但由于飞轮或摆锤携带的总动能很大，不应让整个拉伸脉冲都进入试件。这种情况下，可以在打击端加入波形调节器(pulse shaper)，它的作用主要是在撞击后的一定时刻发生断裂，中断输入脉冲。设计良好的波形调节器可以既调节脉冲的长度，又调节脉冲的强度和上升时间。

高应变率拉伸试验中常常遇到的问题之一是试件可能在拉伸过程中发生断裂。特别是脆性材料的试件往往在拉伸脉冲尚未完全通过、试件的平衡状态尚未建立时已经断裂了。这时由贴在入射杆(管)和透射杆(管)上的应变片输出的信号，无法计算出试件两端的应力和质点速度，因此前述二波或三波公式均不再有效。解决这一问题能够采用的办法是在试件上直接贴上应变片来测量应变的历史，但这又会带来很多新的缺点：应变片必须在动态试验前逐个标定；应变片在动态试验中只能使用一次；由于试件通常很小，只能贴上少数几个应变片，因此输出的信息有限。

4. 分离式 Hopkinson 扭杆

在高应变率的压缩和拉伸实验中，试件的横向惯性都会导致试件实际上处于三维应力状态，而不是理想中的一维应力状态。试件中的应变越大，由 SHPB 实验数据按一维应力公式分析得到的误差越大。解决此问题的方案是采用分离式 Hopkinson 扭杆，这种方法也是在 1970 年前后提出来的。

动态转矩的施加是通过在垂直于杆轴的小杆两端同时引发方向相反的爆炸，或者突然释放一个弹性杆中存储的扭转能量来实现的。后者如图 3.14(a)所示，杆上

安装一个夹具,在杆的左端利用扭转设备对杆进行强力扭转;由于夹具限制了杆在该处的转动,左边这段杆积蓄了扭转变形的弹性能。突然释放夹具后,扭转波将向右传播,经过管形试件(图中阴影部分)并对它快速加载。

还有一种产生快速剪切的方法,如图 3.14(b)所示。它是在 Hopkinson 压杆的实验装置上对试件进行改动而实现的。在轴向压缩脉冲传播时,图中的帽形试件的连接区将承受快速剪切。

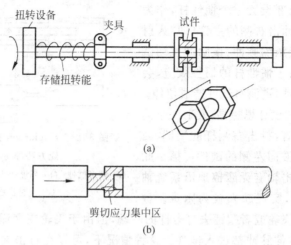

图 3.14   分离式 Hopkinson 扭杆(Meyers,1994)
(a) 分离式 Hopkinson 扭杆示意图;(b) 帽形试件与剪切试验

由于扭转过程中横向惯性效应的影响被降低到最小,且扭转波在传播过程中不弥散,分离式 Hopkinson 扭杆的优点很显著,因而得到了广泛的应用,由于扭转试件比较小,分离式扭杆可以测量的剪应变率可以高达 10^5 s^{-1}。

3.3.3   膨胀环技术

膨胀环是高应变率实验中的另外一种成功的技术,发展于 1963 年(Johnson 等,1963)。如图 3.15 所示,在空心圆管内部放置炸药,作为试件的膨胀环套在空心圆管外壁。炸药爆炸后,产生的冲击波沿着圆管的半径方向向外传播。图 3.15(a)显示爆炸后冲击波进入膨胀环,图 3.15(b)显示在冲击波的推动下圆环沿着半径方向膨胀。利用激光干涉仪可以测量膨胀环运动时的径向速度随时间的变化历史,进而推算出膨胀环的应变率,及其应力-应变曲线。

下面给出膨胀环测试技术的数据分析所用的方程。由于结构和受载都是轴对称的,膨胀环的动态变形是一个轴对称问题。如图 3.14(c)所示,取半径为 r 的一段圆环进行分析,这一小段圆环的运动应遵循动力学普遍方程,

$$\boldsymbol{F} = \boldsymbol{ma}$$

(3.19)

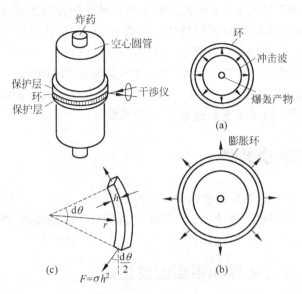

图 3.15 膨胀环技术(Meyers,1994)

以上矢量方程在圆环径向的分量形式为

$$F_r = ma_r \tag{3.20}$$

设圆环周向截面上的力为 F,圆环小段对应的角度为 $d\theta$,有

$$2F\sin(d\theta/2) = ma_r \tag{3.21}$$

若圆环段很小,即 $d\theta$ 是小量,(3.21)式可以简化为

$$F \cdot d\theta = ma_r \tag{3.22}$$

即

$$\sigma h^2 \cdot d\theta = \rho r \cdot d\theta \cdot h^2 \ddot{r} \tag{3.23}$$

式中,σ 为圆环的周向应力;h 为圆环厚度;ρ 为材料的密度。对(3.23)式进行简化,容易得到

$$\sigma = \rho r \ddot{r} \tag{3.24}$$

这表明,膨胀环的周向应力可以通过测量环的径向运动的减速度 $\ddot{r}$ 得到。假定环的截面尺寸远小于环的半径,可以认为它只受到应力为 σ 的环向简单拉伸;在此单轴拉伸应力状态下,其周向的对数应变为

$$\varepsilon = \ln\left(\frac{r}{r_0}\right) \tag{3.25}$$

(3.25)式中 r_0 为膨胀环的初始半径。对(3.25)式求导可以计算环的周向应变率:

$$d\varepsilon = \frac{dr}{r} \tag{3.26}$$

$$\dot{\varepsilon} = \frac{d\varepsilon}{dt} = \frac{1}{r}\frac{dr}{dt} = \frac{\dot{r}}{r} \tag{3.27}$$

可见,只要采用激光干涉法测定了膨胀环运动时的径向速度随时间的变化历史 $\dot{r}=\dot{r}(t)$,经过微分和积分分别得到径向位移 $r=r(t)$ 和径向加速度 $\ddot{r}=\ddot{r}(t)$,由 (3.24)式、(3.25)式和(3.27)式就可分别算出应力、应变和应变率了,简单而直接。

但是,由于环中的反射应力脉冲,膨胀环的速度是随时间连续下降的。在膨胀环的膨胀过程中(3.27)式给出的应变率并非常数,需要对不同的装药量进行一系列的测试,才能得到同一应变率下的应力-应变关系曲线。

3.4   爆炸驱动装置

爆炸驱动系统是动态实验技术中所需资金投入最少的部分,因此经常是加载的首选方案,当然,使用爆炸驱动装置一定要注意安全。一点起爆,产生的爆炸波是个球面波,而一般实验中更需要的是平面波,所以先要发展平面波的发生技术。

3.4.1   线形波发生器和平面波发生器

线形波发生器

在所设计的各种系统中,穿孔式三角形装置是最为普遍的线形波发生器。如图 3.16 所示,该装置在三角形的一个顶点引爆,爆轰波阵面必须在小孔之间的介质内传播;按照设计,弯曲轨迹 D_1 与沿边界的轨迹 D_2 距离相等,因而到达三角形底边的波阵面便成为直线。设计中要考虑小圆孔的直径和间隙的大小,使其能够满足底部的线性波阵面条件。

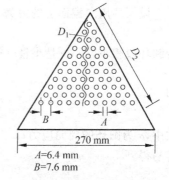

A=6.4 mm
B=7.6 mm

图 3.16   三角形线性波发生器
(Meyers,1994)

平面波发生器

为了向飞板或结构输入一个平面冲击波阵面,或将一点爆轰转化为所期望的平面爆轰,要求使用特定的实验装置实现点爆轰向平面爆轰的转化。炸药透镜和捕鼠式平面波发生器是两种常用的平面波发生器。

1. 炸药透镜

图 3.17 为爆炸透镜的一种设计形式。上端的雷管起爆后,波阵面将传入两种不同爆速的炸药中。内部炸药的爆速 V_{d2} 小于外部炸药的爆速 V_{d1}。设计的透镜倾角 θ 为

$$\sin \theta = \frac{V_{d2}}{V_{d1}} \tag{3.28}$$

内部炸药的锥体顶部并不是十分水平,需要引入一定的曲率,其作用是对起爆现象的某些不足(如不能瞬时达到稳定爆速)予以补偿。实际上,起爆源也不是无限小的点源。许多其他因素都会影响炸药透镜的效果,如炸药的铸装精密程度等。

2. 捕鼠式平面波发生器

捕鼠式平面波发生器常用于爆炸成形。图 3.18 给出了一种捕鼠式平面波发生器的示意图。装置中玻璃板厚度为 3 mm,与主装药成 α 角。玻璃板顶部放置了两层厚度为 2 mm 的炸药,经过雷管引爆后,表层炸药的爆轰推动玻璃板向主装药运动;所有的玻璃板碎片同时撞击主装药的上表面,从而引起平面爆轰。角 α 值可由爆速 V_d 和破片速度 V_f 计算得到。

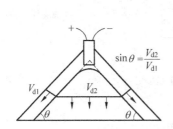

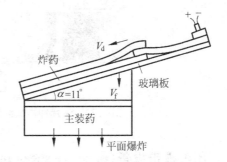

图 3.17　锥形爆炸透镜(Meyers,1994)　　　图 3.18　捕鼠式平面波发生器(Meyers,1994)

3.4.2　飞板加速

平面波发生器可以在主装药的整个平面同时起爆,所产生的能量可以推动平板以高达 3 km/s 的速度飞行。在图 3.19 中所示的炸药驱动系统中,左右两侧分别为两个平面波透镜,透镜的底边各布置一个飞板。两个飞板是互相平行的,中间的间隙部分设置有靶板,靶板中央放有试件。实验中,两个对称的平面波透镜同时起爆,并各自驱动飞板向内高速运动。左右两个飞板同时撞击主靶板相对的两个面,产生相向运动的两个冲击波,并在主靶板中心处叠加。此时,位于主靶板中心的试件将受到迅速增长的压力。

图 3.20 给出了另外一种用枪管发射飞片对目标(可以是材料试件,也可以是靶板等)进行高速冲击的系统。测试主要是用激光干涉技术测定目标物背面的速度变化历史,再用类似于前面讲到的膨胀环数据分析的方法来获得目标物的位移、加速度和全部变形历史。

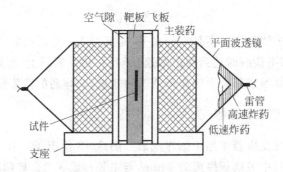

图 3.19　用于冲击叠加的 Yoshida 系统(Meyers,1994)

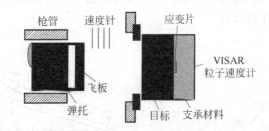

图 3.20　飞片冲击加载系统示意图（Field 等,2004）

压剪撞击设备(pressure-shear impact configuration)

图 3.21 所示的压剪撞击设备可以实现平板的斜碰撞,此实验可达到的应变率高达 10^5 s^{-1},超过 SHPB 可达到的应变率范围。该装置是利用玻璃纤维管传送来的高应力脉冲,驱动管右端的飞片高速飞出,对粘贴在靶板上的薄片试件实施平面撞击。

实验时需要将飞片和靶板调得绝对平行。由于是斜撞击,试件表面受到压力和剪力的共同作用。由 3.1 节知道,应变率与加载速度以及试件尺度有关,试件越薄则应变率会越高。此套装置中,试件最小可以做到纳米薄膜,因此相应的应变率也非常高。这套装置可以用于细观和纳观尺度的分析,精度要求非常高,因此价格也非常昂贵,通常只能用于特种高精尖的材料,是目前超高应变率范围内力学性能测试的最有效方法。

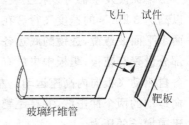

图 3.21　平板斜撞击实验
装置示意图

3.5　轻气炮系统

轻气炮系统(gun system)能使弹丸产生高达 50～8000 m/s 速度,作为动态加载工具已经成功使用了很多年。与其他技术相比,轻气炮的主要优点是其实验结果重复性好,撞击时有极好的平面度和平行度;同时仪器操作非常简单、检测方便。在当前技术下,各种驱动装置及其能达到的速度如下:

(1) 一级轻气炮(one-stage gas gun):速度最高达到 1100 m/s;

(2) 二级轻气炮(two-stage gas gun):速度最高达到 8000 m/s;

(3) 电磁炮(electromagnetic gun, rail gun):速度最高达到 15 km/s;

(4) 等离子加速器(plasma accelerator):速度最高达到 25 km/s。

一级轻气炮

一级轻气炮在设计上非常简单。如图 3.22 所示,系统包括一个后腔,一个枪管和一个回收室。使用时先在后腔内的高压室内注入高压气体,并将固定在弹托上的弹丸放到枪管中。开启快动阀门后,释放高压气体驱动弹丸发射。实验中通常使用轻质气体(如氢气和氦气)以减低气体自身的惯性,使弹丸获得最大加速度;对速度要求不高的时候也使用空气。弹丸的最大速度值可由气体的最大膨胀率计算得到。图 3.22 所示的一级轻气炮可将弹丸加速到 1100 m/s。弹丸离开枪管后的运动速度可以通过速度测定系统获得,即通过测量弹丸先后切断两个激光束的时间差,确定其速度。回收室的作用是在确保二次撞击损伤最小的条件下将试件回收。

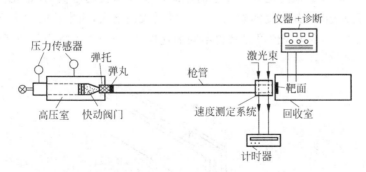

图 3.22　一级轻气炮示意图(Meyers,1994)

一级轻气炮可以作为 SHPB 试验中撞击杆的驱动装置,也可以用来直接打试件或结构模型。

二级轻气炮

图 3.23 是一台二级轻气炮的示意图,分两级对弹丸进行驱动。左端为一级气炮的后腔,连接第二级气炮的后腔,其中第一级气炮的直径要比第二级大得多。首先将位于一级气炮后腔的火药引爆,爆炸波驱动厚重的大活塞向右运动。位于活塞前面的二级气炮空腔中充满轻气,活塞的加速会产生对轻气的高速压缩。当第一级的压力达到临界值时,隔膜片破裂并开始驱动弹丸。活塞继续运动并压缩气体同时驱动弹丸。最后阶段中,可以让部分活塞进入发射管。超高压的轻气通常可以把弹丸加速到 7 km/s,甚至更高。

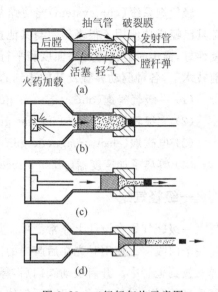

图 3.23 二级轻气炮示意图
(Meyers,1994)

(a) 阶段 1;(b) 阶段 2;(c) 阶段 3;(d) 阶段 4

电磁炮(电子导轨炮)

电磁炮可以使弹丸达到比轻气炮更高的速度。其基本原理是利用电磁场,产生一种机械力(洛伦兹力)推动弹丸。图 3.24 画出了电磁炮的操作原理简图,它由两个相互平行的导体(一般为铜)轨道支撑着弹丸。通常要求弹丸很轻,用带有金属尾翼(磁舌)的低密度材料制成。通过电容器放电的形式产生高强度的电流,在洛伦兹力的推动下,弹丸会高速运动,其速度随着推动力 F 的增大而增大,而推动的力 F 与电流的平方是成正比的。改变电流值可以获得不同的速度,电磁炮可以将子弹加速到 10 km/s 或更高。

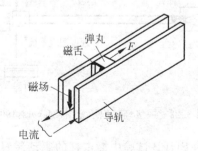

图 3.24 直流电磁炮的基本原理(Meyers,1994)

习题

3.1　一根长度为 25 mm 的钢杆,弹性模量为 $E=200\,\text{GPa}$,一端受到速度为 2.5 m/s 的大刚体的撞击,另一端固定。假设杆的变形为弹性,计算撞击后杆的平均应变率。

3.2　用旋转飞轮装置来测试材料的应变率效应。拉伸试件尺寸为 6 mm×6 mm×40 mm,在应变率 $10^3\,\text{s}^{-1}$ 的情况下流动应力达到 800 MPa。请估算旋转飞轮的功率。

3.3　简要说明分离式 Hopkinson 压杆的工作原理和设计时需要满足的条件。

第4章

高应变率下材料的本构关系

本章将介绍材料在高应变率下的本构关系,详细内容可参考 Meyers 在 1994 年出版的书——*Dynamic Behavior of Materials*。

4.1 应变率相关的本构方程概述

在高应变率情况下,材料的塑性变形通常采用率相关本构方程来描述,给出应力 σ 对应变 ε、应变率 $\dot{\varepsilon}$ 以及温度 T 的依赖关系:

$$\sigma = f(\varepsilon, \dot{\varepsilon}, T) \tag{4.1}$$

由于塑性变形是不可逆的且与变形路径相关,所以材料在某一点处应力与应变之间的关系还同该处的变形历史(deformation history)有关。因而,还需要在(4.1)式的基础上考虑"变形历史"的影响:

$$\sigma = f(\varepsilon, \dot{\varepsilon}, T, \text{deformation history}) \tag{4.2}$$

由弹塑性力学理论,我们知道应力和应变都是二阶张量,各自具有 6 个独立的分量,所以(4.1)式和(4.2)式通常应以张量形式写出。但是,如果忽略应力和应变的球张量部分,只考虑它们的偏张量部分,就可以引入等效应力(effective stress)σ_{eff} 和等效应变(effective strain)ε_{eff},定义如下:

$$\sigma_{\text{eff}} = \frac{\sqrt{2}}{2} \sqrt{(\sigma_1 - \sigma_2)^2 + (\sigma_2 - \sigma_3)^2 + (\sigma_3 - \sigma_1)^2} \tag{4.3}$$

$$\varepsilon_{\text{eff}} = \frac{\sqrt{2}}{3} \sqrt{(\varepsilon_1 - \varepsilon_2)^2 + (\varepsilon_2 - \varepsilon_3)^2 + (\varepsilon_3 - \varepsilon_1)^2} \tag{4.4}$$

同时,还可以引入等效应变率 $\dot{\varepsilon}_{\text{eff}}$,其表达式同(4.4)式类似,都是标量。利用这些等效量,张量形式的本构关系(4.1)式和(4.2)式便可以简化为标量形式。

由塑性理论我们还知道,静水应力只产生弹性体积应变,而剪应力产生塑性应变;例如金属和聚合物都是由于剪切力的作用而产生塑性滑移,可以说剪应力是塑性变形的驱动力。因此,采用等效剪应力 τ_{eff}、等效剪应变 γ_{eff} 和等效应变率 $\dot{\varepsilon}_{eff}$ 写出的材料本构关系也往往具有明晰的物理意义和应用上的便利。

图 4.1 所示为 Cambell 和 Ferguson(1970)绘制的经典图形。图中给出了对于碳钢在不同温度的情况下,其屈服应力随应变率的变化关系。可以看出,当温度升高的时候,屈服应力下降;此外,当应变率在 10^3 s^{-1} 以下时,屈服应力随应变率的变化比较平缓;应变率在 10^3 s^{-1} 以上时,屈服应力急剧变化。降低温度和提高应变率在效果上有类似之处,即使得材料的韧性降低。因此,蠕变实验可以考虑用升高温度的方法来替代。从图 4.1 可得出两个结论:

1) 屈服应力随着应变率的增大而增大;

2) 在低温条件下,屈服应力随着应变率增大的趋势更加明显。

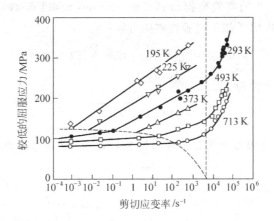

图 4.1 低碳钢的低屈服应力与应变率的关系曲线(Cambell 和 Ferguson,1970)

一个成功的本构模型应该能将某一材料的全部实验数据(类似于图 4.1 所显示的)归纳为一个简单的数学表达式,同时还可通过该式的内插和外推来预测现有实验未能覆盖的各种情况。

4.2 本构方程的经验公式

目前已经有很多种形式的本构方程,用来描述材料的塑性行为。在低应变率下,大多数金属在塑性变形阶段近似遵循下列指数关系:

$$\sigma = \sigma_0 + k\varepsilon^n \tag{4.5}$$

其中,σ_0 是屈服应力;n 为硬化系数(又称强化系数);k 为硬化项的系数。当 $n=0$ 时,(4.5)式退化为理想刚塑性材料;$n=1$ 对应于线性强化材料。对于大多数金属来说,n 的取值范围约在 $0.2\sim0.3$ 左右。对于多轴应力的情况,(4.5)式中应力和应变都取等效量,见(4.3)式和(4.4)式。

从图 4.1 中关于低碳钢的数据归纳可知,温度 T(以热力学温度度量)对塑性流动应力 σ 的影响可以表示为

$$\sigma = \sigma_r\left[1 - \left(\frac{T - T_r}{T_m - T_r}\right)^m\right] \tag{4.6}$$

其中,T_m 是金属的熔点;T_r 是一个参考温度,在该温度下测得的参考应力为 σ_r,对于给定的温度 T,其对应的流动应力为 σ。(4.6)式给出的是一种简单的曲线拟合方程,其中指数 m 是由实验值得出的拟合参数。

此外,在应变率不太高(即 $\dot{\varepsilon} \leqslant 10^2\ \mathrm{s}^{-1}$)的情况下,材料的应变率效应可以简单表示为

$$\sigma \propto \ln\dot{\varepsilon} \tag{4.7}$$

这可以从图 4.2 的实验数据得到佐证。Johnson 和 Cook(1983)在考虑这些基本因素的基础上,提出了如下经验性本构方程:

$$\sigma = (\sigma_0 + B\varepsilon^n)\left(1 + C\ln\frac{\dot{\varepsilon}}{\dot{\varepsilon}_0}\right)[1 - T^{*m}] \tag{4.8}$$

其中 T^* 为无量纲的温度,

$$T^* = \frac{T - T_r}{T_m - T_r} \tag{4.9}$$

T_r 为参考温度,在此温度下测定的应力值为 σ_0,$\dot{\varepsilon}_0$ 为参考应变率(可以取为 $1\ \mathrm{s}^{-1}$)。

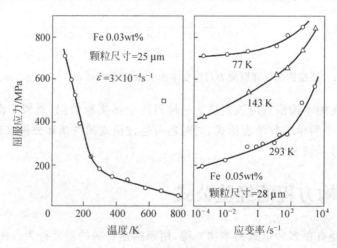

图 4.2　温度和应变率对铁的屈服应力的影响(Meyers,1994)

此本构方程中有 5 个参数,即 σ_0,B,C,n,m,它们可以通过实验确定。实践证明,恰当选取参数之后,(4.8)式能够相当好地描述大多数金属的动力塑性行为。因

此,Johnson-Cook 方程是一种非常成功也非常有用的本构模型。

其他研究者也提出过别的经验方程,根据 Meyer 等人(1992)汇总的结果,Klopp 等人(1985)给出如下形式的经验方程:

$$\tau = \tau_0 \gamma^n T^{-\nu} \dot{\gamma}_p^m \tag{4.10}$$

其中,τ 和 γ 分别为等效剪应力和等效剪应变;ν 为温度软化参数,n 和 m 分别为表示对塑性硬化和应变率敏感程度的指数。

另外有学者建议采用如下形式的方程:

$$\tau = \tau_0 \left(1 + \frac{\gamma}{\gamma_0}\right)^n \left(\frac{\dot{\gamma}}{\dot{\gamma}_r}\right)^m e^{-\lambda \Delta T} \tag{4.11}$$

其中 τ_0 为在应变为零($\gamma=0$)且参考应变率 $\dot{\gamma}_r$ 下的屈服应力;ΔT 是当前温度 T 与参考温度 T_0 之差。此方程含有一个指数形式的温度软化项。若在(4.11)式基础上令

$$\sigma_r = \tau_0 e^{-\lambda \Delta T} \left(1 + \frac{\gamma}{\gamma_0}\right)^n \tag{4.12}$$

(4.11)式的经验公式就变成应变率 $\dot{\gamma}$ 与应力之间的显示方程:

$$\dot{\gamma} = \dot{\gamma}_r \left(\frac{\tau}{\sigma_r}\right)^{1/m} \tag{4.13}$$

此处还给出其他两种形式的经验方程:

$$\tau = \tau_0 \gamma^n \left(\frac{\dot{\gamma}}{\dot{\gamma}_0}\right)^m \exp\left(\frac{W}{T}\right) \tag{4.14}$$

(4.14)式给出的经验方程可参阅 Vinh 等人的文献(Vinh 等,1979),它本质上与(4.11)式是相同的,其中 τ_0, W, n 和 m 是由实验确定的参数;τ, γ 和 $\dot{\gamma}$ 分别为剪切应力、剪切应变和剪切应变率。对于金属铜来说,Campbell 及其合作者(Campbell 等,1977)给出的如下经验公式是非常成功的:

$$\tau = A\gamma^n [1 + m\ln(1 + \dot{\gamma}/B)] \tag{4.15}$$

在结构冲击问题中,往往采用理想塑性模型。在结构塑性动力学领域内,Cowper-Symonds 的率相关本构模型是很有名的方程,它被广泛引用却没有公开发表过,只能引 Brown 大学工程系的内部报告。其形式为

$$\dot{\varepsilon} = D \left(\frac{\sigma_0^d}{\sigma_0} - 1\right)^q \tag{4.16}$$

或者等价地写成如下形式:

$$\frac{\sigma_0^d}{\sigma_0} = 1 + \left(\frac{\dot{\varepsilon}}{D}\right)^{1/q} \tag{4.17}$$

显然,Cowper-Symonds 方程给出的是应变率和材料的流动应力之间的关系,只考虑应变率,并不考虑温度的影响。其中,σ_0^d 是在单轴应变率 $\dot{\varepsilon}$ 下的动态流动应力,σ_0 是相应的静态流动应力。D 和 q 是材料常数;如对于低碳钢 $D=40\ \text{s}^{-1}, q=5$;而对于铝合金 $D=6500\ \text{s}^{-1}, q=4$。

根据以上参数可以利用(4.17)式计算不同应变率下的材料动态流动应力 σ_0^d。例如,当应变率为 $\dot{\varepsilon}=100\ \mathrm{s}^{-1}$ 时,低碳钢的动态流动应力为 $\sigma_0^d/\sigma_0=2.20$;而在同样应变率情况下,铝合金的流动应力为 $\sigma_0^d/\sigma_0=1.35$。显然低碳钢对应变率的敏感性高于铝合金。

Cowper-Symonds 方程的基本思想是,利用给定的应变率估算动态流动应力 σ_0^d,然后用 σ_0^d 直接取代原来的静态流动应力 σ_0 进行分析计算。这种方法简单实用,也很容易纳入有限元计算,因而非常受工程师欢迎。

4.3　外加应力与位错运动速度之间的关系

本节讲述塑性变形的微观机理,即考虑应变率变化和温度变化时,金属结构微观层次的位错运动规律。

4.3.1　位错动力学

由于材料本身的属性、外载情况,以及温度场等条件的不同,晶体材料的塑性变形可以与多种物理机制相关,例如:

1) 位错运动(dislocation motion)或称位错滑移(dislocation glide);

2) 机械孪晶(mechanical twinning);

3) 相变(phase transformation)。

塑性变形是以上几种机制的效果的总称。下面我们只考虑由位错运动引起塑性变形的情况。位错是具有晶格结构材料中的一种缺陷。但位错不是点缺陷,而是一层一层的晶格位置之间的错动。位错的特性是:

1) 位错的运动产生剪切应变;

2) 位错在剪切应力的作用下运动。

图 4.3 示意性地画出了在剪应力 τ 的作用下,刃型位错(edge dislocation)的运动形式。在理想排列中,单位长度位错上的作用力为

$$F = \tau b \tag{4.18}$$

其中 b 为 Burger 矢量,它是一个表征晶格特征尺度的矢量。由于晶体自身中存在着对位错运动产生抑制作用的阻力,因此需要施加外力才能使位错运动发生。图 4.3(a)给出了单个位错运动时的情形,单个位错每次需要移动一个距离 b 以达到新的平衡位置。相应地可以得出位错阵列运动的形式,如图 4.3(b)所示。当位错阵列受剪切应力的作用发生运动时,每层只移动一个距离 b,但很多层位错的运动就会产生剪切应变:

$$\gamma = \tan\theta \tag{4.19}$$

设 ρ 为位错密度,则有

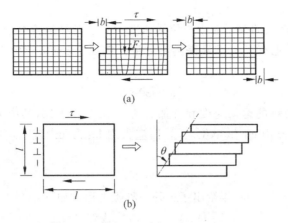

图 4.3 金属晶体中的位错(Meyers,1994)

(a) 单个位错的运动；(b) 位错阵列的运动

$$\gamma = \rho b l \tag{4.20}$$

将(4.20)式对时间求导可得

$$\dot{\gamma} = \rho b v \tag{4.21}$$

其中 v 为位错运动的速度,因此式(4.21)给出的是剪切应变率与位错运动速度之间的关系式。需要指出的是,在三维情况下,考虑到晶体中有很多取向不同的滑移系,通常应变率与位错速度之间是更复杂的张量-矢量关系。

通过引入一个取向因子 M,可以将剪应变 γ 换成正应变 ε (Meyers and Chawla, 1984):

$$\frac{\mathrm{d}\varepsilon}{\mathrm{d}t} = \dot{\varepsilon} = \frac{1}{M} \rho b v \tag{4.22}$$

通常对于面心立方晶体(FCC),M 取 3.1;而对于体心立方晶体(BCC),M 取 2.75。

Gilman 和 Johnston 在他们的经典实验中(Gilman 和 Johnston, 1957；Johnston 和 Gilman,1959),最先研究了外加应力与位错运动速度之间的关系。他们对 LiF 晶体中的位错速度与外加剪切应力之间的函数关系进行了测试,结果如图 4.4 所示。该图取双对数坐标。从图中的曲线看出,外加剪切应力尚未使材料屈服时,位错静止不动；而材料屈服后,随着外加剪切应力的增大,位错的运动

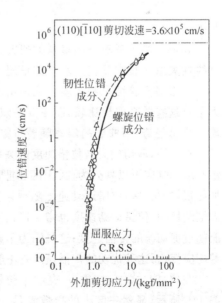

图 4.4 剪切应力与位错速度之间的关系

(Johnston 和 Gilman,1959)

速度也逐渐增大。

以上实验中得到的关于应力与位错速度的关系已经被拟合成不同类型的方程，有经验性的方程，也有理论推导得到的方程。例如 Johnston 和 Gilman(1959)将位错速度表示为

$$v \propto \sigma^m e^{-E/kT} \tag{4.23}$$

(4.23)式说明，位错的运动速度和外加力的 m 次方成正比，其中 m 的取值在 15 到 25 之间。若速度 v 用 cm/s 单位表示，而应力用 kgf/mm^2 表示，在常温下(4.23)式可以变化为

$$v = K\sigma^m \tag{4.24}$$

Stein 和 Low 在 1960 年给出了另外一种拟合形式如下：

$$v = A\exp\left(-\frac{A}{\tau}\right) \tag{4.25}$$

其中 τ 是外加剪切应力的合力。

Greenman 等人在 1967 年对于铜给出下面的关系：

$$v - v_0 \left(\frac{\tau}{\tau_0}\right)^m \tag{4.26}$$

其中 $m=0.7$，v_0 为单位速度，而 τ_0 是一个材料常数，$\tau_0 = 0.25 \times 10^3$ Pa。

其实，(4.26)式在取 $m=1$ 和 $\tau_0 = 2.7 \times 10^3$ Pa 的时候也同实验结果符合得很好，此时速度和剪切应力具有非常简单的线性关系：

$$v = K\tau \tag{4.27}$$

其中 K 是常数。

其他一些学者对不同材料的研究，也表明位错速度 v 和外加剪切应力 τ 之间具有线性关系。在中等应力水平的情况下(4.27)式近似成立。

有很多实验结果和经验公式都给出了位错运动的速度和剪切应力之间的关系。为了对这些关系作出比较，图 4.5 在双对数坐标下对这些结果进行了归纳。不难发现一个总趋势，即曲线的斜率随着位错运动速度的增加而减小。

对于镍，剪切应力与位错速度的关系可以由图 4.6 中的折线来近似得出。因此，位错速度的响应可以划分为Ⅰ区、Ⅱ区和Ⅲ区。Ⅰ区表明剪切力小的时候，位错运动速度增加得很快；在Ⅱ区，位错运动速度随剪切应力近似呈线性增长；而在Ⅲ区中，即使剪切应力继续增加，位错运动速度也增长得很慢，表明位错运动速度将趋近一个极限值，它不能超过剪切波的传播速度；这是因为不论是刃型位错还是螺旋位错均产生剪切应力和剪切应变，而这种扰动的传播速度是不能高于弹性剪切波的波速的。

在(4.24)式中，指数 m 表明了位错运动速度对剪切应力之间的依赖关系。如图 4.6 所示，显然三区中的指数满足 $m_{\mathrm{I}} > m_{\mathrm{II}} > m_{\mathrm{III}}$，且 $m_{\mathrm{II}} = 1$。在Ⅲ区中，位错的极限速度设定为弹性剪切波的传播速度，理由如上述。

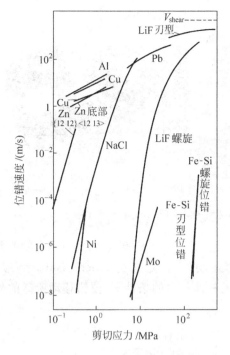

图 4.5 各种材料的剪切应力与位错速度间
的关系(Meyers 和 Chawla,1984)

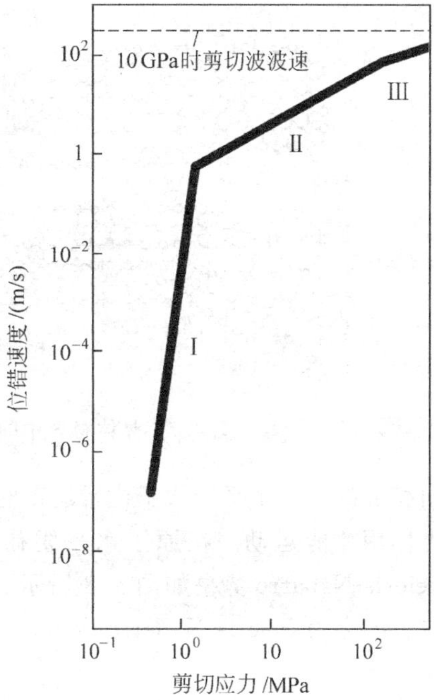

图 4.6 镍的剪切应力与位错速度
关系图(Meyers,1994)

若以位错运动速度的对数作横坐标,以施加的剪切应力作为纵坐标重新绘制图 4.6,就会得到与图 4.1 类似的图形。图 4.6 中显示的三个区域,其实反映了公认的控制塑性变形的三种不同机理;它们分别为:热激活位错运动(Ⅰ区,$m_I > 1$),声子驱动(Ⅱ区,$m_{II} = 1$),相对论效应(Ⅲ区,$m_{III} < 1$)。

4.3.2 热激活位错运动

如图 4.7 所示,位错在晶格中运动时会不断遇到阻碍。这些阻碍增加了位错运动的难度。图中的阻碍包括:

1) 离散的原子(隙间的和替代的);

2) 空缺(vacancies);

3) 小角度晶界(small-angle grain boundaries);

4) 空缺区(vacancy clusters);

5) 夹杂(inclusions);

6) 沉淀物(precipitates)。

同时,位错的运动也会受到其他位错的阻碍。此外,当位错由一个平衡原子位置

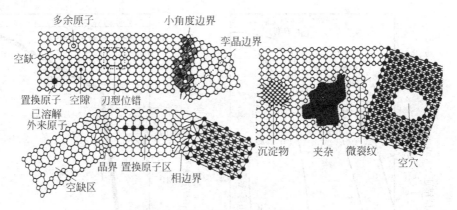

图 4.7　晶体材料中的不同类型的缺陷(Vohringer,1989)

向相邻的下一个平衡原子位置运动时,必须克服一个能量势垒,因而位错必须受到外力作用才能运动。在原子水平阻碍位错运动的力,定义为 Peierls-Nabarro 应力。Peierls-Nabarro 势垒如图 4.8 所示。在无其他外力的条件下,位错移动所需的外加应力称之为 Peierls-Nabarro 应力,符号为 τ_{PN}。

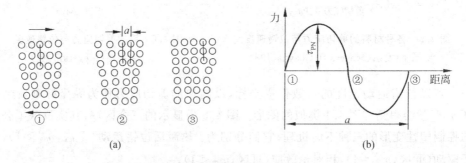

图 4.8　Peierls-Nabarro 力(Meyers,1994)

(a)位错在平衡位置间的运动;(b)施加外力与随位错运动距离的关系

如图 4.8 所示,位错从平衡位置 1 向平衡位置 3 运动,其中位置 2 是位于能量曲线顶部的一个不稳定的平衡位置。这些势垒的波长等于晶格的排列周期。图 4.9 给出了位错列阵与滑移面交叉的情况。那些"站着"的位错群,是运动的位错必须要穿过的,称之为位错森林。

因此,运动的位错若想穿过位错森林,会遇到不同的间隔和不同长度的周期性势垒,如图 4.10 所示。这些势垒的长度和晶格热能将影响金属的温度和应变率效应。其中较小的狭窄势垒称为短程势垒(short-range obstacles),较大的宽阔势垒称为长程势垒(long-range obstacles)。关于这些势垒如何影响晶体材料的温度和应变率的敏感度的各种研究方法,已有大量文献综述。

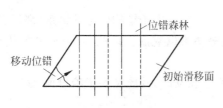

图 4.9　一个移动位错穿越位错森林
（Meyers，1994）

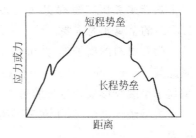

图 4.10　位错运动中遭遇的势垒
（Meyers，1994）

如上所述，位错在作长程运动的时候，需要克服大范围的障碍，如路途上的其他位错等，而位错的短程运动，靠热激活就可以了。热能会增加材料中原子的振动幅度，因此会帮助位错克服势垒，从效果上说，相当于热能降低了势垒的高度。如图 4.11(a)所示，分别表示了在四个不同温度 T_0，T_1，T_2，T_3 下的势垒，其中 $T_0=0$，且 $T_0<T_1<T_2<T_3$。热能 ΔG_1，ΔG_2，ΔG_3 由阴影部分表示。其中，力与距离曲线所围面积为能量项。显然，由图中可以看出热能的效果在于，随着温度的升高，势垒的高度不断减低。图 4.11(b)给出了位错越过特定势垒所需的温度与应力之间的函数关系。温度升高时，势垒的有效高度会降低。原因是原子其实不是固定不动的，而是不停地在作无规则的运动。当温度升高时，原子更活跃，即提高了翻越能垒的能力。

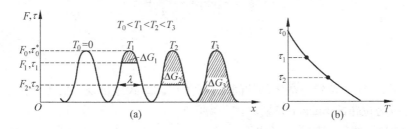

图 4.11　势垒与热能(Meyers，1994)
(a) 热能克服势垒；(b) 克服势垒的应力是温度的函数

另一方面，应变率效应与温度效应的效果相反。翻越能垒是个概率事件，当高速变形的时候，跳过能垒的时间窗口变小了，所以高速变形时位错的运动变得更困难。随着应变率的增加，留给位错克服势垒的时间会减小，同时热能的作用也会相应减少，因此需要更高的应力才能使位错在高应变率下运动。

势垒分为短程势垒和长程势垒，其中短程势垒依赖于温度和应变率，它同热激活相关，而长程势垒是与热激活无关的。因此，可以将材料的流动应力表示为

$$\sigma = \sigma_G(\text{structure}) + \sigma^*(T,\dot{\varepsilon},\text{structure}) \tag{4.28}$$

其中，σ_G 是非热激活势垒(长程)项，其大小取决于材料的结构；σ^* 是热激活势垒项，

可由热能来克服。短程势垒主要由 Peierls-Nabarro 应力引起,对于体心立方结构(BCC)的金属尤为重要。

陶瓷材料的离子键、共价键以及键的方向性(即由电子结构确定的键角)都很强,因此其 Peierls-Nabarro 应力很高,在室温下势垒难以克服。因此,陶瓷材料的失效是基于微裂纹形核和生长的另外一种机理。

根据**统计力学**,原子在其平衡位置附近发生振动时,其能量大于给定值 ΔG 的概率为

$$p_{\mathrm{B}} = \exp\left(-\frac{\Delta G}{\kappa T}\right) \tag{4.29}$$

其中 κ 是玻耳兹曼(Boltzmann)常数。此式中,ΔG 表示需跳跃的能量的高低,显然随着温度 T 的升高,原子运动的活跃程度更高了。如果位错具有等于或大于所遇势垒的能量,则认为该位错能克服该势垒。位错克服势垒的概率定义为:成功跨过势垒的位错数目与试图进行跨越的位错数目之比。将位错克服势垒的概率除以时间,可以得到位错克服势垒的频率 ν_1:

$$\nu_1 = \nu_0 \exp\left(-\frac{\Delta G}{\kappa T}\right) \tag{4.30}$$

(4.30)式中 ν_0 为位错的振动频率。频率为时间的倒数,应变率效应中变形与时间具有同样的倒数关系,因此可以得到应变率:

$$\dot{\varepsilon} = \dot{\varepsilon}_0 \exp\left(-\frac{\Delta G}{\kappa T}\right) \tag{4.31}$$

其中,

$$\dot{\varepsilon}_0 = \nu_0 \rho\, b\, \frac{\Delta l}{M} \tag{4.32}$$

(4.32)式中,Δl 为位错势垒之间的间距;M 为(4.22)式中出现过的方向因子;ρ 为位错密度;b 为位错的 Burger 矢量。

(4.31)式的另一种表示形式为

$$\Delta G = \kappa T \ln\left(\frac{\dot{\varepsilon}_0}{\dot{\varepsilon}}\right) \tag{4.33}$$

可见,热活化能 ΔG 随着温度 T 的升高而升高,而随着应变率 $\dot{\varepsilon}$ 的升高而降低。示意图 4.12 给出了符合上述关系的金属,其应变率与温度对流动应力的综合影响。当温度高于 T_0 时,流动应力仅取决于(4.28)式中的非热激活势垒(长程)项 σ_G,因而是率无关的。但当温度处于 0 K 与 T_0 之间时,应变率的增加(例如图中从 $\dot{\varepsilon}_1$ 增加到 $\dot{\varepsilon}_3$)将使流动应力中的热激活势垒项降低。

4.3.3　位错阻尼机制

在图 4.6 的 Ⅱ 区中,位错速度与外加应力成正比,即在(4.24)式中,$m = 1$。

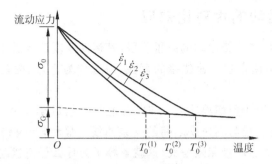

图 4.12　流动应力随温度和应变率的变化规律(Meyers,1994)

于是:

$$v = K\tau \quad 或 \quad v = K\sigma \tag{4.34}$$

因此,我们需要解释为什么是位错的速度与外力成线性关系,而不是符合牛顿第二定律的加速度与外力成线性关系。众所周知,位错运动会使温度升高,而且使材料变形的能量只是输入能量中的一小部分(通常为 5%～20%),其余的大部分能量因抵抗外力而耗散掉。这种情况可以用固体的粘性行为来描述,即可以近似假设当固体有位错时可视为牛顿粘性材料,

$$f_v = Bv \tag{4.35}$$

其中 B 为粘性阻尼系数,对于牛顿流体它与速度 v 无关。在一定外加应力下,位错开始加速,直到增加到一个稳定的速度。利用单位长度上位错的作用力(4.18)式得

$$\tau b = Bv \tag{4.36}$$

再利用应变率与位错速度之间的关系(4.22)式,将位错速度写成应变率的形式后代入上式有

$$\tau b = \frac{BM\dot{\varepsilon}}{\rho b} \tag{4.37}$$

令 $\tau = \sigma/2$,上式可以改写成:

$$\sigma = \frac{2BM\dot{\varepsilon}}{\rho b^2} \tag{4.38}$$

这表明,当位错的粘性阻尼机制起作用的时候,流动应力是与应变率成正比的。

关于位错阻尼机制,有众多的理论分析和实验研究结果。例如,非热激活的粘性阻尼机制,它是指位错与热振动的相互作用(称为声子阻尼,这里声子代表晶体中一个弹性振动的传播),以及位错与电子间的相互作用(称为电子粘性)。许多学者的研究目标是确定常数 B。例如,Kumar 和 Clifton 在 1979 年应用平板斜碰撞技术,在室温下测量氟化锂(LiF)材料的粘性阻尼系数 B。在外加应力 $10\sim30$ MPa 的范围内,他们得到 B 的数值约为 3×10^{-5} Ns/m^2,产生的位错速度约 100 m/s。

4.3.4　位错运动的相对论效应

如图 4.6 所示,在位错运动的第Ⅲ阶段,其运动速度已接近于剪切波速度。虽然 Eshelby 在 1949 年预言超声速位错的存在,但迄今为止,还没有实验观察到超声速位错。

当位错速度接近于剪切波速度 c_s 时,总能量将接近于无穷大。图 4.13 给出了镍的螺旋位错自身能量与其速度之间的关系曲线。显然,当位错速度提高到接近剪切波的速度时,需要的能量无限增大,这就解释了为什么任何扰动不可能以比波更高的速度传播。爱因斯坦(Einstein)在他著名的相对论中说,任何物体的运动速度不可能超过光速,因为接近光速的时候,进一步加速所要求的力是无限大的。在位错运动的第Ⅲ阶段,其性质与相对论的论断是类似的。

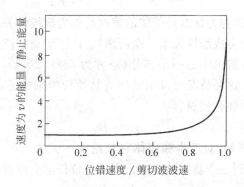

图 4.13　镍的位错能量与速度的关系(Meyers,1994)

因此,可以利用与爱因斯坦的相对论进行类比,来解释第Ⅲ阶段的位错运动。爱因斯坦的相对论方程,$E=mc^2$ 给出了能量与质量之间的关系,即

$$m = \frac{m_0}{\sqrt{1 - v^2/c^2}} \tag{4.39}$$

式中,m 是物体在速度为 v 时的质量;m_0 是物体静止时的质量;c 为光速。

对于位错的第Ⅲ阶段运动,有类似的关系,

$$m = \frac{m_0}{\sqrt{1 - v^2/c_s^2}} \tag{4.40}$$

由上式可知,物体高速运动时,相当于其动质量在增加。也就是说,在高速运动时,同样的外加应力只能对物体产生更小的加速度。

4.3.5　小结

前面几小节分别描述了三种位错响应机制(热激活滑移,粘性阻尼控制位错运动,以及位错相对论运动),基本已经真实地描述了位错由静止($v=0$)到接近剪切波速($v=c_s$)的全部运动。如图 4.14 所示,通过 Regazzoni 等人(1987)的简图来认识这三种机制。

当外加应力低于阈值应力 σ_0(活化的势垒高度)时,热激活机制在控制位错传播速度中起主要作用;当施加应力大于短程势垒高度时,粘滞机制将控制和阻碍位错运动。在图 4.14 中,曲线与虚线相切区域对应着位错阻尼机制控制区,在该区域中力 F 或应力 τ 与位错速度 v 成正比,即

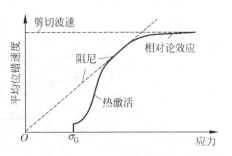

图 4.14　位错响应的三种形式
(Regazzoni 等,1987)

$F \propto v$ 或 $\tau \propto v$。当速度更高时(约为 $0.8c_s$ 时),相对论效应才开始变得重要起来。

【例】　已知铜(位错密度 $\rho=10^7\ \text{cm}^{-2}$)处于变形状态,试计算产生位错速度为 $0.8c_s$ 时所需要的应变率。其中相对论效应起着重要的作用;假设所有位错均发生运动。

解:应该利用应变率与位错速度之间的关系时进行计算,

$$\dot{\varepsilon} = \frac{\rho b v}{M}$$

已知铜的剪切模量为 $G=110\ \text{GPa}$,材料密度为 $\rho_0=8.9\ \text{g/cm}^3$,先计算其剪切波速,

$$c_s = \sqrt{\frac{G}{\rho_0}} = 4000\ \text{m/s}$$

铜的 Burger 向量为 $b \approx 0.3\ \text{nm}$,对于 FCC 材料 Taylor 因子 $M=3.1$。由于位错运动速度 $v=0.8c_s$,代入应变率表达式有 $\dot{\varepsilon} = 4 \times 10^4\ \text{s}^{-1}$。

4.4　基于物理模型的本构方程

从以上讨论可知,金属的变形机制取决于温度和应变率。Frost 和 Ashby (1982)通过绘制相图的方法表示出了变形机制对温度和应变率的依赖性,如图 4.15 所示。该图覆盖的应变率范围为 $10^{-2} \sim 10^6\ \text{s}^{-1}$,温度范围为 $-200 \sim 1600\,℃$,无量纲化的应力(用 σ/G 表示)的变化范围是 $10^{-6} \sim 10^{-2}$。

由图 4.15 可知,图中不同的区域中,材料的变形机制不同,因此需要采用不同材料本构关系。变形机制改变与否取决于温度和应变率;各变形区域之间的边界是依据不同机理的本构方程来确定的。在大多数变形机制中,流动应力随着温度的升高而降低,随着应变率的升高而升高。通常当金属的变形机制改变的时候,材料的微观结构也发生了相应的变化。

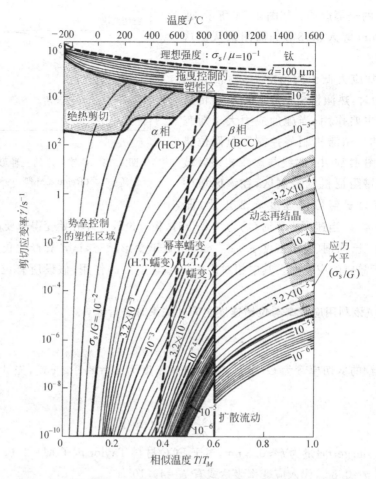

图 4.15 金属钛的相图(Frost 和 Ashby,1982)

以下给出几种基于不同物理机制的本构方程。

Campbell 本构方程

考虑位错克服势垒所需施加应力,牛津大学的一个研究小组提出了一系列本构方程。在综合考虑应变强化和应力率效应的情况下,Campbell 在 1977 年提出了如下本构方程:

$$\tau = A\gamma^n\left[1+m\ln\left(1+\frac{\dot{\gamma}}{B}\right)\right] \qquad (4.41)$$

其中 A,B,m,n 是四个材料常数,由材料实验来确定。Campbell 本构方程中,可以体现加工硬化的影响,一般用 γ^n 表示硬化($n<1$)。

Z-A 模型

Zerilli 和 Armstrong（1987—1992）提出了两个基于微观结构的本构方程，这些方程与实验结果非常符合（Zerilli 和 Armstrong，1987；Zerilli 和 Armstrong，1990a；Zerilli 和 Armstrong，1990b；Zerilli 和 Armstrong，1992）。

对于面心立方材料（FCC）：

$$\sigma = \sigma_G + C_2\sqrt{\varepsilon}\exp(-C_3 T + C_4 T\ln\dot{\varepsilon}) + k\sqrt{d} \qquad (4.42)$$

对于体心立方材料（BCC）：

$$\sigma = \sigma_G + C_1\exp(-C_3 T + C_4 T\ln\dot{\varepsilon}) + C_5\varepsilon^n + k\sqrt{d} \qquad (4.43)$$

其中 σ_G 表示是流动应力的绝热部分。以上两个方程的最右端项都表示晶粒尺寸的影响，d 为晶粒的直径。面心立体本构方程（4.42）式与体心立方本构方程（4.43）式的主要差别在于，体心立方晶体的塑性应变与应变率和温度的关联项是互不耦合的。

4.5　本构方程的实验验证

常用的各种本构方程都有若干参数（通常为 3～5 个），这些参数都是在一定的温度和应变率范围内由实验来确定的。参数一旦确定，就可以将预测值与试验结果进行比较，从而验证本构方程的正确性。在第 3 章中已经介绍了各种中、高应变率的力学实验技术，如落锤、快速拉压试验机、分离式 Hopkinson 杆、膨胀环等，这些技术都经常用来验证材料的本构方程，以及确定方程中的待定参数。

此外，在 2.2.1 节中描述的 Taylor 杆实验也是标定本构方程的简单方法。过去由于杆上粘贴应变片不便，只能从杆的最终变形形状，辅以塑性波的传播理论来研究弹塑性材料（特别是金属）制成的杆对高应变率加载的响应，信息不足，结果较为粗糙。到了近 20 年，高速摄影和其他光学测量技术（如散斑、干涉等），帮助研究者获得了杆的动态变形过程的大量信息，使得人们对 Taylor 杆实验的潜力再次产生极大的兴趣。

Taylor 杆实验用于验证材料的本构方程的一个优点是，一次 Taylor 杆撞击就可以得到非常丰富的力学信息，包括从在撞击面附近的应力很高、变形很大的冲击压缩状态，到杆尾部的弹性变形状态这样一种广阔的应力应变谱。在实验中通过改变撞击速度，可以改变应力脉冲和应变率的大小，再用光学测量技术观测离撞击面不同距离的截面单元的塑性变形的历史，可以得到关于应力、应变和应变率相互关系的大量数据，用来确定本构方程的参数。由于对杆状试件加温很容易，测定温度 T 对材料动态行为的影响也简单易行。Taylor 杆实验另一个优点是,它不仅可以用于金属等传统弹塑性材料的性能测定,同样也可以应用于脆性材料(如陶瓷等)以及粘弹塑性材料(如高分子材料及树脂基的复合材料等)在高应变率加载下的性能测定。

习题

4.1   试对 Cowper-Symonds 率相关本构关系提出一种修正,使之可以包含温度的影响。

4.2   简要说明在不同应变率水平下,金属的三种塑性变形机制。

第三篇　结构在冲击载荷下的动态响应

第5章

惯性效应和塑性铰

5.1　波传播与结构整体响应之间的关系

对于一个结构的加载方式可以分为准静态加载(quasi-static loading)和动态加载(dynamic loading)两种情况。准静态加载指加载速度非常缓慢,可以认为在任意时刻结构的任意部分都处于平衡状态。动态加载的时候,由于外载引起的扰动传播到结构的各个部分需要时间,结构的各部分之间是不平衡的。在准静态加载的情况下,关注的力学行为包括结构的变形、应力以及应变的分布;而在动态加载的情况下,除了以上这些力学量以外,还需要考虑结构中波传播的影响,以及结构的惯性效应。从1.1节内容知道,固体中的波的传播特性是由材料自身的特性决定的;在大多数工程材料中应力波的传播速度很快,因而有限尺度的结构受到动载后将迅速达到平衡,这时应力波的效应就消失了。但是,结构自身还继续发生变形和整体运动,因而惯性效应还会持续相当长的时间,是不能忽略的。

一些典型的结构单元,如梁、拱、板、壳,具有如下特点,它们在一个方向(厚度方向)上的尺度要远远小于其他方向的尺度(长度、半径等)。而这个小尺度的方向往往又是承受载荷的方向,即结构的主要承载方向。

如图5.1所示的梁,在横向受到一个冲击载荷作用。此冲击载荷首先在厚度方向引起弹性波和塑性波的传播。由于梁在厚度方向的尺度远远小于其长度方向,很快应力波传播过整个厚度方向并来回反射。以图5.1所示的梁受横向冲击载荷为例,若压缩波的应力幅值足

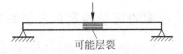

图 5.1　梁受横向动载荷作用
的示意图

可能层裂

够大,遇到自由表面反射形成的拉伸波可能造成层裂(spalling)失效(尤其容易在抗压强度高、但抗拉强度低的材料如混凝土中发生)。如果应力幅值不足以使材料产生失效,则在若干微秒的时间内,波被反射、卸载很多次,很快使厚度方向的应力趋于均匀的零应力状态,但由于沿厚度方向各不同位置上的物质点都获得了同一向下的速度,产生了梁的总体性的动态弯曲变形。这种长期的动态变形行为称为结构的动态响应,一般要持续几毫秒或者更长的时间。

因此在分析动态问题的时候,需要区分短期效应与长期效应。所谓短期效应是指结构的厚度方向应力波的传播、反射和卸载过程等;而长期效应是指结构在外载作用下沿长度方向的弯矩或剪力引起整体变形和运动,结构的惯性(inertia)对长期效应会有很显著的影响。由于结构动态变形过程的时间尺度比波效应的时间尺度通常要大好几个数量级,所以往往可以分别处理,即:在分析波的传播时,可以假定结构的构型还没有变化;而研究结构的整体动态响应的时候,又可以不再考虑早期的波效应。这样的分别处理给分析动态问题带来很大的简化。分析结构的动态响应时,外载荷可简化为瞬间施加于结构中性面的冲量,因此结构的响应就可以用中性线(对于梁和拱)或者中性面(对于板和壳)的运动和变形来表征。

5.2　杆和梁中的惯性力

如图 5.2 所示,初始状态为静止的结构单元(如一根铰接细杆),在受到动载荷作用的时候会产生加速度。根据达朗贝尔原理(D'Alembert principle)或称动静法,该分布的加速度场会在结构中产生分布的惯性力。

根据达朗贝尔原理,结构在真实的外载荷、虚拟的惯性力共同作用下处于动态平衡状态。外载荷和惯性力可能在结构中引起弯矩、剪力和轴力等内力。为了分析和预测结构的行为,要对这些内力进行计算。

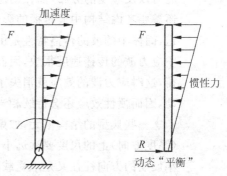

图 5.2　铰接细杆受到动载荷的作用

梁的符号约定以及基本方程

杆或梁的符号和标识约定如图 5.3 所示,沿着杆或梁的长度方向为 x 方向,垂直 x 方向的横向为 y 方向。内力分量定义为:位于 x 处的横截面,其弯矩为 $M(x)$,其剪力 $Q(x)$。考虑长度为 dx 的一个小微元,上面受到分布横向载荷 $q(x)$ 的作用。则该微元的受力分析如图 5.3 的右图所示。

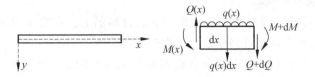

图 5.3　梁的内力定义

考虑微元的横向受力平衡条件,有

$$(Q + \mathrm{d}Q) - Q + q\mathrm{d}x = 0$$

即

$$\frac{\mathrm{d}Q}{\mathrm{d}x} = -q \tag{5.1}$$

根据微元的力矩平衡条件,有

$$(M + \mathrm{d}M) - M + (Q + \mathrm{d}Q) \cdot \mathrm{d}x + q \cdot \mathrm{d}x \cdot \frac{\mathrm{d}x}{2} = 0$$

即

$$\frac{\mathrm{d}M}{\mathrm{d}x} = -Q \tag{5.2}$$

定义梁单位长度的密度:

$$\rho(x) = \rho_0 \cdot A(x) \tag{5.3}$$

式中,ρ_0 为材料的体积密度;$A(x)$ 是位于 x 处的横截面面积。

作一般运动的杆或梁微元的惯性力

考虑图 5.4 所示作一般运动的梁 AB。设 A 点的加速度分量分别为 $\ddot{x}_A$ 和 $\ddot{y}_A$,梁绕 A 点作刚体转动的角速度为 ω,角加速度为 $\dot{\omega}$。则离 A 点距离为 x 的 P 点加速度矢量可以表示为

$$\boldsymbol{a}_P = (\ddot{x}_A - \omega^2 x)\boldsymbol{i} + (\ddot{y}_A + \dot{\omega}x)\boldsymbol{j} \tag{5.4}$$

其中 $\boldsymbol{i}$ 和 $\boldsymbol{j}$ 分别为 x 和 y 方向的单位基矢量。对位于 P 点处的小微元,由于其加速度产生的惯性力如图 5.5 所示。可见,惯性力沿着梁的长度 x 是变化的。

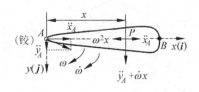

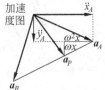

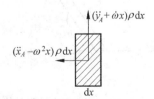

图 5.4　梁的一般运动　　　　　　图 5.5　P 点处物质微元的惯性力

【例1】 烟囱的倒塌

　　长度为 L 的均质烟囱 AB，由密度为 ρ 的材料制成。在支撑端 A 点发生断裂后倒塌，需要确定烟囱倒塌过程中发生二次断裂的位置。

　　烟囱的倒塌过程是动态的，分析此问题的基本步骤是：首先通过运动学分析确定加速度，然后利用达朗贝尔原理得到惯性力，对分布的横向惯性力进行积分得到剪力分布，再对剪力分布积分得到弯矩分布。在倒塌过程中，弯矩最大值对应的点达到材料的失效弯矩时将发生断裂。

　　如图 5.6 所示，首先通过动力学分析确定物质点的加速度分布。烟囱在倒塌过程中，真实的外力有 A 端的支持力以及烟囱自身的重力。在二次断裂之前，可以认为烟囱 AB 的运动是绕 A 点的定轴转动，设转过的角度为 θ，则刚体转动角速度为 $\dot{\theta}$，角加速度为 $\ddot{\theta}$。对 A 点利用动量矩定理有

$$\rho L g \cdot \frac{L}{2}\sin\theta = \frac{1}{3}\rho L \cdot L^2 \ddot{\theta} \tag{5.5}$$

(5.5)式左端为重力对 A 点的矩，而右端为系统对 A 点的转动惯量与角加速度的乘积。由此得到任意角度 θ 处刚体的角加速度：

$$\ddot{\theta} = \frac{3g}{2L}\sin\theta \tag{5.6}$$

相应的角速度 $\dot{\theta}$ 可以利用初始条件对上式积分得到。

　　接下来分析烟囱上任意点的惯性力。如图 5.7 所示，除了真实载荷重力 $\rho g \cdot \mathrm{d}x$ 的作用外，烟囱上离 A 距离为 x 的小微元 $\mathrm{d}x$，由于加速度的影响，还受到离心惯性力 $x\dot{\theta}^2\rho \cdot \mathrm{d}x$ 以及切向惯性力 $x\ddot{\theta}\rho \cdot \mathrm{d}x$ 的作用。对梁的横向分布载荷产生贡献的有重力的分量，以及切向惯性力。容易确定此处的横向分布载荷为

$$q(x) = \rho(g\sin\theta - x\ddot{\theta}) \tag{5.7}$$

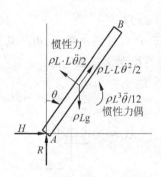

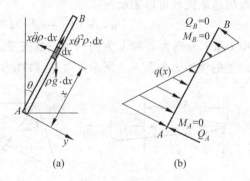

(a)　　　　　　　(b)

图 5.6　烟囱倒塌过程中的惯
　　　　性力和惯性力偶

图 5.7　烟囱上微元的受力分析以及其
　　　　等效横向分布载荷图

B 端为自由端,剪力应该为零。通过此边界条件可以确定 A 点的剪力为

$$Q_A = \int_0^L q(x)\mathrm{d}x = \rho(gL\sin\theta - L^2\ddot{\theta}/2) \tag{5.8}$$

因此,整个梁中的剪力分布为

$$Q(x) = Q_A - \int_0^x q(x)\mathrm{d}x = \rho[g\sin\theta(L-x) - (L^2-x^2)\ddot{\theta}/2] \tag{5.9}$$

将角加速度(5.6)式代入(5.9)式,整理得

$$Q(x) = \frac{\rho g}{4L}\sin\theta(L-x)(L-3x) \tag{5.10}$$

A 端为铰接点,因此该点处弯矩为零。利用此初始条件,对分布剪力 $Q(x)$ 的表达式进行积分,可得弯矩分布:

$$M(x) = -\int_0^x Q(x)\mathrm{d}x = -\frac{\rho g}{4L}\sin\theta(L^2x - 2Lx^2 + x^3) \tag{5.11}$$

现在可以利用上式判断最大(或最小)弯矩发生的位置。由弯矩和剪力的关系,易知弯矩极值处应该对应剪力为零,$\dfrac{\mathrm{d}M}{\mathrm{d}x} = -Q = 0$。由剪力分布曲线(5.10)式可知,$Q(x)=0$ 处对应的位置为 $x=L$ 或 $x=L/3$。其中 $x=L$ 是 B 点,即自由端,弯矩为零,故最大弯矩位于 $x=L/3$ 处,这里是二次断裂可能发生的位置。此处的弯矩值为

$$|M|_{\max} = \left|M\left(\frac{L}{3}\right)\right| = \frac{\rho g}{4L}\sin\theta\left(\frac{L^3}{3} - \frac{2L^3}{9} + \frac{L^3}{27}\right) = \frac{1}{27}\rho L^2 g\sin\theta \tag{5.12}$$

可见 $|M|_{\max}$ 随着烟囱倒塌转角 θ 的增加而增大,当 $|M|_{\max}$ 增加到由材料特性和截面积决定的临界断裂弯矩时,将发生二次断裂。

【例 2】 冲击摆问题

如图 5.8 所示,设冲击摆 AB 具有均匀的截面积,长度为 $2L$,质量为 $m=2L\rho$,可以绕固定点 O 转动。在 C 点受到垂直于摆 AB 的打击力 P 的作用,产生角加速度 α。试证明,若要避免在固定点 O 处产生反力,打击点同 A 的距离应为 $d=L/3$;同时求出由打击引起的最大弯矩的量值以及发生的位置。

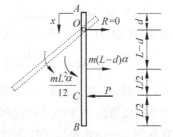

图 5.8 冲击摆受集中打击的受力分析

此问题要求分析在固定点 O 处无支反力的情况。此时定轴转动的摆具有角加速度 α,容易得知质心的加速度为 $(L-d)\alpha$。在水平方向应用动量定理,

$$P = m(L-d)\alpha \tag{5.13}$$

对质心列出动量矩定理有

$$P \cdot \frac{L}{2} = m \cdot \frac{L^2}{3} \alpha \tag{5.14}$$

由此可知杆的角加速度为

$$\alpha = \frac{3P}{2mL} \tag{5.15}$$

将角加速度代入(5.13)式有，$P = m(L-d) \cdot \dfrac{3P}{2mL}$，整理可得

$$d = \frac{L}{3} \tag{5.16}$$

(5.16)式给出了使固定点支反力为零的打击位置。

接下来分析最大弯矩的值以及发生位置。由于打击后杆的运动为定轴转动，可知杆上任意点 x 处的切向加速度为 $(x-L/3)\alpha$，即该点的横向分布的惯性载荷为

$$q(x) = -\rho(x - L/3)\alpha \tag{5.17}$$

将角加速度(5.15)式代入(5.17)式，整理可得

$$q(x) = -\frac{P}{4L^2}(3x - L) \tag{5.18}$$

图 5.9 给出了冲击摆的横向分布载荷沿杆长方向的分布图。

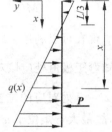

图 5.9　冲击摆的横向分布载荷

对(5.18)式进行积分，并利用 A 点自由端的边界条件，在 $x=0$ 处剪力为零，即 $Q(0)=0$，可以得到冲击摆的 AC 段剪力分布为

$$Q(x) = \frac{P}{8}\left[3(x/L)^2 - 2(x/L)\right], \quad 0 \leqslant x < 3L/2 \tag{5.19}$$

由(5.19)式知，固定点 O 处的剪力为 $Q(L/3) = -P/24$。

类似地，对(5.18)式进行积分，并利用 B 点自由端的边界条件，在 $x=2L$ 处剪力为零，即 $Q(2L)=0$，可以得到冲击摆的 BC 段剪力分布，有

$$Q(x) = \frac{P}{8}\left[3(x/L)^2 - 2x/L - 8\right], \quad 3L/2 < x \leqslant 2L \tag{5.20}$$

注意，C 点($x=3L/2$)处作用有集中载荷 P，故剪力分布在此处有间断，由 AC 段和 BC 段剪力分布(5.19)式和(5.20)式给出的剪力有跳跃。图 5.10 给出了冲击摆在受到 $d=L/3$ 处垂直打击力 P 的作用下的剪力分布图。可以验证，剪力突变处跳跃值为 P。

对剪力分布进行积分，并利用 A 点的自由端条件 $M(0)=0$，可得沿摆长方向的弯矩分布，有

$$M(x) = -\int_0^x Q(x)\mathrm{d}x = \frac{PL}{8}\left[-(x/L)^3 + (x/L)^2\right] \tag{5.21}$$

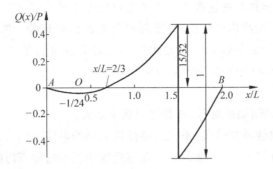

图 5.10 冲击摆的剪力分布图

下面判断最大弯矩发生的位置。由于弯矩极值处对应剪力为零,而根据图 5.10,显然在 $x=2L/3$ 和 $x=3L/2$ 两处可以满足 $Q(x)=0$ 的条件。计算两处的弯矩有

$$M\left(\frac{2}{3}L\right)=\frac{PL}{54}, \quad M\left(\frac{3}{2}L\right)=-\frac{9}{64}PL \quad (5.22)$$

因此,最大弯矩发生在打击点 C 处,

$$|M|_{\max}=\left|M\left(\frac{3L}{2}\right)\right|=\frac{9}{64}PL$$

本例题中对冲击摆采用了一个假设,就是 AB 杆是均匀的。对于 AB 杆不均匀的情况,同样可以计算出一个打击位置,使固定点处的支反力为零。此时的打击位置,称为**打击中心**。网球、棒球、羽毛球等需要用球拍击球的运动中,如果运动员握球拍的位置对应于固定点 O,而击球的位置位于打击中心,则运动员的手受到的冲击最小。

分析方法总结

通过以上两个例题,对动载荷作用下梁的分析方法进行总结如下:
1)利用刚体动力学的分析方法确定加速度场;
2)利用加速度场确定横向分布载荷 $q(x)$;
3)利用边界条件对横向分布载荷 $q(x)$ 进行积分,得到剪力分布 $Q(x)$;
4)再利用边界条件对剪力分布 $Q(x)$ 进行积分,得到弯矩分布 $M(x)$;
5)最大弯矩处剪力 $Q=0$,计算最大弯矩,并确定其发生位置。

5.3 刚塑性自由梁在脉冲载荷作用下的塑性铰

5.3.1 刚塑性梁的动态响应

从 5.2 节的内容中已经知道,如何在考虑材料惯性的基础上分析梁中的内力分

布(尤其是弯矩),但在分析过程中尚未考虑材料的性质。实际上,结构的动态响应除了取决于由变形机构给出的惯性力,还与材料属性密切相关。如果对结构突加一个很强的动载荷,以至于引起了显著的塑性变形,那么在分析过程中,经常对材料模型进行**理想刚塑性**(rigid-plastic idealization)简化。

基本假设如下。

1) 材料为理想刚塑性材料,并且与应变率无关。

采用理想刚塑性材料假设,不仅忽略弹性变形的影响,而且还忽略塑性变形时的应变硬化效应,即假设 $E=\infty$,$E_p=0$。动态问题中原本需要考虑的应变率效应,对于不同时刻应变率产生的强化效果是不同的,但在目前的简化分析中,考虑应变率效应的方法是,取材料的屈服应力 Y 近似等于该过程的平均应变率下的动态屈服应力,而非准静态屈服应力。

图 5.11(a)给出了理想刚塑性材料的应力-应变关系。如果是理想刚塑性材料制成的梁,利用相应的弯矩-曲率关系进行分析更为简便。与应力-应变曲线中的屈服应力 Y 相对应,当梁的某一截面达到塑性极限状态时,其上的弯矩达到**塑性极限弯矩** M_p。对于矩形截面的梁,有

$$M_p = \frac{1}{4} Y b h^2 \tag{5.23}$$

其中 b 和 h 分别为梁的横截面宽度和高度。对于圆管截面的梁,有

$$M_p = 4 Y R^2 h \tag{5.24}$$

其中 R 和 h 分别为管的半径和厚度。

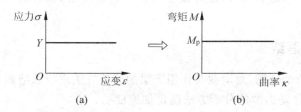

(a)　　　　　　　(b)

图 5.11　理想刚塑性材料的应力-应变关系以及梁的弯矩-曲率关系

2) 忽略剪力和轴力的影响,因此屈服只取决于弯矩的大小。如图 5.11(b)所示,若 $|M|<M_p$,则表示材料没有发生塑性变形;若 $|M|=M_p$,则表示材料已经屈服,对应的曲率 κ 可以无限增大,意味着梁的相应截面可以随意转动,像一个铰一样。这就是**塑性铰**(plastic hinge)的概念。

3) 与梁的长度相比,假设梁的横向变形是小量,因此几何关系和动量方程建立在未变形的初始构型上。

5.3.2　自由梁受到集中载荷作用

如图 5.12(a)所示,分析长度为 $2L$ 的自由梁 AB,中点受到突加集中载荷 P 的作用时,梁的动态响应。

首先分析加速度,根据质心运动定理,自由梁具有均匀加速度:

$$a_0 = P/(2L\rho) \tag{5.25}$$

相应地,由加速度引起的惯性载荷为

$$q = \rho a = P/(2L) \tag{5.26}$$

对此均匀分布的惯性载荷进行积分,可得梁中的剪力分布。对于左半段梁,利用 A 点的边界条件,自由端剪力为零,即 $Q(0)=0$,因此得出:

$$Q(x) = -\int_0^x q\mathrm{d}x = -\frac{Px}{2L}, \quad 0 \leqslant x \leqslant L \tag{5.27}$$

注意,剪力在集中载荷作用的梁中点处有跳跃,跳跃的幅值等于集中载荷 P 的大小。右半段梁同样用 B 点的自由端边界条件,即 $Q(2L)=0$,积分得此段的剪力分布为

$$Q(x) = P - \int_0^x q\mathrm{d}x = P\left(1 - \frac{x}{2L}\right), \quad L \leqslant x \leqslant 2L \tag{5.28}$$

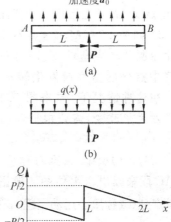

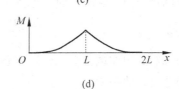

图 5.12　自由梁受中点集中载荷作用

图 5.12(c)给出了沿着梁长方向的剪力分布曲线。注意,在集中载荷作用的 $x=L$ 处,剪力跳跃通过 $Q=0$ 的零剪力状态。

再次利用 A、B 的自由端条件,$M(0)=M(2L)=0$,对(5.27)式和(5.28)式给出的剪力分布进行积分,可以得到梁中的弯矩分布如下:

$$M(x) = -\int_0^x Q\mathrm{d}x = \begin{cases} \dfrac{P}{4L}x^2, & 0 \leqslant x \leqslant L \\[2mm] \dfrac{P}{4L}(2L-x)^2, & L \leqslant x \leqslant 2L \end{cases} \tag{5.29}$$

图 5.12(d)中给出了弯矩沿着梁长方向的分布曲线。容易看出,随着 x 的增大,$M(x)$ 先增加后减小,其最大值发生在梁的中点处,有

$$M_{\max} = M(L) = PL/4 \tag{5.30}$$

下面分析冲击载荷 P 强度不同的几种情况。

1) 如果 $P < 4M_p/L$,根据(5.30)式,最大弯矩小于塑性极限弯矩,即 $M_{\max} < M_p$。因此,在这种情况下集中载荷作用点处不会出现塑性屈服,整个梁只能发

生刚体位移,而不会发生变形。冲击载荷的作用是使梁产生均匀的加速度并使梁作整体平动。

2) 如果 $P=4M_p/L$,则梁中点处的最大弯矩达到塑性极限弯矩,即 $M_{max}=M_p$。在这种情况下,中点 $x=L$ 处会形成一个塑性铰。

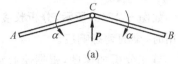
(a)

3) 如果 $P>4M_p/L$,显然中点 $x=L$ 处会塑性屈服并产生塑性铰,同时左右两个半梁会绕着中点处的塑性铰发生转动,如图 5.13 所示。在这种情况下,原来图 5.12 所示的运动模式发生了改变,需要根据新的运动模式重新进行分析。

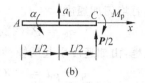
(b)

图 5.13 自由梁受中点集中载荷的变形机构和加速度($P>4M_p/L$)

在初始构型中,根据对称性,取梁的左半部分 AC 段来画出自由体图。根据竖直方向上的动量定理(或称质心运动定理),有

$$P/2 = \rho L a_1 \tag{5.31}$$

再利用对 AC 段质心的动量矩定理,有

$$\frac{P}{2} \cdot \frac{L}{2} - M_p = \frac{1}{12}\rho L^3 \cdot \alpha \tag{5.32}$$

(5.32)式中左端是对 AC 段质心所取的力矩,右端是 AC 段对质心的转动惯量与角加速度 α 的乘积。

由(5.31)式和(5.32)式可以得到 AC 段的质心加速度,以及刚体的角加速度为

$$a_1 = \frac{P}{2\rho L}, \quad \alpha = \frac{3(PL-4M_p)}{\rho L^3} \tag{5.33}$$

利用(5.33)式可以得到刚体 AC 段上任何一点 x 处的加速度,即

$$a(x) = a_1 - \left(\frac{L}{2}-x\right)\alpha$$

$$= \frac{1}{\rho L^2}\left[(6M_p-PL) + \frac{3x}{L}(PL-4M_p)\right], \quad 0<x<L \tag{5.34}$$

(5.34)式给出了左半段梁 AC 上的加速度分布,容易得出该段的横向分布载荷为

$$q(x) = \rho a(x) \tag{5.35}$$

利用 A 点的自由端边界条件,$Q(0)=M(0)=0$,对横向分布载荷积分一次和两次分别得到梁内的剪力和弯矩分布,有

$$Q(x) = -\int_0^x q(x)\mathrm{d}x = -\frac{1}{L^2}\left[(6M_p-PL)x + \frac{3x^2}{2L}(PL-4M_p)\right] \tag{5.36}$$

$$M(x) = -\int_0^x Q(x)\mathrm{d}x = \frac{1}{2}(6M_p-PL)(x/L)^2 + \frac{1}{2}(PL-4M_p)(x/L)^3 \tag{5.37}$$

图 5.14 绘出了 (5.37) 式给出的弯矩分布曲线。容易验证，在冲击载荷作用点 C 处，有 $M(L)=M_p$。从自由端 A 点开始，弯矩先减小后增大，先负后正。

令 (5.36) 式中的 $Q(x)=0$，可以得到 M 在 $x/L=\dfrac{2(\mu-6)}{3(\mu-4)}$ 处取最小值，这里 μ 表示无量纲的载荷强度，定义为 $\mu\equiv PL/M_p$。由前面的分析可知，$\mu=4$ 时 C 处出现中心塑性铰。当 $\mu>4$ 时，除了中点塑性铰外，能否还在最小弯矩处出现塑性铰，取决于 μ 的大小。如果 $4<\mu<6$，在 $0<x<L$ 段，弯矩是单调上升的，最小弯矩实际位于自由端 A 点处，因此不可能出现第二个塑性铰。如果 $\mu>6$，最小弯矩值位于 AC 段中间，且为负值，若此负的弯矩也可以达到塑性极限弯矩的水平，则会出现第二个塑性铰。令

$$M\left(\frac{2(\mu-6)}{3(\mu-4)}\right)=-M_p \tag{5.38}$$

由 (5.37) 式和 (5.38) 式，可以得到

$$2(\mu-6)^3-27(\mu-4)^2=0 \tag{5.39}$$

即

$$2\mu^3-63\mu^2+432\mu-864=0 \tag{5.40}$$

以上一元三次方程的有效解为 $\mu=22.9$，即在 $\mu=22.9$ 时会发生第二个塑性铰，铰的位置在 $\dfrac{x}{L}=\dfrac{2(\mu-6)}{3(\mu-4)}=0.596$ 处。

因此，若冲击载荷很强，达到 $P>22.9M_p/L$ 的水平，自由梁受中点集中冲击产生的动态变形机构包含三个塑性铰，一个中点塑性铰和两个边塑性铰。而且两个边塑性铰的转动方向与中点塑性铰相反；边塑性铰的位置取决于冲击载荷的大小，P 越大边塑性铰的位置越接近中点塑性铰。图 5.15 给出了包含三个塑性铰的变形机构示意图。

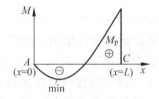

图 5.14　自由梁受中点集中载荷
的弯矩分布 ($P>4M_p/L$)

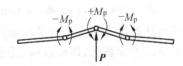

图 5.15　自由梁受中点集中载荷的
变形机构 ($P>22.9M_p/L$)

5.3.3　自由梁受中点冲击作用的结论

1) 若自由梁中点受到集中载荷的冲击作用，自由梁的变形机构取决于冲击载荷 P 的大小。

(1) $PL/M_p<4$，无塑性变形和塑性铰，自由梁作刚体加速平动；

（2）$4 \leqslant PL/M_p < 22.9$，载荷作用点处产生一个中点塑性铰；

（3）$PL/M_p \geqslant 22.9$；共产生三个塑性铰。其中载荷作用点处产生一个中点塑性铰，两侧各有一个旋转方向相反的边塑性铰。

2）在静态情况下，自由梁并没有承载能力；但是由于惯性效应，自由梁却有承受动态载荷的能力。

3）如果在冲击过程中，冲击载荷 P 的幅值不是恒定的，而是随时间变化的，那么自由梁的变形机制要发生相应的变化。

以上关于自由梁的冲击分析是在 Lee 和 Symonds 在1952 年的工作基础上改进得到的。他们在论文中分析了自由梁受到图 5.16 所示的三角形脉冲载荷作用的情形，载荷情况比上文所讨论的要复杂；由于载荷本身随时间变化，动态变形机制始终是同时间相关的。

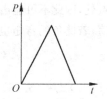

图 5.16　三角形脉冲载荷

概略地说，追随冲击载荷幅值从小到大，再从大到小的整个过程，1952 年 Lee 和 Symonds 分析给出了如下结论：

1）冲击载荷较小的时候，冲击的效果是只产生自由梁的刚体平动；

2）随着冲击载荷增加，自由梁在冲击作用下除作刚体平动外，还产生绕中点塑性铰的转动；

3）冲击载荷继续增加，达到 $P = 22.9 M_p/L$ 水平后，将产生三个塑性铰；

4）在此基础上冲击载荷幅值继续增加，两个边塑性铰将向中点塑性铰靠拢；

5）冲击载荷达到峰值后开始逐渐降低，这时两个边塑性铰将逐渐远离中点塑性铰；

6）当边塑性铰处的相对角速度降为零时，边塑性铰处不再转动，也就是边塑性铰消失；

7）当中点塑性铰处的相对角速度降低为零的时候，中点塑性铰也消失。

学术界一致认为，Lee 和 Symonds 发表的论文是结构塑性动力学的开山之作。不仅因为这篇论文几乎是最早地研究了梁在冲击载荷作用下的响应，而且它提出了一个重要的力学概念，即**塑性铰**，还分析了在外载变动时塑性铰所发生的移动，也就是**移行铰**（moving hinge/travelling hinge）的概念。下面我们会看到，对材料模型采用了理想刚塑性简化之后，经常会用到塑性铰，包括移行的塑性铰来构造结构的动态变形机构。

5.4　自由环受径向载荷作用

本节讨论自由环受到径向冲击载荷作用的动态响应。参考了 Owens 和 Symonds 在 1955 年发表的论文，以及 Hashmi 等人在 1972 年发表的论文。

如图 5.17 所示,一个封闭圆环若要形成可变形的结构,至少需要 4 个塑性铰。由于结构和载荷的对称性,在 A 点和 B 点剪力应为零,即 $Q=0$。由弯矩和剪力的关系(5.2)式,弯矩 M 应该在 A 点和 B 点达到极值,故 A、B 两处存在塑性铰。另外两个塑性铰 C 和 C' 的位置关于 AB 连线对称。

首先根据竖直方向的动量定理计算质心的加速度,有

$$P = 2\pi R \cdot \rho \cdot a \tag{5.41}$$

即

$$a = \frac{P}{2\pi R \rho} \tag{5.42}$$

环的问题比上节中的梁复杂,因为环中还需要考虑环向力的影响。图 5.18 给出了圆环受径向冲击作用时的受力分析图。首先取右半圆环进行分析,右半圆环在 A、B 两点分别受到左半环的环向轴力 N 的作用,以及两个塑性铰处的弯矩作用。对于圆环上的小微元 $R \cdot \mathrm{d}\theta$,其惯性力为

$$\rho R \cdot \mathrm{d}\theta \cdot a = (P/2\pi) \cdot \mathrm{d}\theta \tag{5.43}$$

根据受力分析图,对 A 点列力矩平衡方程有

$$N = \frac{1}{2R} \int_0^\pi \frac{P}{2\pi} \cdot R \sin\theta \cdot \mathrm{d}\theta = \frac{P}{2\pi} \tag{5.44}$$

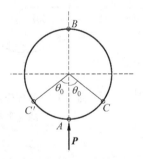

图 5.17　圆环受径向冲击的变形机构　　　图 5.18　圆环受径向冲击的受力分析图

参考图 5.18(b),分析对应 θ 角的一段圆弧的受力平衡,有

$$M(\theta) = M_\mathrm{p} + NR(1 - \cos\theta) - \frac{P}{2}R\sin\theta + \int_0^\theta \frac{P}{2\pi}R(\sin\theta - \sin\tilde{\theta}) \cdot \mathrm{d}\tilde{\theta} \tag{5.45}$$

(5.45)式的最后一项为圆弧段惯性力的力矩。且(5.45)式可以简化为

$$M(\theta) = M_\mathrm{p} - \frac{PR}{2}\sin\theta + \frac{PR}{2\pi}\theta\sin\theta \tag{5.46}$$

若塑性铰 C 的位置对应角度为 θ_0,则有

$$M(\theta_0) = -M_\mathrm{p} \tag{5.47}$$

$$\left.\frac{\mathrm{d}M}{\mathrm{d}\theta}\right|_{\theta=\theta_0} = 0 \tag{5.48}$$

对弯矩分布(5.46)式求微分可得

$$\frac{\mathrm{d}M}{\mathrm{d}\theta} = \frac{PR}{2\pi}[\sin\theta - (\pi-\theta)\cos\theta] \tag{5.49}$$

利用(5.48)式和(5.49)式,可计算塑性铰出现的位置θ_0,

$$\tan\theta_0 + \theta_0 = \pi \tag{5.50}$$

即$\theta_0 = 1.113$ rad 或 $63.77°$。

接下来计算θ_0处出现塑性铰时对应的冲击载荷。由(5.47)式以及(5.46)式可得

$$2M_p = \frac{PR}{2\pi}\sin\theta_0 \cdot (\pi-\theta_0) \tag{5.51}$$

整理(5.51)式有

$$\frac{PR}{M_p} = \frac{4\pi}{\sin\theta_0 \tan\theta_0} = 6.90 \tag{5.52}$$

也就是说,对于冲击载荷幅值超过$P=6.90M_p/R$的情况,才可能在C和C'位置产生塑性铰。

若圆环受到如图5.19所示的两个径向冲击载荷P和P'的同时作用,塑性铰位置的确定应按如下方式确定。如$P \geqslant P'$,

$$\tan\theta_0 + \theta_0 = \frac{\pi P}{P - P'} \tag{5.53}$$

对于$P=P'$的特殊情况,塑性铰位于$\theta_0 = \pi/2$处,对应的最小冲击载荷为$P=4M_p/R$。

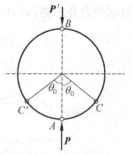

图 5.19   圆环受双向冲击的变形机构

圆环受径向冲击作用的结论

如果环在B点有支撑,则当A点的冲击载荷$P \geqslant 4M_p/R$时将引起塑性变形;若环在B点是自由的,则当A点的冲击载荷$P \geqslant 6.90M_p/R$时,才会引起环的塑性变形。后一种情况中,冲击载荷输入的能量被部分转化为环的平动的动能。

以上环受冲击的方法也可以用于环与环之间碰撞问题的分析。

思考题

1. 继续分析5.2节中的烟囱倒塌问题。如果烟囱已经在$x=L/3$处发生了断裂,在这之后是否可能继续发生更多的断裂?

2. 考虑自由环受径向载荷P作用的情况。4个塑性铰A,B,C,C'中,是沿冲击

轴线上的 A,B 先出现,还是 4 个塑性铰必须同时出现?

习题

5.1 在自由梁受中点集中冲击载荷 P 作用的问题中,有一部分外力功转化成了梁的动能,其余部分被中点塑性铰耗散掉。试计算塑性耗散能占外力功的最大百分比。

5.2 如图所示,长度为 L,材料密度为 ρ 的均质自由梁突然受到集中载荷 F 的作用,载荷作用点为自由梁的左端点。请说明自由梁的质心加速度为 $a = F/\rho L$,自由梁的转动角加速度为 $\alpha = 6F/(\rho L^2)$;并找出弯矩最大处到左侧自由端的距离。如果梁是由理想刚塑性材料制成,塑性极限弯矩为 M_p,给出塑性铰形成时对应的最小冲击载荷 F。

习题 5.2 图

第6章

悬臂梁的动态响应

悬臂梁是工程中很常见的结构形式,本章将以悬臂梁为例,分析其受各种不同载荷情况下的动态响应。

6.1 悬臂梁受阶跃载荷作用

如图 6.1(a)所示,一个具有均匀横截面的直悬臂梁 AB,梁的长度为 L,其单位长度的密度为 ρ,横截面的塑性极限弯矩为 M_p。在自由端 A 点突然受到横向力 $F(t)$ 的作用。如图 6.1(b)所示,在 $F(t)$ 为不随时间变化的阶跃载荷(step-loading)的情况下,分析悬臂梁 AB 的动态响应。

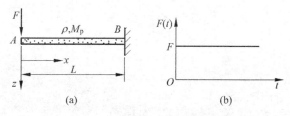

图 6.1 悬臂梁受阶跃载荷示意图

由准静态下的极限分析容易得到,悬臂梁受端部集中力时的静态塑性失效载荷(static plastic collapse load),即极限载荷(limit load)为 $F_c = M_p/L$。当静态集中力达到 F_c 时,固定端 B 点将形成塑性铰,也就是该点的弯矩达到塑性极限弯矩,$M_B = M_p$。

若图 6.1(b)所示的阶跃载荷强度小于静态塑性失效载荷,即 $F < F_c$,若采用理想刚塑性材料假设,悬臂梁不会产生变形。对于 $F(t)$ 略微高出 F_c 的情况,有理由假设悬臂梁的变形机构仍然是在固定端B点产生塑性铰,整

个梁绕该塑性铰转动。设 v 为自由端 A 点的速度,则图 6.2 给出了此变形机构中梁内的速度分布以及受力分析图。

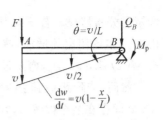

对悬臂梁利用竖直方向上的动量定理,有

$$\frac{1}{2}\rho L \frac{\mathrm{d}v}{\mathrm{d}t} = F + Q_B \qquad (6.1)$$

(6.1)式中,Q_B 表示固定端的支反力,以向下为正。

图 6.2　悬臂梁受中等阶跃载荷 $(F_c < F < 3F_c)$ 的速度分布和受力分析图

对固定端 B 点列动量矩方程有

$$\frac{1}{3}\rho L^2 \frac{\mathrm{d}v}{\mathrm{d}t} = FL - M_p \qquad (6.2)$$

由(6.2)式可以解出自由端 A 点的加速度为

$$\frac{\mathrm{d}v}{\mathrm{d}t} = \frac{3(FL - M_p)}{\rho L^2} = \frac{3(F - F_c)}{\rho L} \qquad (6.3)$$

将(6.3)式代入(6.1)式,可以得到固定端的剪力为

$$Q_B = \frac{1}{2}(F - 3F_c) \qquad (6.4)$$

如图 6.2 所示,与速度分布类似,梁上各截面的横向加速度沿着梁的长度方向也呈线性分布,即有

$$\frac{\mathrm{d}^2 w}{\mathrm{d}t^2} = (1 - x/L)\frac{\mathrm{d}v}{\mathrm{d}t} \qquad (6.5)$$

此加速度分布也代表了梁上的惯性力分布,于是有分布载荷与剪力之间的关系,如下:

$$\frac{\mathrm{d}Q}{\mathrm{d}x} = -q = \rho \frac{\mathrm{d}^2 w}{\mathrm{d}t^2} \qquad (6.6)$$

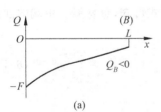

(a)

对(6.6)式进行积分,可以得到梁上的剪力分布:

$$Q(x) = -F + \int_0^x \rho \frac{\mathrm{d}^2 w}{\mathrm{d}t^2} \cdot \mathrm{d}x$$

$$= -F + 3(F - F_c)\left(\frac{x}{L} - \frac{x^2}{2L^2}\right) \qquad (6.7)$$

利用弯矩与剪力的关系,$\dfrac{\mathrm{d}M}{\mathrm{d}x} = -Q$,对剪力分布再积分一次可以得到弯矩分布:

$$M(x) = -\int_0^x Q(x) \cdot \mathrm{d}x$$

$$= Fx - \frac{3}{2}(F - F_c)\left(\frac{x^2}{L} - \frac{x^3}{3L^2}\right) \qquad (6.8)$$

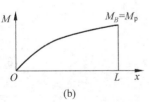

(b)

图 6.3　悬臂梁受中等阶跃载荷 $(F_c < F < 3F_c)$ 的剪力和弯矩分布

显然,从弯矩和剪力之间的关系可知,弯矩 M 应该在剪力为零($Q = 0$)的位置达到极值。图 6.3 给出了阶跃载荷水平不太高的情况下,悬臂梁中的剪力和

弯矩的分布情况。若 $F<3F_c$，由(6.7)式可知 $Q_B<0$。因而，在悬臂梁中，随着到自由端 A 点的距离的增加，剪力单调上升但始终为负，同时弯矩从零开始单调增加，即有 $M(x) \leqslant M_B = M_p$，弯矩最大值发生在固定端 B 点。

然而，若阶跃载荷强度较高，即 $F>3F_c$，由(6.7)式可知 $Q_B>0$。这表明在 AB 之间存在某个位置 $\bar{x}$，在该处剪力为零，$Q(\bar{x})=0$；同时弯矩取极值，即 $M(\bar{x}) = M_{max}>M_B$，最大弯矩等于塑性极限弯矩时产生塑性铰，即 $M(\bar{x})=M_p$。由此可见，图 6.2 给出的固定端具有一个塑性铰的变形机构只在中等冲击载荷（$F_c<F<3F_c$）的情况下成立。

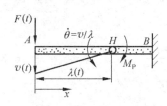

图 6.4　悬臂梁受强阶跃载荷
（$F>3F_c$）的速度分布
和受力分析图

由上面的分析可知，对于强阶跃载荷作用的情况，即 $F>3F_c$，塑性铰会出现在 AB 之间的某个位置。因此，考虑如图 6.4 所示的变形机构，在梁中间的 H 点，对应坐标 $x=\lambda$ 处出现塑性铰。此时梁的 AH 段绕塑性铰 H 旋转，对应的角加速度为 $\dfrac{\mathrm{d}v}{\mathrm{d}t}\Big/\lambda$，而梁的 HB 端还保持静止。

由于塑性铰 H 处有 $M(\lambda)=M_{max}=M_p$，且 $Q(\lambda)=0$；类似于(6.1)式和(6.2)式，对梁的 AH 段列竖直方向的动量方程，以及对 H 点的动量矩方程有

$$\frac{1}{2}\rho\lambda\,\frac{\mathrm{d}v}{\mathrm{d}t} = F \tag{6.9}$$

$$\frac{1}{3}\rho\lambda^2\,\frac{\mathrm{d}v}{\mathrm{d}t} = F\lambda - M_p \tag{6.10}$$

(6.9)式和(6.10)式中的 $v(t)$ 和 $\lambda(t)$ 都未知。由(6.9)式可知，悬臂梁自由端的加速度为

$$\frac{\mathrm{d}v}{\mathrm{d}t} = \frac{2F}{\rho\lambda} \tag{6.11}$$

于是，悬臂梁上各截面的横向加速度的分布如下：

$$\frac{\mathrm{d}^2 w}{\mathrm{d}t^2} = \left(1-\frac{x}{\lambda}\right)\frac{\mathrm{d}v}{\mathrm{d}t} = \frac{2F}{\rho\lambda}\left(1-\frac{x}{\lambda}\right) \tag{6.12}$$

由剪力和惯性载荷的关系，容易得到剪力分布为

$$Q(x) = -F(1-x/\lambda)^2, \quad 0 \leqslant x \leqslant \lambda \tag{6.13}$$

对上式积分后得到弯矩分布为

$$M(x) = M_p - \frac{1}{3}F\lambda(1-x/\lambda)^3, \quad 0 \leqslant x \leqslant \lambda \tag{6.14}$$

图 6.5 给出了在强阶跃载荷（$F>3F_c$）作用的情况下，梁上的剪力和弯矩分布规

律。可以看到,从自由端到中间的塑性铰,剪力从 F 逐渐降低为零,而弯矩是从零逐渐增加到塑性极限弯矩 M_p。在塑性极限弯矩所在的位置 H 点,有 $Q_H = 0$ 和 $M_H = M_p$。此外,在梁的 HB($\lambda \leqslant x \leqslant L$)段,弯矩处处都等于塑性极限弯矩,$M(x) = M_p$;但 HB 段并没有加速度,也没有变形,这是由于剪力在这一段恒为零。

接下来确定塑性极限弯矩所在的位置与外载的关系。将(6.11)式代入(6.10)式,可得 $F\lambda/3 = M_p$,即

$$\lambda = 3M_p/F \tag{6.15}$$

这表明,塑性铰的位置与载荷强度 F 相关,F 越大,塑性铰越靠近加载的自由端 A;F 越小,塑性铰越接近固定端 B。

结合(6.15)式与(6.11)式,可得梁自由端 A 点的加速度与载荷的关系,有

$$\frac{\mathrm{d}v}{\mathrm{d}t} = \frac{2F^2}{3\rho M_p} \tag{6.16}$$

显然,自由端加速度与载荷强度 F 的平方成正比。

悬臂梁受阶跃载荷作用的结论

1)变形机构随着阶跃载荷的幅值 F 的变化而变化;若 F 比准静态失效载荷 F_c 高 3 倍以上,则变形机构与准静态失效机构不再相同;

2)阶跃载荷的幅值越大,变形区域越靠近加载端;

3)加载自由端的加速度可以表示为

$$\frac{\mathrm{d}v}{\mathrm{d}t} = \begin{cases} 0, & 0 \leqslant F \leqslant F_c \\ 3(F - F_c)/(\rho L), & F_c \leqslant F \leqslant 3F_c \\ 2F^2/(3\rho L M_p), & F > 3F_c \end{cases} \tag{6.17}$$

上式给出了加速度 $\mathrm{d}v/\mathrm{d}t$ 和阶跃载荷 F 之间一个非线性关系,如图 6.6 所示。

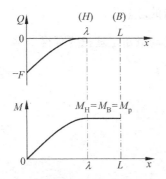

图 6.5 悬臂梁受强阶跃载荷的剪力
和弯矩分布($F > 3F_c$)

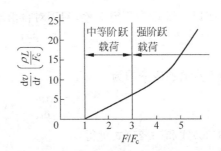

图 6.6 悬臂梁自由端的加速度
随载荷的变化曲线

6.2 悬臂梁受脉冲载荷作用

本节讨论悬臂梁在脉冲载荷作用下的动态响应。在小变形范围内,可以在初始构型上对问题进行分析。

6.2.1 矩形脉冲载荷

如图 6.7 所示,定义一个矩形脉冲如下,

$$F(t) = \begin{cases} F_0, & 0 \leqslant t \leqslant t_d \\ 0, & t > t_d \end{cases} \tag{6.18}$$

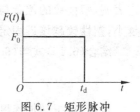

图 6.7   矩形脉冲

若(6.18)式给出的矩形脉冲施加在悬臂梁的自由端,且脉冲幅值 $F_0 > 3F_c = 3M_p/L$,则在响应的第 I 阶段(对应于时间区间 $0 \leqslant t \leqslant t_d$),根据上节的分析结果可知,悬臂梁中将出现位于 $\lambda_0 = 3M_p/F_c < L$ 处的驻定铰(stationary plastic hinge),变形机构仍然如图 6.4 所示。

在 $t = t_d$ 时刻,载荷幅值突然由 F_0 降低为零,则塑性铰将开始离开其初始位置 $x = \lambda_0$;随着时间的变化,塑性铰的位置也在变化,即 $\lambda = \lambda(t)$,亦即形成移行铰(travelling hinge)。

针对移行铰的情况,首先以 AH 段为研究对象,在 $0 \sim t$ 的任意时间区间内,动量的变化等于此时间段内外力施加的冲量,即

$$\frac{1}{2}\rho\lambda(t)v(t) = \int_0^t F(\bar{t}) \cdot d\bar{t} = \begin{cases} F_0 t, & 0 \leqslant t \leqslant t_d \\ F_0 t_d \equiv I, & t > t_d \end{cases} \tag{6.19}$$

其中 $I \equiv \int_0^{t_d} F(\bar{t}) \cdot d\bar{t}$ 是加载过程中的外载荷施加的总冲量。

仍以 AH 段为研究对象,利用对自由端 A 点的动量矩定理积分可得

$$\int_0^\lambda \rho \frac{dw}{dt} x \cdot dx = M_p t \tag{6.20}$$

而梁上点的速度分布为

$$\frac{dw}{dt} = v(1 - x/\lambda) \tag{6.21}$$

由(6.20)式和(6.21)式可得

$$\frac{1}{6}\rho\lambda^2(t)v = M_p t \tag{6.22}$$

在悬臂梁动态响应的**第 I 阶段**(phase I),对应时间段 $0 \leqslant t \leqslant t_d$,动量定理(6.19)式和动量矩定理(6.22)式给出与上节阶跃载荷分析相同的结果,也就是:

$$\lambda_0 = 3M_p/F_0, \quad \frac{\mathrm{d}v}{\mathrm{d}t} = 2F_0^2/(3\rho M_p) \tag{6.23}$$

因此,在开始卸载的时刻 $t = t_d$,对(6.23)式积分可得自由端的速度以及挠度,分别为

$$v_1 = 2F_0^2 t_d/(3\rho M_p) = 2F_0 I/(3\rho M_p) \tag{6.24}$$

$$\Delta_1 = \frac{1}{2}v_1 t_d = F_0^2 t_d^2/(3\rho M_p) = I^2/(3\rho M_p) \tag{6.25}$$

此外,可以计算在此瞬时,驻定铰 H_0 处的旋转角度为

$$\theta_1 = \frac{\Delta_1}{\lambda_0} = \frac{I^2 F_0}{9\rho M_p^2} \tag{6.26}$$

对于时间区间 $t \geqslant t_d$,动量定理(6.19)给出有

$$\frac{1}{2}\rho\lambda(t)v(t) = I \tag{6.27}$$

将(6.27)式与动量矩定理(6.22)相对照,可知移行铰的位置为

$$\lambda(t) = \frac{3M_p}{I}t \tag{6.28}$$

由此可知,初始时刻位于 λ_0 处的塑性铰,随着时间增加将向固定端($x = L$ 处)移动,移行铰的移动速度为

$$\frac{\mathrm{d}\lambda}{\mathrm{d}t} = \frac{3M_p}{I} \tag{6.29}$$

显然,移行铰的移动速度是一个常数。由此也容易计算移行铰移动到固定端 B 点的时间为

$$t_2 = IL/3M_p \tag{6.30}$$

因此,将 $t_d \leqslant t \leqslant t_2$ 时间区间内的变形称为悬臂梁动态响应的**第 II 阶段**(phase II)。在此阶段中,自由端的速度及位移分别为

$$v(t) = \frac{2I}{\rho\lambda} = \frac{2I^2}{3\rho M_p t} \tag{6.31}$$

$$\Delta(t) = \Delta_1 + \int_{t_d}^{t} \frac{2I^2}{3\rho M_p t} \cdot \mathrm{d}t = \frac{I^2}{3\rho M_p}\left\{1 + 2\ln\left(\frac{t}{t_d}\right)\right\} \tag{6.32}$$

可见,随着时间的增加,自由端的速度将逐渐降低。将第 II 阶段的结束时间 t_2 代入(6.31)式和(6.32)式,可以得到第二阶段结束时对应的自由端速度及自由端的位移,分别为

$$v_2 = v(t_2) = \frac{2I}{\rho L} \tag{6.33}$$

$$\Delta_2 = \Delta(t_2) = \frac{I^2}{3\rho M_p}\left\{1 + 2\ln\left(\frac{F_0 L}{3M_p}\right)\right\} \tag{6.34}$$

第 II 阶段结束后,移行铰已经移动到固定端 B 点,但整个结构的运动并没有停

止,因为自由端还具有速度,会带动梁继续发生绕固定端的刚体转动。这就进入了悬臂梁动态响应的**第Ⅲ阶段**(phase Ⅲ),对应时间区间 $t \geqslant t_2$。

考虑进入第Ⅲ阶段后对固定端的动量矩的变化,有

$$\frac{1}{3}\rho L^2(v-v_2) = -M_p(t-t_2) \tag{6.35}$$

(6.35)式给出此阶段速度随时间变化的关系式为

$$v(t) = \frac{3}{\rho L}(I - M_p t/L) \tag{6.36}$$

显然,当速度 $v(t)$ 减小到零时,对应整个悬臂梁动态响应结束,即系统的总响应时间为

$$t_f = IL/M_p = 3t_2 \tag{6.37}$$

在响应结束时刻 $t=t_f$,自由端的总位移为

$$\Delta_f = \Delta(t_f) = \Delta_2 + \int_{t_2}^{t_f} \frac{3}{\rho L}(I - M_p t/L) \cdot dt \tag{6.38}$$

即

$$\Delta_f = \frac{I^2}{\rho M_p}\left\{1 + \frac{2}{3}\ln\left(\frac{F_0}{3F_c}\right)\right\} \tag{6.39}$$

同时,还可以得到在第Ⅲ阶段中悬臂梁绕根部的转角:

$$\theta_3 = \frac{2I^2}{3\rho L M_p} \tag{6.40}$$

图 6.8 给出了悬臂梁受到矩形脉冲载荷 $F=12F_c$ 作用时,其塑性铰位置以及自由端速度随时间的变化曲线。在第Ⅰ阶段,梁的中部 λ_0 处出现一个驻定铰,变形为绕驻定铰的转动,自由端的速度线性增加;在第Ⅱ阶段,塑性铰开始向悬臂梁的固定端移动,其移动速度恒定,同时自由端的速度按时间的倒数下降;在第Ⅲ阶段,塑性铰停留在悬臂梁的固定端,自由端的速度线性下降;最后,自由端速度降低为零,整个动态响应过程结束。

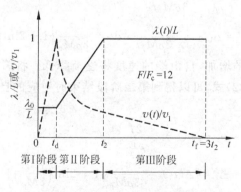

图 6.8　悬臂梁受矩形脉冲作用,其塑性铰位置和自由端速度的变化曲线

为确定梁的最终变形,首先考虑第 Ⅱ 阶段的曲率,

$$\frac{\mathrm{d}\theta}{\mathrm{d}t} = \kappa(x) \frac{\mathrm{d}\lambda}{\mathrm{d}t} = \frac{v}{\lambda} \tag{6.41}$$

(6.41)式给出梁上某截面的转角对时间的变化率,也就是该截面的角速度。这里的 $\mathrm{d}\theta/\mathrm{d}t$ 与 v 的运动学关系参照了梁的原构型,还要用到曲率 $\kappa = \mathrm{d}\theta/\mathrm{d}\lambda$。(6.41)式把曲率 $\kappa(x)$ 和塑性铰位置 λ 联系起来了。由曲率在直角坐标中的表达式,

$$\kappa(x) = \mathrm{d}^2 w / \mathrm{d}x^2 \tag{6.42}$$

对 x 积分两次,可以得到第 Ⅱ 阶段的变形,

$$w_2(x) = \frac{2I^2}{3\rho L M_\mathrm{p}} \left(\ln \frac{L}{x} - \frac{x}{L} - 1 \right), \quad \lambda_0 \leqslant x \leqslant L \tag{6.43}$$

再叠加上第 Ⅰ,Ⅲ 两个阶段的变形,可以得到梁的最终变形曲线,即

$$w_\mathrm{f}(x) = \begin{cases} \dfrac{I^2}{\rho L M_\mathrm{p}} \left\{ 1 - \dfrac{x}{\lambda_0} + \dfrac{2}{3} \ln \left(\dfrac{L}{\lambda_0} \right) \right\}, & 0 \leqslant x \leqslant \lambda_0 \\[3mm] \dfrac{2I^2}{3\rho L M_\mathrm{p}} \ln \left(\dfrac{L}{x} \right), & \lambda_0 \leqslant x \leqslant L \end{cases} \tag{6.44}$$

图 6.9 给出了 $f=6,12$ 两种情况下,梁的最终变形曲线,其中 $f=F_0/F_\mathrm{c}$ 为无量纲的载荷强度。当 $f=6$ 时,初始塑性铰的位置 $\lambda_0/L=0.5$;而当 $f=12$ 时,初始塑性铰的位置 $\lambda_0/L=0.25$,显然 λ_0 是与载荷强度相关的。当 $f=6,12$ 两种情况时,梁的变形曲线在靠近固定端的一段是完全重合的,而在靠近自由端的一端,载荷强度大的矩形脉冲产生的最终变形显然大于载荷强度小的情况。

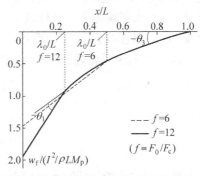

图 6.9　无量纲的梁的最终变形曲线

进一步分析动态响应过程中的能量耗散分配。由上面的讨论,已知各阶段的变形。在矩形脉冲输入能量的第 Ⅰ 阶段,由自由端在 t_d 时刻的变形 Δ_1,即(6.25)式,容易计算矩形脉冲的总输入能量(total input energy)为

$$E_\mathrm{in} = F_0 \Delta_1 = I^2 F_0 / (3\rho M_\mathrm{p}) \tag{6.45}$$

其中第 Ⅰ 阶段和第 Ⅲ 阶段的变形为绕驻定塑性铰的刚体转动,因此由(6.26)式和(6.40)式给出的第 Ⅰ 阶段和第 Ⅲ 阶段的转角 θ_1 和 θ_3,可计算这两个阶段中由于塑性变形而耗散的能量,分别为

$$D_1 = M_\mathrm{p} \theta_1 = I^2 F_0 / (9\rho M_\mathrm{p}) \tag{6.46}$$

$$D_3 = M_\mathrm{p} \theta_3 = 2I^2 / (3\rho L) \tag{6.47}$$

三个变形阶段的能量耗散之和等于矩形脉冲的总输入能量,由此可以得到三个阶段塑性耗散能的比值如下:

$$\frac{D_1}{E_{in}} : \frac{D_2}{E_{in}} : \frac{D_3}{E_{in}} = \frac{1}{3} : \left(\frac{2}{3} - \frac{2F_c}{F_0}\right) : \frac{2F_c}{F_0} \tag{6.48}$$

从(6.48)式可以看出,悬臂梁在对自由端矩形脉冲的动态响应过程中,其变形的第Ⅰ阶段必定耗散输入能量的1/3;第Ⅲ个阶段的能量耗散水平取决于矩形脉冲的幅值,幅值 F_0/F_c 越大,第Ⅲ阶段的能量耗散越小,相应的第Ⅱ阶段的能量耗散则增大。若矩形脉冲的强度幅值非常高,即对应于 $F_0/F_c \gg 1$ 的情况,则第Ⅱ阶段在移行铰上耗散的能量会显著高于第Ⅲ阶段在根部驻定塑性铰耗散的能量。

6.2.2　一般脉冲载荷

现在考虑在任意波形的力脉冲作用下悬臂梁的动态响应问题。如图6.10所示,一个具有任意波形的非负脉冲, $F(t) \geqslant 0$,作用于悬臂梁的自由端。由于任何小于静态失效载荷 F_c 的动载都不会引起刚塑性梁的变形和运动,因此可以选择当 $F(t)$ 初次达到 F_c 时的时刻为初始分析时刻,即 $t=0$ 。

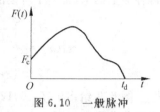

图6.10　一般脉冲

在 $t=0$ 的初始时刻,图6.4给出的悬臂梁中间某截面 H 具有初始塑性铰的变形机构在这里仍然适用。当 $t>0$ 时,为了确定塑性铰位置 $\lambda(t)$ 和自由端速度 $v(t)$ 与载荷 $F(t)$ 之间的关系,假设在 t 时刻塑性铰 H 位于距离自由端为 $x=\lambda(t)$ 处。

以 AH 段为对象进行分析,由竖直方向的动量方程有

$$\frac{\mathrm{d}}{\mathrm{d}t}\left(\frac{1}{2}\rho\lambda v\right) = F(t) \tag{6.49}$$

对自由端的动量矩方程有

$$\frac{\mathrm{d}}{\mathrm{d}t}\left(\frac{1}{6}\rho\lambda^2 v\right) = M_p \tag{6.50}$$

将(6.49)式和(6.50)式分别对时间积分可得

$$\frac{1}{2}\rho\lambda v = \int_0^t F(t) \cdot \mathrm{d}t \tag{6.51}$$

$$\frac{1}{6}\rho\lambda^2 v = M_p t \tag{6.52}$$

联立求解(6.51)式和(6.52)式,得到塑性铰位置以及自由端速度分别为

$$\lambda(t) = \frac{3M_p t}{\int_0^t F(t) \cdot \mathrm{d}t} \tag{6.53}$$

$$v(t) = \frac{2}{3\rho M_p t}\left\{\int_0^t F(t) \cdot \mathrm{d}t\right\}^2 \tag{6.54}$$

将(6.53)式对时间求导数,可得塑性铰移动的速度:

$$\frac{\mathrm{d}\lambda}{\mathrm{d}t} = 3M_{\mathrm{p}} \left\{ \int_0^t F(t) \cdot \mathrm{d}t - tF(t) \right\} \bigg/ \left\{ \int_0^t F(t) \cdot \mathrm{d}t \right\}^2 \tag{6.55}$$

从(6.55)式可知,塑性铰移动的方向取决于 $\mathrm{d}\lambda/\mathrm{d}t$ 的符号,即 $\int_0^t F(t) \cdot \mathrm{d}t - tF(t)$ 的符号,因此:

1) 如果脉冲的幅值始终不变,即 $F(t) = F_0$,相当于 6.1 节中的阶跃载荷情况,由 $\int_0^t F(t) \cdot \mathrm{d}t = tF_0$,得出塑性铰的移动速度 $\mathrm{d}\lambda/\mathrm{d}t \equiv 0$,塑性铰是一个位于 $\lambda = 3M_{\mathrm{p}}/F_0$ 处的驻定铰。

2) 如果脉冲强度 $F(t)$ 是时间的单调递增函数,由于 $\int_0^t F(t) \cdot \mathrm{d}t < tF$,塑性铰移动速度 $\mathrm{d}\lambda/\mathrm{d}t < 0$,即随着载荷强度的逐渐增强,移行铰将向加载的自由端移动。

3) 反之,若脉冲强度 $F(t)$ 是时间的单调递减函数,由 $\int_0^t F(t) \cdot \mathrm{d}t > tF$,塑性铰的移动速度 $\mathrm{d}\lambda/\mathrm{d}t > 0$,即随着载荷强度的逐渐降低,移行铰将向悬臂梁的固定端移动。

对于任何载荷来说,在脉冲结束后,即 $t > t_{\mathrm{d}}$ 的情况,始终有 $\int_0^t F(t) \cdot \mathrm{d}t = I$,此时塑性铰的位置由 $\lambda(t) = 3M_{\mathrm{p}}t/I$ 决定,也就是说塑性铰以恒定速度向固定端移动。塑性铰移动到固定端后,对应于变形的第 III 个阶段,即整个结构绕着位于固定端的塑性铰作刚体转动,也称为动态响应的模态(dynamic mode)。

6.3　悬臂梁受集中质量撞击后的动态响应

在本章前面的分析中,悬臂梁自由端受到的载荷已经假设为已知的力随时间变化的函数。然而,在真实的冲击碰撞中,力随时间变化的脉冲往往是未知的,它取决于发生碰撞的两个物体本身的特性。

Parkes 于 1955 年开创性地分析了在集中质量撞击下悬臂梁的动态响应。在他的分析中,假设一个刚性质点 m 以初速度 v_0 撞击到悬臂梁的自由端,然后此质点就粘在悬臂梁的自由端,与悬臂梁一起运动。这是一个很强的假设,但是可以使问题大大简化,学者后来将此问题称为"Parkes 问题"。在 Parkes 原文中,控制方程是从微元的力学分析得到的。由于我们前面已经分析了一般脉冲作用情况下的悬臂梁响应问题,这里就直接利用一般脉冲的普遍解来建立和求解 Parkes 问题。

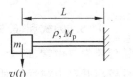

图 6.11 给出了 Parkes 问题的示意图。设悬臂梁的长度为 L,单位长度的密度为 ρ,横截面的塑性极限载荷为 M_{p}。在自由端 A 点突然受到初速度为 v_0 的集中质量

图 6.11　悬臂梁自由端受
集中质量撞击

m 的横向撞击。

设 $v(t)$ 为质量点在任意时刻 $t \geqslant 0$ 时的速度,其初始值为 $v(0) = v_0$。由质点的竖直方向动量方程,可以得到该时刻悬臂梁自由端的剪力:

$$F(t) = -m \frac{\mathrm{d}v}{\mathrm{d}t} \tag{6.56}$$

(6.56)式的实质是把集中质量与悬臂梁之间的相互作用力,用集中质量的速度变化表示出来。这样在以下的分析中可以避开未知的相互作用力,只考虑集中质量的速度(也就是悬臂梁自由端的速度)在动态响应过程中的变化。(6.56)式表示了一个力-时间脉冲,利用上节中一般脉冲分析中的动量方程(6.49)式和动量矩方程(6.50)式可以得到

$$\frac{1}{2}\rho\lambda v = \int_0^t F(t) \cdot \mathrm{d}t = -m\int_0^t \frac{\mathrm{d}v}{\mathrm{d}t} \cdot \mathrm{d}t = m(v_0 - v) \tag{6.57}$$

$$\frac{1}{6}\rho\lambda^2 v = M_\mathrm{p} t \tag{6.58}$$

由(6.57)式可以计算出集中质量的速度

$$v = \frac{v_0}{1 + \rho\lambda/(2m)} = \frac{v_0}{1 + \dfrac{1}{2\gamma} \cdot \dfrac{\lambda}{L}} \tag{6.59}$$

其中 $\gamma \equiv m/(\rho L)$,代表撞击质量与梁的质量之间的无量纲质量比(mass ratio)。将速度(6.59)式代入动量矩方程(6.58)式,可以得到塑性铰位置与时间的关系,如下:

$$t = \frac{\rho v \lambda^2}{6M_\mathrm{p}} = \frac{\rho v_0}{6M_\mathrm{p}}\lambda^2 \left(1 + \frac{1}{2\gamma} \cdot \frac{\lambda}{L}\right)^{-1} \tag{6.60}$$

注意,在(6.60)式中,并没能把塑性铰位置表示成时间的显式函数 $\lambda(t)$,而是取塑性铰位置 λ 为过程参量,在分析中取代时间 t,从而降低了表达的难度,很成功地求解了整个问题。由(6.59)式和(6.60)式容易得出变量的变化趋势,即当时间增加时,塑性铰离开自由端远去,同时自由端速度降低。

接下来计算塑性铰的移动速度。对(6.60)式求导数,可得

$$\frac{\mathrm{d}t}{\mathrm{d}\lambda} = \frac{\rho v_0}{6M_\mathrm{p}}\lambda\left(1 + \frac{\lambda}{2\gamma L}\right)^{-2}\left(2 + \frac{\lambda}{2\gamma L}\right) \tag{6.61}$$

塑性铰的移动速度是(6.61)式的倒数,即

$$\frac{\mathrm{d}\lambda}{\mathrm{d}t} = \frac{6M_\mathrm{p}}{\rho v_0}\lambda^{-1}\left(2 + \frac{\lambda}{2\gamma L}\right)^{-1}\left(1 + \frac{\lambda}{2\gamma L}\right)^2 \tag{6.62}$$

由(6.60)式和(6.62)式,可以判断出在撞击发生的初始时刻($t=0$),对应的塑性铰位置为自由端,即 $\lambda = 0$;同时塑性铰的移动速度为无限大,即 $\dot{\lambda} = \infty$。此后,当塑性铰离开自由端远去时,塑性铰移动速度降低。

将塑性铰由自由端向固定端运动的过程称为变形的第 I 阶段,或者称为瞬态响应阶段(transient phase)。在塑性铰到达固定端的时刻,即 $\lambda = L$ 时,第 I 阶段结束,

此时对应的时间和自由端速度分别为

$$t_1 = \frac{\rho v_0}{6M_p} L^2 \left(1 + \frac{1}{2\gamma}\right)^{-1} \tag{6.63}$$

$$v_1 = v_0 \left(1 + \frac{1}{2\gamma}\right)^{-1} \tag{6.64}$$

当 $t \geqslant t_1$，塑性铰驻定于固定端不再发生位置的变化。整个悬臂梁和质量点构成的系统绕固定端 B 点的塑性驻定铰发生刚体转动。此阶段称为第 Ⅱ 阶段，或称模态响应阶段（modal phase）。

关于悬臂梁的根部列动量矩定理，有

$$m \frac{dv}{dt} L + \frac{1}{3} \rho v L^3 \left(\frac{dv}{dt}\bigg/L\right) = -M_p \tag{6.65}$$

从（6.65）式可以得到自由端的加速度为

$$\frac{dv}{dt} = -\frac{M_p/L}{m + \rho L/3} = -\frac{3M_p}{\rho L^2} \cdot \frac{1}{1 + 3\gamma} \tag{6.66}$$

可见，自由端的加速度在模态响应阶段为一个负的常数，因此位于自由端的集中质量作匀减速运动。当质量点的速度降低为零的时候，系统的动态响应终止。由此容易得到模态阶段的时间历程为

$$v_1 \bigg/ \left(\frac{dv}{dt}\right) = \frac{\rho v_0}{3M_p} L^2 (1 + 3\gamma) \left(1 + \frac{1}{2\gamma}\right)^{-1} \tag{6.67}$$

结构动态响应的总时间历程为

$$t_f = t_1 + \frac{\rho v_0}{3M_p} L^2 (1 + 3\gamma) \left(1 + \frac{1}{2\gamma}\right)^{-1} = \frac{mv_0 L}{M_p} \tag{6.68}$$

因为质量点带来初始输入动量为 $mv_0 = I$，（6.68）式给出的响应时间 t_f 可以简写为

$$t_f = IL/M_p \tag{6.69}$$

将（6.69）式与矩形脉冲下悬臂梁的响应时间（6.37）式进行比较可以发现，二者完全相同。

在模态响应阶段（第 Ⅱ 阶段），悬臂梁绕固定端的转角为

$$\theta_{Bf} = \frac{1}{2} \frac{v_1}{L} \cdot \frac{v_1}{-dv/dt} = \frac{\rho L^2 v_0}{6M_p} (1 + 3\gamma) \left(1 + \frac{1}{2\gamma}\right)^{-2} \tag{6.70}$$

从以上分析可知，在悬臂梁的整个响应过程中，各个变量的变化规律都与无量纲质量比 $\gamma \equiv m/\rho L$ 密切相关。针对质量比不同的几种情况（$\gamma = 0.2, 1, 5$），图 6.12 给出了自由端的速度，以及塑性铰的位置随时间的变化曲线。比较图中的曲线可知，当撞击物质量很大时，响应很快就进入第 Ⅱ 阶段，即模态响应起主要作用，而瞬态响应不重要；但当撞击物质量很小时，第 Ⅰ 阶段的瞬态响应很重要，例如一个小质量的子弹快速打击到梁的自由端，一定会导致整个梁都有比较明显的变形。

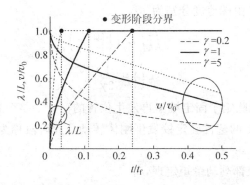

图 6.12　悬臂梁自由端受集中质量撞击后的塑性铰位置和速度随时间的变化图

为确定梁中的剪力和弯矩分布,由第 I 阶段变形对应的速度分布可知:

$$\dot{w} = v\left(1 - \frac{x}{\lambda}\right), \quad 0 \leqslant x \leqslant \lambda \tag{6.71}$$

其中物理量顶部的圆点 $(\dot{\ })$,表示对该物理量求时间的微分,即 $\dot{w} = \mathrm{d}w/\mathrm{d}t$。对(6.71)式求时间的微分可得

$$\ddot{w} = \dot{v}\left(1 - \frac{x}{\lambda}\right) + \frac{vx}{\lambda^2}\dot{\lambda}, \quad 0 \leqslant x \leqslant \lambda \tag{6.72}$$

(6.72)式表示梁中各个质点的加速度。由(6.72)式可知,第一项是由自由端集中质量的加速度引起的,第二项是由塑性铰的移动造成旋转的 AH 段变长引起的。利用(6.59)式给出的集中质量的速度变化关系,可以得到集中质量的加速度为

$$\dot{v} = \frac{\mathrm{d}v}{\mathrm{d}\lambda} \cdot \frac{\mathrm{d}\lambda}{\mathrm{d}t} = -\frac{6M_{\mathrm{p}}}{\rho\lambda(\lambda + 4\gamma L)} \tag{6.73}$$

(6.62)式已经给出塑性铰的移动速度 $\dot{\lambda}$,将(6.62)式与(6.73)式代入(6.72)式可得沿梁长度方向的加速度分布:

$$\ddot{w} = \frac{6M_{\mathrm{p}}}{\rho\lambda(\lambda + 4\gamma L)}\{-1 + 2\lambda^{-2}(\lambda + \gamma L)x\} \tag{6.74}$$

注意,在加速度对时间的关系式中,加速度从梁的自由端到根部是要变号的。例如 $\ddot{w}|_{x=0} < 0$,但 $\ddot{w}|_{x=\lambda} > 0$。得到梁中的加速度分布之后,相当于分布载荷情况已知。梁中的剪力分布等于对分布载荷的积分。考虑初始条件,梁自由端的剪力为

$$Q(0) = -m\dot{v} = -6mM_{\mathrm{p}}/\{\rho\lambda(\lambda + 4\gamma L)\} \tag{6.75}$$

则梁中的剪力分布如下:

$$Q(x) = Q(0) + \int_0^x \rho\ddot{w} \cdot \mathrm{d}x$$

$$= -\frac{6\gamma M_{\mathrm{p}}L}{\lambda(\lambda + 4\gamma L)}\left(1 + \frac{x}{\gamma L} - \frac{\lambda + \gamma L}{\gamma L} \cdot \frac{x^2}{\lambda^2}\right), \quad 0 \leqslant x \leqslant \lambda \tag{6.76}$$

对剪力分布再积分一次可得弯矩分布为

$$M(x) = \frac{6\gamma M_{\mathrm{p}} L x}{\lambda(\lambda + 4\gamma L)}\left(1 + \frac{x}{2\gamma L} - \frac{\lambda + \gamma L}{3\gamma L} \cdot \frac{x^2}{\lambda^2}\right), \quad 0 \leqslant x \leqslant \lambda \qquad (6.77)$$

集中质量与梁的自由端之间的相互作用力等于自由端所受的剪力,由前面的分析可知:

$$F(t) = -m\dot{v} = \begin{cases} \dfrac{6\gamma M_{\mathrm{p}} L}{\lambda(\lambda + 4\gamma L)}, & 0 \leqslant t \leqslant t_1 \\[3mm] \dfrac{3\gamma M_{\mathrm{p}}}{(1 + 3\gamma)L}, & t_1 \leqslant t \leqslant t_{\mathrm{f}} \end{cases} \qquad (6.78)$$

图 6.13 给出了由以上公式计算出的各物理量沿梁的长度方向的分布图,包括速度、加速度、剪力和弯矩。在塑性铰所在位置,剪力一定为零,而弯矩等于塑性极限弯矩 M_{p}。弯矩是单调函数,从自由端向固定端,弯矩呈单调增加。HB 段不发生塑性变形,也没有相对转动。

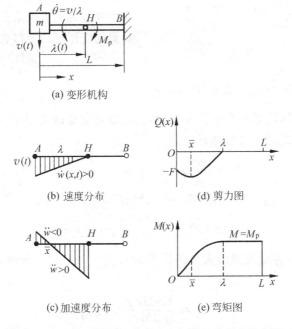

图 6.13 速度、加速度、剪力和弯矩沿悬臂梁的分布图

接下来确定悬臂梁在撞击后的变形情况。移行铰产生的转角对时间的变化已在 (6.41)式给出了,即 $\dfrac{\mathrm{d}\theta}{\mathrm{d}t} = \kappa \dfrac{\mathrm{d}\lambda}{\mathrm{d}t} = \dfrac{v}{\lambda}$;因此得到曲率的分布如下:

$$\kappa(x) = \frac{\rho v_0^2}{6 M_{\mathrm{p}}}\left(2 + \frac{x}{2\gamma L}\right)\left(1 + \frac{x}{2\gamma L}\right)^{-3} = w_{\mathrm{f}}''(x) \qquad (6.79)$$

(6.79)式中的"$'$"表示将相应的物理量对位置 x 求偏导数,即 $\partial(\ )/\partial x$。

利用固定端的边界条件，$w_f'(L)=-\theta_{Bf}$，$w_f(L)=0$，将曲率的表达式积分两次，可以得到梁中的横向位移分布：

$$w_f(x)=\frac{\varrho v_0^2 L^2 \gamma^2}{3M_p}\left\{\frac{1}{1+2\gamma}-\frac{x}{x+2\gamma L}+2\ln\left(\frac{1+2\gamma}{x/L+2\gamma}\right)\right\} \tag{6.80}$$

将 $x=0$ 代入上式，可以得到自由端的最大位移为

$$\Delta_f \equiv w_f(0)=\frac{\varrho v_0^2 L^2 \gamma^2}{3M_p}\left\{\frac{1}{1+2\gamma}+2\ln\left(1+\frac{1}{2\gamma}\right)\right\} \tag{6.81}$$

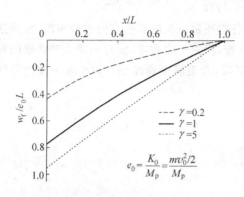

图 6.14 给出了几种不同质量（$\gamma=0.2,1,5$）撞击的情况下，梁的最终变形。其中定义 $e_0 \equiv \dfrac{K_0}{M_p}=\dfrac{mv_0^2/2}{M_p}$ 为无量纲的初始动能。撞击质量越大，梁的变形越接近于绕固定端的定轴旋转。如果撞击的集中质量远远大于梁自身的质量，即 $\gamma\gg 1$，梁的变形可以近似表达为

$$w_f(x)\approx\frac{\varrho v_0^2 L^2 \gamma}{2M_p}(1-x/L)$$

图 6.14   不同质量撞击下梁的最终变形图

$$\tag{6.82}$$

它给出的横向位移沿着梁是线性分布的，意味着悬臂梁的变形很接近于绕固定端的转动。其中自由端的最大位移近似为

$$\Delta_f\approx\frac{\varrho v_0^2 L^2 \gamma}{2M_p}=\frac{1}{2}mv_0^2\cdot\frac{L}{M_p}=e_0 L \tag{6.83}$$

反之，如果撞击质量非常小，即 $\gamma\ll 1$，则有 $x/(\gamma L)\gg 1$，梁的变形可近似表达为

$$w_f(x)\approx\frac{2\varrho v_0^2 L^2 \gamma^2}{3M_p}\ln(L/x), \tag{6.84}$$

在这种情况下，悬臂梁的变形大体是沿梁的长度方向呈对数分布，其自由端最大位移为

$$\Delta_f\approx\frac{2\varrho v_0^2 L^2 \gamma^2}{3M_p}\ln\left(\frac{1}{2\gamma}\right) \tag{6.85}$$

最后，分析动态响应过程中的能量转化。初始时刻系统的总能量等于集中质量带来的动能，它在变形的两个阶段（瞬态、模态响应段）中，完全被塑性铰处的变形能耗散掉，因此有

$$K_0=D_1+D_2 \tag{6.86}$$

这里 D_1 和 D_2 分别为变形的第 I 和第 II 阶段的塑性耗散能，

$$D_1=K_0-D_2,\quad D_2=M_p\cdot\theta_{Bf} \tag{6.87}$$

其中 θ_{Bf} 是悬臂梁绕固定端的转角，见(6.70)式。因此有

$$D_2/K_0 = \frac{1}{6}\rho L v_0^2 (1+3\gamma)\left(1+\frac{1}{2\gamma}\right)^{-2} / \left(\frac{1}{2}mv_0^2\right) \tag{6.88}$$

于是,两个阶段的塑性耗散能分别为

$$\frac{D_1}{K_0} = 1 - \frac{D_2}{K_0}, \quad \frac{D_2}{K_0} = \frac{4\gamma(1+3\gamma)}{3(1+2\gamma)^2} \tag{6.89}$$

图 6.15 给出了两个变形阶段的能量
耗散比随质量比 $\gamma \equiv m/(\rho L)$ 的变化曲
线。由(6.89)式可知,能量耗散比只取决
于质量比 γ。对于撞击质量很小的情况,
瞬态变形阶段(第 I 阶段)能量耗散占总
耗散的大部分;随着撞击质量的增加,模
态阶段(第 II 阶段)能量耗散所占的比例
逐渐增加。若撞击质量与梁的质量相比
非常大,则初始动能几乎全部要靠模态变
形阶段耗散。

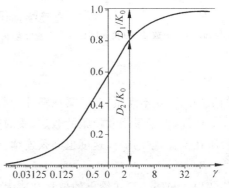

图 6.15　能量耗散比随质量比的变化曲线

6.4　移行铰的特性分析

在以上几节的讨论中我们知道,刚塑性梁的塑性变形都集中于塑性铰。如果外
加载荷是个常值,或者初始动量分布很接近于梁的一个模态形式,那么塑性铰为驻定
铰;如果外加载荷的幅值是变化的,则结构的动态响应中会出现以移行铰为特征的瞬
态变形阶段。移行铰的概念在刚塑性结构动力学中是非常重要的,最早由 Lee 和
Symonds 在 1952 年提出,参见 5.3 节对刚塑性自由梁中点受到力脉冲载荷时的分
析。本节将集中讨论一下移行铰的基本特征,主要内容选自 Strong 和 Yu 在 1993 年
的专著"Dynamic Models for Structural Plasticity"。

在驻定铰处,位移是连续的,但由于转动在这里持续了一段时间,该处的转角(即
位移的斜率)是不连续的。沿着梁的中性轴去看,由于驻定铰的缘故,中性轴的变形
曲线在塑性铰所在位置会存在一个折曲(kink)。与此相反,观察移行铰时发现,由于
在不断地移动,毫无停留,它经过梁上任一截面的时候都只会留下有限值的曲率。同
时,在移行铰所在的瞬时位置,位移和位移的斜率(转角)都是连续的,其中位移的斜
率(转角)$\theta = \mathrm{d}w/\mathrm{d}x$ 具有弱的连续性;也就是说,虽然转角连续,但转角对时间的导
数(角速度)$\dot{\theta} = \mathrm{d}\theta/\mathrm{d}t$,以及对转角对空间的导数(曲率)$\kappa = \mathrm{d}\theta/\mathrm{d}x$,都可能是不连
续的。

设 $\lambda(t)$ 表示塑性铰在 t 时刻所在的位置;对于任意函数 $\Phi(x)$,令 Φ^+ 和 Φ^- 分别
表示塑性铰两侧对应的函数值,即

$$\Phi^+ \equiv \Phi(\lambda+0) \equiv \lim_{\varepsilon \to 0}\Phi(\lambda+\varepsilon), \quad \Phi^- \equiv \Phi(\lambda-0) \equiv \lim_{\varepsilon \to 0}\Phi(\lambda-\varepsilon) \quad (6.90)$$

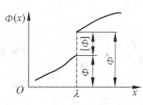

图 6.16 给出了函数 $\Phi(x)$ 沿着 x 方向的变化规律。在塑性铰所在位置 $x=\lambda(t)$，两侧的函数值可能不同，分别为设 Φ^+ 和 Φ^-。再令 $[\Phi] \equiv \Phi^+ - \Phi^-$ 表示函数 $\Phi(x)$ 的量值在此位置的突变；显然 $[\Phi]=0$ 表示函数在该位置连续，而 $[\Phi] \neq 0$ 表示函数在该位置不连续。

图 6.16　函数 $\Phi(x)$ 及其间断

在塑性铰所在位置，梁的挠度 $w(\lambda,t)$ 在任意时刻都必须是连续的，即

$$[w] = w^+ - w^- = 0 \qquad (6.91)$$

如果(6.91)式不满足，表明梁在塑性铰所在的截面处发生了破断。

此外，由于采用欧拉梁的假定，梁的剪切变形可以忽略，即 $\mathrm{d}w/\mathrm{d}x \approx 0$，则在塑性铰所在位置，梁的横向速度也必须连续，即

$$[\dot{w}] = \dot{w}^+ - \dot{w}^- = 0 \qquad (6.92)$$

(6.91)式和(6.92)式给出的位移和速度的连续性，对于驻定铰和移行铰都成立。

在塑性铰所在位置，位移的连续性条件(6.91)式，即 $[w]=0$，在任意时刻总是成立的，因此该式对时间的导数也为零：

$$\frac{\mathrm{d}}{\mathrm{d}t}[w(\lambda,t)] = 0 \qquad (6.93)$$

考虑到移行铰的情形，塑性铰位置一般来说也可能是时间的函数 $\lambda=\lambda(t)$，因此，(6.93)式变为

$$0 = \frac{\mathrm{d}}{\mathrm{d}t}[w] = \frac{\mathrm{d}}{\mathrm{d}t}\{w^+(\lambda,t) - w^-(\lambda,t)\}$$
$$= \left(\frac{\partial w^+}{\partial t} - \frac{\partial w^-}{\partial t}\right) + \left(\frac{\partial w^+}{\partial \lambda}\frac{\partial \lambda}{\partial t} - \frac{\partial w^-}{\partial \lambda}\frac{\partial \lambda}{\partial t}\right) \qquad (6.94)$$

即

$$0 = \left(\frac{\partial w^+}{\partial t} - \frac{\partial w^-}{\partial t}\right) + \dot{\lambda}\left(\frac{\partial w^+}{\partial \lambda} - \frac{\partial w^-}{\partial \lambda}\right)$$

此式可简写为

$$[\dot{w}] + \dot{\lambda}[w'] = 0 \qquad (6.95)$$

其中，位移对时间的导数 $\dot{w} = \partial w/\partial t$ 为横向速度，位移的斜率为 $w' = \partial w/\partial x$，$\dot{\lambda}$ 是塑性铰的移动速度。(6.95)式表明，在塑性铰所在位置，速度间断和斜率间断不是独立的，是互相关联的。因此，由(6.95)式和横向速度连续条件(6.92)式有

$$\dot{\lambda}[w'] = 0 \qquad (6.96)$$

(6.96)式的意义是，塑性铰的移行速度与斜率间断的乘积为零，因而隐含如下推论：

1) 对于驻定铰,铰的移动速度为零,$\dot{\lambda}=0$,因此$[w']\neq0$,也就是说在驻定铰处位移的斜率(或即转角)必定不连续;

2) 对于移行铰,铰的移动速度不为零,$\dot{\lambda}\neq0$,因此$[w']=0$,也就是说在移行铰处位移的斜率(或即转角)不发生间断。

利用类似的方法对速度连续条件(6.92)式$[\dot{w}]=0$求对时间的导数可得

$$[\ddot{w}]+\dot{\lambda}[\dot{w}']=0 \tag{6.97}$$

其中(6.97)式隐含如下结论:

1) 对于驻定铰,铰的移动速度为零,即$\dot{\lambda}=0$,因此$[\ddot{w}]=0$,也就是说在驻定铰处截面的横向加速度应保持连续;

2) 对于移行铰,铰的移动速度不为零,$\dot{\lambda}\neq0$,因此在移行铰处截面的横向加速度$\ddot{w}$和角速度$\dot{w}'=\dot{\theta}$二者均可以不连续。

对于移行铰的情况,$\dot{\lambda}\neq0$,由于斜率保持连续$[w']=0$,由(6.95)式对空间变量x求偏导数有

$$[\dot{w}']+\dot{\lambda}[w'']=0 \tag{6.98}$$

在(6.97)式和(6.98)式中消去$[\dot{w}']$得到

$$[\ddot{w}]=\dot{\lambda}^2[w''] \tag{6.99}$$

注意,(6.98)式和(6.99)式的推导用到$\dot{\lambda}\neq0$,因此它们只对移行铰成立。对于移行铰来说,(6.98)式表明角速度$\dot{\theta}=\dot{w}'$是与曲率$\kappa=w''$相关的,而(6.99)式表明加速度$\ddot{w}$也同曲率κ相关。

(6.96)式~(6.99)式给出了塑性铰的不连续性。表6.1总结了这些特性。

表 6.1 塑性铰处的不连续性

参　　数	驻定铰 $\dot{\lambda}=0$	移行铰 $\dot{\lambda}\neq0$	参　　数	驻定铰 $\dot{\lambda}=0$	移行铰 $\dot{\lambda}\neq0$
位移(扰度) w	C	C	横向速度 $\dot{w}$	C	C
位移的斜率(转角) $w'=\theta$	D	C	截面转动的角速度 $\dot{w}'=\dot{\theta}$	**D**	**D**
曲率 $w''=\kappa$	D*	D	横向加速度 $\ddot{w}$	C	D

注:C代表连续;D代表不连续。 * $\kappa(\lambda+0)=\kappa(\lambda-0)$,$\kappa(\lambda)=\infty$。

在刚塑性悬臂梁中,塑性铰所在的横截面上首先应满足屈服条件,即$|M(\lambda)|=M_p$。由于塑性铰始终是耗散能量的,即$D=M_p|\dot{\theta}|>0$。因此,相关的塑性流动法则要求截面要有非零的转动角速度,即:$\dot{\theta}\neq0$。事实上,如表6.1第5行所示,**截面转动角速度的不连续性是塑性铰存在的一个共同和必要的特征**,无论塑性铰是驻定铰还是移行铰都如此。如果是驻定铰,对应有限的转角θ;如果是移行铰,非零的转动角速度$\dot{\theta}\neq0$导致曲率$\kappa=w''$的不连续。

以上表达式给出的移行铰处间断量之间的关系可以直接应用于设定的变形机构的运动学分析。例如，对于图 6.4 给出的变形机构，悬臂梁右侧的 HB 段是未发生塑性变形且静止不动的，因此，由(6.98)式，可以得到

$$\dot{w}'(\lambda - 0) + \dot{\lambda} w''(\lambda - 0) = 0 \tag{6.100}$$

对于已经发生塑性变形的悬臂梁左侧 AH 段，在靠近塑性铰 H 所在位置处，对应的水平坐标为 $x = \lambda - 0$。$\dot{w}'(\lambda - 0)$ 表示该点的角速度，$w''(\lambda - 0)$ 为该点的曲率。由运动学关系可知：

$$\dot{w}'(\lambda - 0) = -v/\lambda, \quad w''(\lambda - 0) = \kappa(\lambda) \tag{6.101}$$

将(6.101)式代入(6.100)式，得到的表达式可以用来确定悬臂梁的最终变形形状。

习题

6.1 一根悬臂梁端部受到一个三角形脉冲力的作用，试确定梁中塑性铰的位置及其移动规律。假定梁的长度为 L，单位梁长的质量为 ρ，梁截面的塑性极限弯矩为 M_p。三角形脉冲力的峰值为 F，脉冲宽度为 T，脉冲形状参见图 5.16。

6.2 一根悬臂梁受到沿梁均布的冲击载荷 q 作用，试分析其动力响应过程。假定梁的长度为 L，单位梁长的质量为 ρ，梁截面的塑性极限弯矩为 M_p。

6.3 如图所示，悬臂梁(a)长度为 L，自由端有一集中质量 m，受到矩形脉冲载荷作用。脉冲的幅值为 F，作用的时间区间是 T。悬臂梁(b)长度为 $5L/4$，在距离固定端 L 处的 A 点受到相同脉冲的作用。设两梁均为理想刚塑性材料制成，单位长度上梁的密度为 ρ，塑性极限弯矩均为 M_p。如果集中质量 $m = \rho L/4$，且脉冲幅值 $F = 12 M_\mathrm{p}/L$。试比较：两梁(1)初始塑性铰产生的位置；(2)移行铰运动到固定端的时间；(3)梁在固定端的转角。

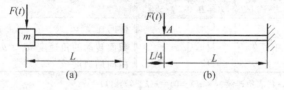

习题 6.3 图

第7章

轴力和剪力对梁的
动态行为的影响

在第 6 章中,我们分析了等直悬臂梁在几种不同形式动载荷(如阶跃载荷、矩形脉冲或一般脉冲)下的动力响应,主要的关注点在于它的横向变形的机构及演化。由于悬臂梁的一端是自由的,梁在发生横向变形时并不造成梁的中性轴的伸长,也就不会引发相应的轴力;但是,如果梁的两端都有支承,在发生横向变形时就可能产生轴向伸长和轴力,因而需要分析这个因素对梁的动力响应会有什么样的影响。本章内容可参考 Symonds 和 Mentel(1958),以及 Symonds 和 Jones(1972)的文献。

7.1 轴向无约束的简支梁

在第 6 章中,已经遇见过几种不同形式动载荷,如阶跃载荷、矩形脉冲或一般脉冲。如若脉冲的作用时间无限短,而载荷的幅值无限大,如同一个 Δ 函数,此极限情形的脉冲的作用效果相当于在结构上直接施加一个初速度。动载荷的这个重要特例通常被称为**冲击载荷**。

作为两端支承的梁的一个简单例子,图 7.1 显示一根长度为 $2L$ 的简支梁,单位长度的质量为 ρ,横截面的塑性极限弯矩为 M_p。在 $t=0$ 的初始时刻,受到均布的冲击载荷作用,其效果使得整根梁在初始时刻处处都获得了初速度 v_0。此后梁的横向变形是否会引起轴向力,则取决于梁在支承点处的轴向约束条件。对于图 7.1 画出的情况,梁在轴向可以自由伸长,因此无轴向约束限制。

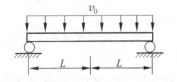

图 7.1 简支梁受到均布初始
冲击的作用

下面就来分析轴向无约束的简支梁,受到横向均布冲击载荷作用后的动态响应过程。

第 I 阶段响应

图 7.2 给出了轴向无约束的简支梁受均布冲击载荷作用后的变形机构图。A 和 A' 都是在简支端的自然铰,即两处可以任意转动,但由于位移约束条件的限制,不能具有竖直方向的位移或速度。在均布冲击载荷作用下,$t=0$ 时除支承点外梁的任意截面都获得了初速度 v_0。$t>0$ 时,简支梁中段 BB' 继续以速度 v_0 沿着受冲的方向运动,而梁的两侧 AB 和 $A'B'$ 段分别绕着支承点 A 和 B 以角速度 ω 转动。B 和 B' 为塑性铰,到支承点的距离为 $AB=A'B'=\lambda$。由初始时刻整个梁具有均匀速度 v_0 可知 $t=0$ 时 $\lambda=0$。

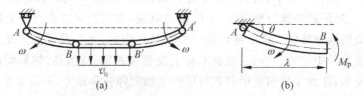

图 7.2　轴向无约束的简支梁受均布冲击的第 I 阶段响应

取简支梁的 AB 段作为研究对象,对 A 点列动量矩定理有

$$\frac{1}{3}\rho\lambda^3 \frac{d\omega}{dt} = -M_p \tag{7.1}$$

其中 $d\omega/dt$ 是角加速度。这里需要说明两点:

1) (7.1)式给出的动量矩定理具有力矩等于瞬时的转动惯量乘以瞬时角加速度的形式,即 $M=J\alpha$。因为梁的中段 BB' 具有非零的速度,AB 段扩张时会带入新的动量和角动量,因而 $\dfrac{d}{dt}\left(\dfrac{1}{3}\rho\lambda^3\omega\right)=-M_p$ 是不成立的;

2) 竖直方向的动量方程对求解问题没有帮助,因为 A 点的约束反力也是未知的。

(7.1)式中有两个未知量,分别为 ω 和 λ。在塑性铰 B 处的速度连续条件给出:

$$\omega\lambda = v_0 \tag{7.2}$$

这实际上给出了一个运动学条件,也可以写成如下形式:

$$\omega = \frac{v_0}{\lambda} \tag{7.3}$$

将(7.3)式给出的角速度 ω 对时间求导,得

$$\frac{d\omega}{dt} = -\frac{v_0}{\lambda^2} \cdot \frac{d\lambda}{dt} \tag{7.4}$$

由(7.1)式和(7.4)式可以得到

$$\frac{1}{3}\rho\lambda v_0\,\frac{\mathrm{d}\lambda}{\mathrm{d}t} = M_\mathrm{p} \tag{7.5}$$

将(7.5)式对时间积分有

$$\lambda^2 = 6M_\mathrm{p}t/\rho v_0 + C_1 \tag{7.6}$$

其中待定常数 C_1 应由初始条件确定。由于 $t=0$ 时 $\lambda=0$，因此 $C_1=0$，即

$$\lambda^2 = \frac{6M_\mathrm{p}t}{\rho v_0} \tag{7.7}$$

定义无量纲的塑性铰位置，$\bar{\lambda}=\lambda/L$，(7.7)式可改写为

$$\bar{\lambda}^2 = \frac{6M_\mathrm{p}t}{\rho v_0 L^2} \tag{7.8}$$

(7.8)式给出了塑性铰位置随时间的变化规律。由运动学关系(7.3)式也可以得到任意时刻的角速度：

$$\omega^2 = \frac{\rho v_0^3}{6M_\mathrm{p}t} \tag{7.9}$$

这里需要说明几点：

1) (7.9)式表明，角速度 ω 与梁的长度 L 无关；(7.7)式也表明，在有量纲的情况下，塑性铰的位置与梁的长度无关。

2) 由角加速度 $\mathrm{d}\omega/\mathrm{d}t$ 进一步计算剪力分布 $Q(x)$ 和弯矩分布 $M(x)$，可以验证在简支梁的 AB 段，其弯矩始终不超过塑性极限弯矩，即 $|M|\leqslant M_\mathrm{p}$。

3) 对无量纲的塑性铰位置，(7.8)式进行时间的微分，可得

$$\dot{\bar{\lambda}} = \frac{3M_\mathrm{p}}{\rho v_0 L^2 \bar{\lambda}} = \frac{1}{L}\sqrt{\frac{3M_\mathrm{p}}{2\rho v_0 t}} \propto \frac{1}{\sqrt{t}} \tag{7.10}$$

此式表明塑性铰 B 的移动速度随时间的增加而减小。

第 Ⅰ 阶段的响应在 $\lambda=L$，也就是 $\bar{\lambda}=1$ 的时候结束；由(7.8)式可以得到第 Ⅰ 阶段响应的总时间为

$$t_1 = \frac{\rho v_0 L^2}{6M_\mathrm{p}} \tag{7.11}$$

此时梁中点的最大挠度为

$$\Delta_1 = v_0 t_1 = \frac{\rho v_0^2 L^2}{6M_\mathrm{p}} \tag{7.12}$$

定义无量纲的**能量比**(energy ratio)为初始动能与塑性极限弯矩的比值，则有

$$e_0 \equiv \frac{K_0}{M_\mathrm{p}} = \frac{\frac{1}{2}\rho\cdot 2L\cdot v_0^2}{M_\mathrm{p}} = \frac{\rho v_0^2 L}{M_\mathrm{p}} \tag{7.13}$$

比较(7.12)式和(7.13)式，显然无量纲的第 Ⅰ 阶段的挠度与能量比有如下关系：

$$\Delta_1/L = e_0/6 \tag{7.14}$$

(7.14)式说明,第Ⅰ阶段的无量纲的中点挠度与能量比成正比。

第Ⅱ阶段响应

图7.3给出了轴向无约束的简支梁受均布冲击的第Ⅱ阶段变形机构示意图。

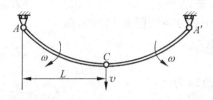

图7.3　轴向无约束的简支梁受均布
冲击的第Ⅱ阶段响应

在第Ⅰ阶段变形结束的时刻,即第Ⅱ阶段变形的开始时刻,原来的两个塑性移行铰 B 和 B' 在梁中点相遇,形成单一的驻定塑性铰 C。在第Ⅱ阶段变形过程中,塑性铰 C 的速度将随时间而变化。由对支承点的动量矩定理有

$$\frac{1}{3}\rho L^3 \frac{\mathrm{d}\omega}{\mathrm{d}t} = -M_p \qquad (7.15)$$

运动学补充方程可以给出转动角速度与梁中点速度的关系:

$$\omega L = v \qquad (7.16)$$

可见,在变形的第Ⅱ个阶段,仍然有两个未知数,分别是半根梁的转动角速度 ω,以及驻定铰 C 的横向速度 v。对(7.15)式进行时间的积分得到

$$\omega = -\frac{3M_p}{\rho L^3}t + C_2 \qquad (7.17)$$

其中,积分常数 C_2 可以由 $t=t_1$ 时刻的初始条件 $\omega_1 = \frac{v_0}{L}$ 给出,$C_2 = \frac{3v_0}{2L}$。于是有

$$\omega = -\frac{3M_p}{\rho L^3}t + \frac{3v_0}{2L} \qquad (7.18)$$

(7.18)式给出的角速度与时间成线性关系,即角速度将随时间增加而线性地减少。第Ⅱ阶段的变形将在角速度降至零的时候结束。在(7.18)式中令 $\omega=0$ 可以确定第Ⅱ阶段变形的结束时间 t_f

$$t_f = \frac{\rho v_0 L^2}{2M_p} = 3t_1 \qquad (7.19)$$

这表明,简支梁的总响应时间是第Ⅰ阶段响应时间的3倍。

接下来确定梁中点 C 处的最终位移,

$$\Delta_f = \Delta_1 + \int_{t_1}^{t_f} v(t)\cdot \mathrm{d}t = \Delta_1 + \int_{t_1}^{t_f} \omega L \cdot \mathrm{d}t = 2v_0 t_1 = 2\Delta_1 \qquad (7.20)$$

比较(7.20)式与(7.14)式可知:

$$\Delta_f/L = e_0/3 \qquad (7.21)$$

就是说,梁的无量纲化的最终挠度是能量比的1/3,表明最终的挠度也正比于能量比 $e_0 = K_0/M_p$。

现在计算支承点处的转角。在变形的第Ⅰ阶段,转角为

$$\theta_1 = \int_0^{t_1} \omega \cdot \mathrm{d}t = \frac{\rho v_0^2 L}{3M_p} \tag{7.22}$$

在变形的第 II 阶段,支承点的转角为

$$\theta_2 = \int_{t_1}^{t_f} \omega \cdot \mathrm{d}t = \frac{\rho v_0^2 L}{6M_p} = \frac{\theta_1}{2} \tag{7.23}$$

在梁的整个动态响应过程结束后,支承点的总转角为

$$\theta_1 + \theta_2 = \frac{\rho v_0^2 L}{2M_p} = \frac{K_0}{2M_p} = \frac{e_0}{2} \tag{7.24}$$

考虑到整个系统的能量平衡,输入的初始动能应该等于第 I 阶段在移行铰 B 和 B' 处的塑性能量耗散,加上第 II 阶段在梁中点驻定铰 C 处的塑性耗散,即

$$K_0 = 2\theta_1 \cdot M_p + 2\theta_2 \cdot M_p \tag{7.25}$$

比较(7.24)式和(7.25)式可知,总转角为能量比的一半,这恰恰也符合能量平衡。

表 7.1 总结了轴向无约束的简支梁受均布冲击后的动力响应的主要参数。与第 I 阶段相比,第 II 阶段的持续时间是 2 倍,中点挠度的增量相同,转角则为一半。显然,第 II 阶段的变形和运动要比第 I 阶段缓慢。

表 7.1　轴向无约束的简支梁受均布冲击的响应总结

变形阶段	变形时间	中点挠度	支撑点转角
I	$t_1 - 0$	$\Delta_1 = e_0 L/6$	θ_1
II	$t_f - t_1 = 2t_1$	$\Delta_f - \Delta_1 = \Delta_1$	$\theta_1/2$
总变形	$t_f = 3t_1$	$\Delta_f = 2\Delta_1 = e_0 L/3$	$\theta_f = 3\theta_1/2$

7.2　轴向有约束的简支梁

7.2.1　刚塑性梁中的弯矩和轴力

对于矩形截面的均匀梁,若材料为理想刚塑性材料,在只承受弯矩 M 作用时,横截面内沿厚度方向的应力分布如图 7.4 所示。设矩形截面梁的高为 h,宽为 b,理想刚塑性材料的屈服应力为 Y,则梁的塑性极限弯矩为

$$M_p = \left(Yb\frac{h}{2}\right) \cdot \frac{h}{2} = \frac{1}{4}Ybh^2 \tag{7.26}$$

相同的矩形截面梁,如果只受轴力 N 作用,其横截面内沿厚度方向的应力分布如图 7.5 所示。使整个截面进入塑性屈服的拉伸极限载荷(即塑性极限拉力)为

$$N_p = Ybh \tag{7.27}$$

在一般情况下,梁受到的外载可能既有弯矩也有轴力。在这种情况下,梁的横截面内的应力分布应该是弯矩和轴力各自产生的应力的叠加。

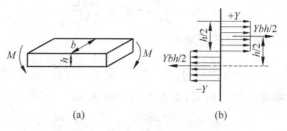

图 7.4 矩形截面梁受弯矩作用时横截面内的应力分布

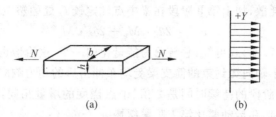

图 7.5 矩形截面梁受轴力作用的横截面应力分布

如图 7.6(a)所示,在弯矩和拉力同时作用的情况下,梁截面上的应力分布在厚度方向是不对称的。设具有零应力的中性轴的位置偏离梁截面的几何中线距离为 c,可相应地将此应力分布分解成两部分,分别对应于纯弯曲应力状态及纯拉伸应力状态。图 7.6(b)、(c)分别相当于纯弯曲和纯拉伸情况下的应力分布图。按此应力分布,可以分别计算出施加在梁上的弯矩 M 和轴力 N 如下:

$$M = Yb\left(\frac{h}{2} - c\right)\left(\frac{h}{2} + c\right) = Yb\left(\frac{h^2}{4} - c^2\right) \tag{7.28}$$

$$N = Yb \cdot 2c \tag{7.29}$$

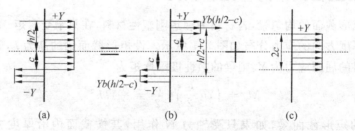

图 7.6 矩形截面梁受弯矩和轴力共同作用的横截面应力分布

从(7.28)式和(7.29)两式中消去偏心距 c,将给出最大正应力条件下弯矩与轴力相互作用的屈服准则如下:

$$\left|\frac{M}{M_p}\right| + \left(\frac{N}{N_p}\right)^2 = 1 \tag{7.30}$$

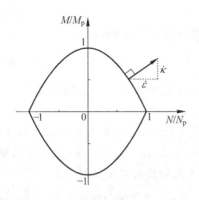

图 7.7 弯矩和轴力联合作用下理想
刚塑性矩形截面梁的屈服面

图 7.7 画出了上式给出的理想刚塑性梁在弯矩和轴力共同作用下的屈服面。如果由(7.30)式左端计算出的数值小于 1,则梁截面的综合应力水平在屈服面内,梁截面未达到塑性极限状态;只有由(7.30)式左端计算出的数值达到 1,材料的综合应力水平使梁截面达到塑性极限状态,才可能有发生塑性变形。

由此发现,轴力在如下方面影响梁的塑性行为:

1) 仅有弯矩作用的时候,只要考虑弯矩是否达到塑性极限弯矩 M_p 就决定了该截面是否形成塑性铰;而对于弯矩与轴力联合作用下产生的**广义塑性铰**,其所在的位置应由无量纲弯矩 M/M_p 及无量纲轴力 N/N_p 共同确定。

2) 在塑性铰所在的位置,设梁在轴向的拉伸应变率为 $\dot{\varepsilon}$,而曲率变化率为 $\dot{\kappa}$;根据塑性理论中的**关联流动法则**,广义应力矢量与广义应变率矢量具有相互正交的对应关系。根据 Drucker 公设,可以给出曲率变化率同拉伸应变率之间的比值如下:

$$\frac{\dot{\kappa}}{\dot{\varepsilon}} = -\frac{\mathrm{d}N}{\mathrm{d}M} = \frac{N_p^2}{2NM_p} \tag{7.31}$$

(7.31)式也可以写成如下形式:

$$\frac{N_p\dot{\varepsilon}}{M_p\dot{\kappa}} = 2\frac{N}{N_p} \tag{7.32}$$

7.2.2 支承点有轴向约束的简支梁

7.1 节讨论了轴向无约束情况下,梁在冲击载荷作用下的动态响应。如果在支承点处限制轴向位移,则梁发生横向变形时将同时引起梁中的轴力。假设变形机构仍然如图 7.2 所示。则在原来弯矩的基础上,还需要考虑轴力的影响。考虑轴力变形机构和受力分析如图 7.8 所示。

取简支梁的 AB 段作为研究对象,对 A 点列动量矩定理有

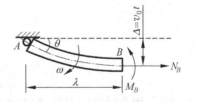

图 7.8 轴向有约束的梁受冲击载荷作用下的变形机构和受力分析图

$$\frac{1}{3}\rho\lambda^3\frac{\mathrm{d}\omega}{\mathrm{d}t} = -M_B - N_B\Delta \tag{7.33}$$

由图 7.8 所示的变形机构可知,在变形的第 I 阶段,梁中点的挠度与塑性铰 B 处的横向位移相等,因此 $\Delta = v_0 t$。在塑性铰 B 处的速度连续条件给出:

$$\omega\lambda = v_0 \tag{7.34}$$

利用(7.30)式的塑性屈服条件, B 点是移行塑性铰, 应该满足:

$$\left|\frac{M_B}{M_p}\right| + \left(\frac{N_B}{N_p}\right)^2 = 1 \tag{7.35}$$

(7.33)式,(7.34)式和(7.35)式共 3 个方程。问题中共有 4 个未知变量: λ, ω, M_B, N_B, 因此需要根据变形协调条件再列出一个补充方程。

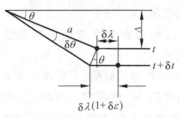

图 7.9　轴向有约束的梁的变形协调关系

如图 7.9 所示, 设在某个时刻 t, 梁的 AB 段绕支承点 A 的旋转角为 θ, 则此转角和梁中点位移 Δ 之间具有如下几何关系:

$$\theta = \Delta/a \tag{7.36}$$

在时间增加 δt 后的 $t + \delta t$ 时刻, 转角增量为 $\delta\theta$, 移行铰的位置变化 $\delta\lambda(1 + \delta\varepsilon)$, 是由两部分贡献共同实现的, 一部分是移行铰本身的速度造成的移动位移 $\delta\lambda$, 另一部分由于梁的轴向变形增加了移动距离 $\delta\lambda \cdot \delta\varepsilon$。由图示的几何关系, 塑性铰移动的位移同转角 θ 之间以下式相关联:

$$\delta\lambda(1 + \delta\varepsilon) = \delta\lambda + a \cdot \delta\theta \cdot \theta \tag{7.37}$$

将(7.36)式中的转角 θ 代入(7.37)式, 可以得到如下条件:

$$\delta\lambda \cdot \delta\varepsilon = \Delta \cdot \delta\theta \tag{7.38}$$

曲率定义为单位弧长上转角的变化, 即

$$\delta\kappa = \delta\theta/\delta\lambda \tag{7.39}$$

因此从(7.38)式可以导出轴向应变率和曲率变化率之间的关系:

$$\Delta = \frac{\delta\varepsilon}{\delta\kappa} = \frac{\dot{\varepsilon}}{\dot{\kappa}} = \frac{2N_B M_p}{N_p^2} \tag{7.40}$$

将塑性极限弯矩和塑性极限轴力的表达式(7.26)式和(7.27)式代入上式可得

$$\frac{\Delta}{h} = \frac{N_B}{2N_p} \tag{7.41}$$

即

$$\frac{N_B}{N_p} = 2\frac{\Delta}{h} = \frac{2v_0 t}{h} \tag{7.42}$$

上式表明, 随着时间的增加, 塑性铰处的拉力逐渐增加。

由(7.33)式,(7.34)式,(7.35)式以及(7.42)式可以解出第 I 阶段的响应。结合弯矩和轴力联合作用的屈服面(图 7.7), 进行分析可知, 在初始时刻, 梁中只有弯矩 M 但是没有轴力 N 作用; 随着梁中点位移的增加, 塑性铰向梁的中点运动, 轴力开始产生并增大, 应力点所在位置沿着图 7.7 所示的曲线逐渐离开 M 轴向右下方走, 即弯矩减小而轴力增加。当梁中点的位移接近于梁厚度的一半时, $\Delta \to h/2$, 移行铰 B 处的拉力已经接近塑性极限轴力($N_B \to N_p$)。由此可见, 梁的挠度还未达到梁的厚度时,轴力的影响已经非常重要了。因此,在开始第 Ⅱ 阶段的响应分析之前,需要讨论 $\Delta = h/2$ 和 $\lambda = L$ 两种情况中,哪一种情况先发生。为便于讨论,引入能量比 $e_0 = K_0/M_p = \rho L v_0^2/M_p$ 和另一相关的无量纲量,$\Gamma = e_0 L/h = \rho L^2 v_0^2/M_p h$。

1) 如果 $\Gamma = e_0 L/h \leqslant 4$,即对应输入能量不太高的情况,$\lambda = L$ 先发生。在这种情况下,从支承点开始移动的两个移行铰先在梁的中点处会合。第 Ⅱ 阶段响应开始时,对应的梁中的轴力水平尚小于塑性极限轴力,即 $N < N_p$。

2) 如果输入能量比较高,$\Gamma = e_0 L/h > 4$,则 $\Delta = h/2$ 先发生,梁中点的位移先达到厚度的一半。在这种情况下,在第 Ⅱ 阶段响应开始的时刻,梁中的轴力已经达到塑性极限轴力,即 $N_B = N_p$;相应地,弯矩降至零,即 $M_B = 0$;此时两个移行铰尚且未移动到梁的中点,也无法会合。

冲击载荷比较强的时候,对应于上述的第二种情况,即 $N_B = N_p$ 比两铰会合先发生。拉力达到塑性极限轴力后又会发生什么现象呢?此时对整个梁来说,处处都有 $N = N_p$ 和 $M = 0$。如图 7.10 所示,即梁已经变成了一根塑性弦(plastic string)。

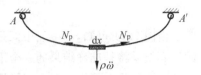

图 7.10　塑性弦的平衡关系

考虑塑性弦上微元的横向惯性力与轴力分量的平衡,需要满足如下方程:

$$N_p \frac{\partial^2 w}{\partial x^2} = \rho \frac{\partial^2 w}{\partial t^2} \tag{7.43}$$

因而塑性弦方程的形式和第 1 章中常见的一维波动方程完全一致,可以将其改写为

$$\frac{\partial^2 w}{\partial t^2} = c^2 \frac{\partial^2 w}{\partial x^2}, \quad c^2 = \frac{N_p}{\rho} \tag{7.44}$$

此一维波动方程的通解为行波解,对应一个右行的塑性波和一个左行的塑性波,即

$$w(x,t) = f_1(x - ct) + f_2(x + ct) \tag{7.45}$$

其中 f_1, f_2 可以通过关于 w 和 dw/dt 的初始条件来确定:在 $t^* = h/2v_0$ 时刻,梁中心挠度 $\Delta = v_0 t = h/2$。

由分析结果(Symonds 和 Mentel,1958;Symonds 和 Jones,1972)可以证明,梁的最终挠度 Δ_f 满足如下条件:

$$\frac{1}{2}(\sqrt{\Gamma} - 1) < \frac{\Delta_f}{h} < \frac{1}{2}(\sqrt{\Gamma} - 0.5) \tag{7.46}$$

例如,若输入能量满足 $\Gamma = e_0 L/h = 9$,则最终挠度的范围为 $1.0 < \Delta_f/h < 1.25$;若 $\Gamma = e_0 L/h = 25$,则最终挠度的范围为 $2.0 < \Delta_f/h < 2.25$。

(7.30)式给出的是矩形截面梁在弯矩和轴力联合作用下的准确屈服面。由于此屈服面表现为弯矩和轴力的非线性函数,使用起来较为复杂。为方便问题的求解,往

往采用弯矩和轴力各自独立作用的屈服条件,以简化分析,求得近似的结果。最简单的独立作用的屈服条件为

$$\left|\frac{M}{M_{\mathrm{p}}}\right| = 1, \quad \left|\frac{N}{N_{\mathrm{p}}}\right| = 1 \tag{7.47}$$

(7.47)式是(7.30)式表达的准确屈服条件的一个上限,它所给出的屈服面是准确屈服面的外接屈服面,在图 7.11 中表现为准确屈服面的一个外接正方形。在梁的某个截面上,根据加载的塑性应变率的方向,判断采用这个正方形哪一条边作为屈服条件,如弯矩等于塑性屈服弯矩,或者轴力等于塑性极限轴力。若加载的塑性应变率表明,此时对应于正方形屈服面的四个角点之一,则应同时采用弯矩和轴力的屈服条件。与(7.47)式的外接屈服面类似,也可以定义准确屈服面的内接屈服面,即

$$\left|\frac{M}{M_{\mathrm{p}}}\right| = 0.618, \quad \left|\frac{N}{N_{\mathrm{p}}}\right| = 0.618 \tag{7.48}$$

由图 7.11 可知,内接屈服面是准确屈服面的内接正方形,因此由(7.48)式给出的计算结果将是准确结果的一个下限。由于内接屈服面和外接屈服面只差一个系数 0.618,因此只需要用一个正方形近似屈服面,便可以同时得到准确解的上下限。

图 7.12 给出了各种屈服面预测的梁的最终无量纲挠度随能量输入水平变化的示意图。如果梁的支承点没有轴向约束,即支座随意移动,就无须考虑轴力的影响,对应图中简单弯曲理论给出的预测值(曲线①),此时最大挠度与能量输入呈线性关系。如果梁的支承点有轴向约束,弯矩和轴力联合作用的准确屈服面给出的是曲线②。对照曲线①和②可知,随着输入能量的增加,轴向约束产生的轴力对梁的最终变形有很大的影响。

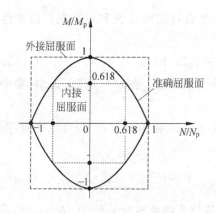

图 7.11　理想刚塑性矩形
　　　　　截面梁的屈服面

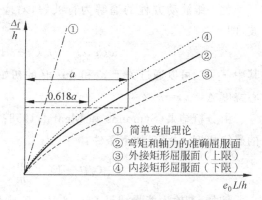

图 7.12　不同屈服面给出的梁
　　　　　的最终挠度预测结果

考虑轴力的两个近似屈服面给出的挠度预测也已在图 7.12 中画出。载荷相同情况下，外接矩形屈服面给出的挠度更小，对应曲线③；内接矩形屈服面给出的挠度更大，对应曲线④。反之当最大挠度一定时，如图 7.12 中水平线所示，外接矩形屈服面预测的承载能力更大(a)；将外接矩形屈服面的承载能力乘一个系数 0.618，就得到了内接矩形屈服面的承载能力预测(0.618a)。即在挠度一定时，两近似屈服面给出的预测分别对应于承载能力的"上限"(曲线③)和"下限"(曲线④)，而准确解(曲线②)位于上下限之间。由以上分析可见，弯矩和轴力互相独立的近似屈服面在工程上很方便实用。

小结

1）移行铰一定是在结构上具有初始动量间断的位置开始产生的。如图 7.13 所示，对于受到均布冲击载荷作用的固支梁，移行铰初始位于两个固定端；对于受中心集中冲击作用的简支梁，移行铰的初始位置在梁的中点。

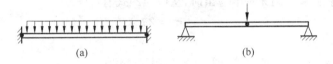

(a) (b)

图 7.13 移行铰的初始位置
(a) 均布载荷的固支梁；(b) 集中载荷的简支梁

2）移行铰存在于结构的瞬态响应阶段(变形的第 Ⅰ 阶段)；移行铰经过移动到达稳定的位置后，结构进入变形的第 Ⅱ 阶段；结构动态变形的最终变形机构同准静态的变形模式将是一样的。因此在分析梁的动态响应时，可以考虑一种近似分析方法，即只考虑在塑性铰到达稳定位置后的动态变形，直接利用准静态进行近似分析，这就是将在第 8 章讨论的模态分析方法。

3）从本节的分析我们已经看到，如果梁的轴向存在约束，则弯曲变形会引起轴力；与只考虑弯曲的无轴向约束梁相比，轴力的效果是显著减少梁的最终变形，也就是使梁得到了强化，提升了它的能量吸收能力。因而，设计能量吸收结构时，最好能让轴力(膜力)也参与承载，比单单利用弯曲变形吸收能量，其效率会有所提高。

7.3 分析轴力效应的膜力因子法

7.3.1 塑性能量耗散与膜力因子

7.2 节叙述的分析轴力效应的方法，需要按照梁的动态变形机构的演化，逐个阶段分析弯矩与轴力间的相互作用，相当繁复。本节介绍一种统一处理弯矩与轴力效应的方法——膜力因子法(Chen 和 Yu,1993)。尽管膜力因子法可以在一个广泛适用的理论框架中建立(Yu 和 Strong,1990),为简明起见,这里我们接着采用 7.2 节关于简支梁的典型示例来加以阐述。为推导方便,引入无量纲弯矩、无量纲轴力和无量纲挠度如下:

$$m \equiv M/M_{\mathrm{p}}, \quad n \equiv N/N_{\mathrm{p}}, \quad \delta \equiv \Delta/h \tag{7.49}$$

考虑到问题的对称性,现在来考察半根梁上塑性区(在本例中是一个塑性移行铰)的能量耗散。根据塑性理论,计及弯矩与轴力二者的效应时,能量耗散率为

$$J_{mn} = M\dot{k} + N\dot{\epsilon} = mM_{\mathrm{p}}\dot{k} + nN_{\mathrm{p}}\dot{\epsilon} = M_{\mathrm{p}}\dot{k}\left(m + n\frac{N_{\mathrm{p}}\dot{\epsilon}}{M_{\mathrm{p}}\dot{k}}\right) \tag{7.50}$$

参照 7.2 节的推导,注意到矩形截面梁在弯矩和轴力联合作用下的准确屈服面为(7.30)式,与之相关联的流动法则是(7.31)式或(7.32)式,可以得出

$$J_{mn} = M_{\mathrm{p}}\dot{k}(m + 2n^2) = J_m(m + 2n^2) = J_m(1 + n^2) \tag{7.51}$$

其中 $J_m = M_{\mathrm{p}}\dot{k}$ 表示只计及弯矩的效应时的能量耗散率。

再利用图 7.9 所示的变形协调关系,我们可以将梁中的轴力 N 同梁的挠度 Δ 以(7.42)式联系起来。用无量纲写出时,从(7.42)式有

$$n = 2\delta \tag{7.52}$$

于是,

$$J_{mn} = J_m(1 + 4\delta^2) \tag{7.53}$$

注意 $n = 2\delta$ 仅当 $\delta \leqslant 1/2$ 时成立。当 $\delta \geqslant 1/2$ 时,利用图 7.7 所示的矩形截面梁在弯矩和轴力联合作用下的屈服面的角点$(m = 0, n = 1)$重新推导,就发现在这种情况下有

$$J_{mn} = J_m \cdot 4\delta \tag{7.54}$$

不失一般性,我们可以定义一个**膜力因子**,它是计及弯矩与轴力二者的效应时的能量耗散率同只计及弯矩的效应时的能量耗散率之比,即

$$f_{\mathrm{n}} = \frac{J_{mn}}{J_m} \tag{7.55}$$

它代表了膜力的效应使塑性能量耗散增强的程度。

从上述推导我们已经得到对于轴向受约束的简支梁,膜力因子为

$$f_{\mathrm{n}} = \frac{J_{mn}}{J_m} = \begin{cases} 1 + 4\delta^2, & \delta \leqslant 1/2 \\ 4\delta, & \delta \geqslant 1/2 \end{cases} \tag{7.56}$$

对于两端完全固支的梁,Yu 和 Stronge(1990)与 Chen 和 Yu(1993)都推导出膜力因子为

$$f_{\mathrm{n}} = \frac{J_{mn}}{J_m} = \begin{cases} 1 + \delta^2, & \delta \leqslant 1 \\ 2\delta, & \delta \geqslant 1 \end{cases} \tag{7.57}$$

膜力因子的一个重要性质是它与梁的长度无关,只依赖于梁在变形过程中的无量纲挠度 $\delta \equiv \Delta/h$。更有趣的是,它同外载的形式和强度都无关,只同梁的支承条件有关。也就是说,当梁的支承条件给定时,膜力因子作为无量纲挠度的函数就给定

了。这些性质给问题的求解带来极大方便。

在第 9 章中还会看到,对于不同支承条件的板,也可以得到相应的膜力因子,然后应用膜力因子法求解板在动载下发生大变形后的挠度。

7.3.2 用膜力因子法求解梁在动载下的塑性大变形

先来看一个简单的例子。假设一根长为 L 的两端固支的梁,在它的中点受到一个速度为 v_0,质量为 G 的质量块的撞击。假定撞击速度较低,动态变形机构与由极限分析给出的准静态的变形模式相同,如图 7.14 所示。如果不考虑它的动态变形的全过程,可以直接用膜力因子法求出梁的最终挠度。

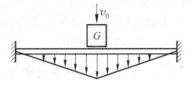

图 7.14 固支梁中心受集中质量
冲击的速度场

从极限分析给出的准静态的变形模式,注意到两端固支的梁发生弯曲时需要有 4 个塑性铰才能形成机构,因而可算出截至响应过程中的某一时刻,弯矩消耗的能量为

$$D_{\mathrm{m}} = \int_0^\Delta J_{\mathrm{m}} \cdot \mathrm{d}\Delta = \int_0^\Delta \frac{8M_{\mathrm{p}}}{L} \cdot \mathrm{d}\Delta \tag{7.58}$$

其中用到 $M_{\mathrm{p}} \cdot \mathrm{d}\theta = M_{\mathrm{p}} \cdot \mathrm{d}\Delta/(L/2)$,它是在塑性铰获得转角增量 $\mathrm{d}\theta$ 的小时段内弯矩消耗的能量,Δ 是截至此一时刻梁已获得的挠度。

实际上,固支梁变形时弯矩和轴力二者都参与耗散能量;于是,借助膜力因子的概念,当梁的挠度达到 Δ 时梁耗散的能量可以直接写为

$$D_{\mathrm{mn}} = \int_0^\Delta J_{\mathrm{mn}} \cdot \mathrm{d}\Delta = \int_0^\Delta f_{\mathrm{n}} \frac{8M_{\mathrm{p}}}{L} \cdot \mathrm{d}\Delta$$

上式的无量纲形式为

$$D_{\mathrm{mn}} = \int_0^\Delta J_{\mathrm{mn}} \cdot \mathrm{d}\Delta = \frac{8M_{\mathrm{p}}}{L/h} \cdot \int_0^\delta f_{\mathrm{n}} \cdot \mathrm{d}\delta \tag{7.59}$$

利用 7.3.1 节末尾导出的固支梁的膜力因子的表达式可得

$$D_{\mathrm{mn}} = \begin{cases} \dfrac{8M_{\mathrm{p}}}{L/h} \cdot \displaystyle\int_0^\delta (1+\delta^2) \cdot \mathrm{d}\delta = \dfrac{8M_{\mathrm{p}}}{L/h}\left(\delta + \dfrac{\delta^3}{3}\right), & \delta \leqslant 1 \\[4mm] \dfrac{8M_{\mathrm{p}}}{L/h} \cdot \left(\dfrac{4}{3} + \displaystyle\int_1^\delta 2\delta \cdot \mathrm{d}\delta\right) = \dfrac{8M_{\mathrm{p}}}{L/h} \cdot \left(\dfrac{1}{3} + \delta^2\right), & \delta \geqslant 1 \end{cases} \tag{7.60}$$

当动力响应结束时,梁耗散的能量必定等于输入的动能:

$$D_{\mathrm{mn}}(\delta_{\mathrm{f}}) = K_0 = \frac{1}{2}Gv_0^2 \tag{7.61}$$

采用 7.2 节引入的表征能量比的符号 $\Gamma = e_0 L/h = \dfrac{K_0}{M_{\mathrm{p}}} \cdot \dfrac{L}{h}$,梁的无量纲最终挠度 δ_{f} 就可以由下式之一来决定:

$$\delta_{\mathrm{f}} + \frac{1}{3}\delta_{\mathrm{f}}^3 = \frac{\Gamma}{8}, \quad \text{若} \ \delta_{\mathrm{f}} \leqslant 1 \ \text{即} \ \Gamma \leqslant \frac{32}{3}$$

$$\delta_f = \frac{1}{2\sqrt{6}}\sqrt{3\Gamma - 8}, \quad 若\,\delta_f \geqslant 1\ 即\ \Gamma \geqslant \frac{32}{3} \tag{7.62}$$

以上虽然给出了关于梁的最终挠度的解析结果,但它们是在动力响应的模式与准静态的变形模式完全相同的假定下得到的,所以只是在撞击速度较小的情况下的近似解。

针对梁承受均布冲击载荷(即全梁获得均匀初速度的情况),Chen 和 Yu(1993)在应用膜力因子法时仔细考虑了动力响应中的第 Ⅰ 阶段(两侧移行铰)和第 Ⅱ 阶段(中点驻定铰)的运动学关系,同样获得了梁的最终挠度的解析结果。

对于固支梁得到的结果是:

$$\delta_f + \frac{1}{3}\delta_f^3 = \frac{\Gamma}{12}, \qquad 若\,\delta_f \leqslant 1\ 即\ \Gamma \leqslant 16 \tag{7.63}$$

$$\delta_f = \frac{1}{2\sqrt{3}}\sqrt{\Gamma - 4}, \quad 若\,\delta_f \geqslant 1\ 即\ \Gamma \geqslant 16 \tag{7.64}$$

对于简支梁得到的结果是:

$$\delta_f + \frac{4}{3}\delta_f^3 = \frac{\Gamma}{6}, \qquad 若\,\delta_f \leqslant 1/2\ 即\ \Gamma \leqslant 4 \tag{7.65}$$

$$\delta_f = \frac{1}{2\sqrt{3}}\sqrt{\Gamma - 1}, \quad 若\,\delta_f \geqslant 1/2\ 即\ \Gamma \geqslant 4 \tag{7.66}$$

将上述膜力因子法的结果同图 7.12 的曲线比较时发现,它处于近似曲线③与④之间,很靠近而略低于曲线②。这表明,应用膜力因子法求得的简支梁的最终挠度 δ_f 同 7.2 节分析结果符合良好。

上面应用膜力因子法得到的三个不同的 δ_f 随 $\Gamma = e_0 L/h$ 变化关系如图 7.15 所示。从图中,可以看到梁的支承条件以及加载方式对梁的最终挠度的影响。从本节的论述可以知道,膜力因子法不但简化了计算,而且可以把不同支承条件的梁承受动载时的最终挠度用解析式表达出来。

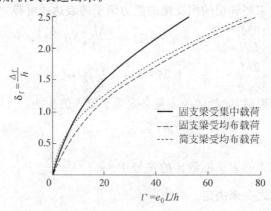

图 7.15　不同载荷和支承条件下最终挠度 δ_f 随 $\Gamma = e_0 L/h$ 变化关系图

7.4　剪力和剪切变形的影响

在前面关于梁的分析中,都忽略了剪切变形及剪切力对屈服面的影响。这样的简化对于细长梁来说,是完全可以接受的。但工程上也会用到短粗的梁和薄壁截面的梁,对它们的分析需要考虑剪切的影响。

为了说明考虑剪切时的基本力学现象,以无限长的梁横向受到子弹撞击的问题为例。如图 7.16 所示,设无限长的梁单位长度的密度为 ρ,横截面的塑性极限弯矩为 M_p,受到宽度为 $2b$,质量为 m_0,初速度为 v_0 的子弹的打击。

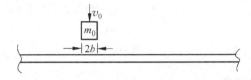

图 7.16　无限长的梁受到子弹的撞击

7.4.1　简单弯曲理论

图 7.17 给出了无限长梁受到子弹撞击时的变形机构和受力分析图。与悬臂梁受集中质量撞击的 Parkes 问题类似,离打击点距离为 λ 处出现塑性铰 H;而与 Parkes 问题不同的是在打击端也出现塑性铰 A。子弹撞击并粘到梁表面上之后,子弹和紧贴住它的那一块梁一起运动,此部分的总质量为 $m=m_0+2\rho b$,速度为 $\tilde{v}(t)$。

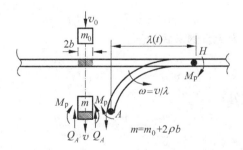

图 7.17　无限长梁受到子弹撞击时的变形机构和受力分析图

在小变形阶段,对 AH 段列竖直方向的动量定理有

$$\frac{\mathrm{d}}{\mathrm{d}t}\left(\frac{1}{2}\rho\lambda v\right)=Q_A \tag{7.67}$$

其中 v 是梁端 A 点的横向速度,Q_A 是 A 点受到的剪力,后者可以由子弹和紧贴住它的那一块梁的总质量 m 的动量变化得出:

$$Q_A = -\frac{1}{2}m\frac{\mathrm{d}\tilde{v}}{\mathrm{d}t} \tag{7.68}$$

不考虑子弹（和紧贴住它的那一块梁）同梁端的 A 点间的相对滑移时，有 $\tilde{v}=v$。

AH 段绕 H 点作转动，列动量矩定理有

$$\frac{\mathrm{d}}{\mathrm{d}t}\left(\frac{1}{6}\rho\lambda^2 v\right) = 2M_p \tag{7.69}$$

在(7.67)式和(7.68)式中消去未知剪力 Q_A 并将 $\tilde{v}=v$ 代入后，利用初始条件进行积分得到：

$$(m+\rho\lambda)v = mv_0 \tag{7.70}$$

上式也可以写成 A 点的速度或塑性铰位置两种形式：

$$v = \frac{v_0}{1+\rho\lambda/m} \tag{7.71}$$

$$\lambda = \frac{m(v_0-v)}{\rho v} \tag{7.72}$$

对(7.69)式进行积分可得

$$\rho\lambda^2 v = 12M_p t \tag{7.73}$$

将(7.71)式 A 点速度代入(7.73)式并整理，有

$$\frac{12M_p t}{mv_0} = \frac{\rho\lambda^2}{m+\rho\lambda} \tag{7.74}$$

再将(7.72)式塑性铰位置代入上式得到：

$$\frac{12M_p t}{mv_0} = \frac{\rho m^2 (v_0-v)^2}{\rho^2 v^2 \cdot mv_0/v} \tag{7.75}$$

整理可得

$$m^2 (v_0-v)^2 = 12M_p t \cdot \rho v \tag{7.76}$$

将(7.76)式改写为无量纲形式如下：

$$\frac{v_0}{v} + \frac{v}{v_0} - 2 = \frac{12M_p\rho}{m^2 v_0}t \tag{7.77}$$

(7.77)式对时间求微分：

$$-\frac{v_0}{v^2}\dot{v} + \frac{1}{v_0}\dot{v} = \frac{12M_p\rho}{m^2 v_0} \tag{7.78}$$

即

$$\dot{v} = \frac{12M_p\rho}{m^2[1-(v_0/v)^2]} < 0 \tag{7.79}$$

由(7.79)式和(7.68)式得到未知剪力与 A 点速度的关系：

$$Q_A = -\frac{1}{2}m\dot{v} = \frac{6M_p\rho}{m[(v_0/v)^2-1]} > 0 \tag{7.80}$$

由(7.80)式可知，在撞击的初始时刻，$t=0$，速度 $v=v_0$，A 点所受的剪力 Q_A 为无穷大。

在上述分析中,忽略了剪力对塑性铰 A 处屈服的影响,因此实际上是假设材料具有无限的剪切强度。事实上没有材料能具有无限大的剪切屈服强度,因此,不考虑剪切对屈服影响的模型是有缺陷的。

7.4.2　弯曲-剪切理论

设材料具有有限的剪切强度 Q_p,并忽略在极限状态时弯矩 M 和剪力 Q 之间的相互作用,则在塑性铰 A 处有 $M_A = M_p$ 且 $Q_A = Q_p$。图 7.18 给出了弯矩-剪力理论分析无限长梁受到子弹撞击时的变形机构图。自身质量为 m_0、初速度为 v_0 的子弹打到梁上之后,子弹带着紧贴住它的那一块梁,即总质量为 $m = m_0 + 2\rho b$ 的物体,以速度为 $\tilde{v}(t)$ 运动,此时塑性铰 A 所在的梁端部的横向速度为 $v(t)$。在这种情况下,梁的动态响应包括以下两个阶段:**滑移阶段**(sliding phase)和**移行铰阶段**(traveling hinge phase)。

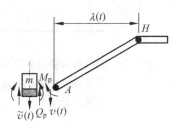

图 7.18　弯矩-剪力理论分析无限长梁受到子弹冲击

滑移阶段

设在此阶段中 A 点的剪切力始终等于剪切强度,即 $Q_A = Q_p$,是一个常数。例如,对矩形截面梁,其剪切强度可估算为

$$Q_p = \tau_s \cdot bh \approx \frac{1}{2} Ybh \tag{7.81}$$

由动量定理(7.67)式和(7.68)式,对时间积分有

$$\rho \lambda v = 2Q_p t \tag{7.82}$$

$$2Q_p t = mv_0 - m\tilde{v} \tag{7.83}$$

再由动量矩定理(7.69)式,对时间积分有

$$\rho \lambda^2 v = 12 M_p t \tag{7.84}$$

比较(7.82)式和(7.84)式,可以得到塑性铰所在的位置,

$$\lambda_s = 6M_p / Q_p \tag{7.85}$$

由于塑性极限弯矩 M_p 和剪切强度 Q_p 都是常数,上式表明,在变形的滑移阶段塑性铰 H 是一个驻定铰,因此梁的变形类似于第 6 章中讨论的悬臂梁受阶跃载荷的响应。

(7.82)式给出了塑性铰 A 所在的梁端部的横向速度:

$$v = \frac{2Q_p t}{\rho \lambda_s} = \frac{Q_p^2 t}{3\rho M_p} \tag{7.86}$$

子弹的速度与塑性铰 A 所在的梁端部的横向速度并不相同,由(7.83)式可知:

$$\tilde{v} = v_0 - \frac{2Q_p t}{m} \tag{7.87}$$

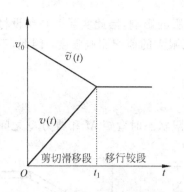

图 7.19　梁端部的横向速度 $v(t)$
　　　　和子弹的速度 $\tilde{v}(t)$ 随
　　　　时间的变化曲线

情况 A：如图 7.19 所示，当塑性铰 A 所在的梁端部的横向速度与子弹速度相等时，即 $v(t_1)=\tilde{v}(t_1)$ 时，也就是说截面 A 两侧的相对滑移运动消失的时刻，$t=t_1$，相对滑移停止，滑移阶段结束，由

$$m[v_0-\tilde{v}(t_1)]=\rho\lambda_s v(t_1)=\frac{6M_p\rho}{Q_p}\tilde{v}(t_1)$$
$$=2Q_p t_1 \qquad (7.88)$$

可以得到滑移阶段结束时截面 A 两侧的横向速度：

$$v(t_1)=\tilde{v}(t_1)=\frac{v_0}{1+6M_p\rho/mQ_p} \qquad (7.89)$$

以及滑移阶段结束的时间：

$$t_1=\frac{mv_0}{2Q_p}\left(1+\frac{mQ_p}{6\rho M_p}\right)^{-1} \qquad (7.90)$$

在 $t=t_1$ 时刻以后，总质量为 m 的子弹和塑性铰 A 所在的梁端部的横向速度相同，不会产生进一步的相对滑移。此后的问题和质量块冲击悬臂梁自由端的 Parkes 问题就没有分别了。第二阶段的响应将是塑性铰 H 从初始位置开始向远端移动。

情况 B：在子弹的速度与塑性铰 A 所在的梁端部的横向速度达到一致的 $t=t_1$ 之前，在截面 A 两侧的相对位移已经达到梁的整个厚度 h，因而撞击处的剪切滑移已使得子弹完全穿透了梁的截面。

由前面的计算可知 $m(v_0-\tilde{v})=\rho\lambda_s v=\dfrac{6M_p\rho}{Q_p}v$，则

$$\tilde{v}(t)=v_0-\frac{6M_p\rho}{mQ_p}v(t) \qquad (7.91)$$

因此，截面 A 两侧的相对速度为

$$\tilde{v}-v=v_0-\left(1+\frac{6M_p\rho}{mQ_p}\right)v(t) \qquad (7.92)$$

由 (7.86) 式，将 (7.92) 式中的 $\tilde{v}(t)$ 和 $v(t)$ 都用初始速度 v_0 和时间 t 表示，可以得到

$$\tilde{v}-v=v_0-2Q_p\left(\frac{Q_p}{6\rho M_p}+\frac{1}{m}\right)t \qquad (7.93)$$

则 A 截面两侧的相对位移是相对速度对时间的积分：

$$s=\int_0^t(\tilde{v}-v)\cdot\mathrm{d}t=v_0 t-Q_p\left(\frac{Q_p}{6\rho M_p}+\frac{1}{m}\right)t^2 \qquad (7.94)$$

如果截面 A 两侧的相对位移达到梁的厚度，则发生**穿透**(perforation)，也就是在 $t=t_2$ 的时刻，有

$$Q_p\left(\frac{Q_p}{6\rho M_p}+\frac{1}{m}\right)t_2^2 - v_0t_2 + h = 0 \tag{7.95}$$

比较上述情况 A 和情况 B，如果(7.90)式给出的 t_1 小于(7.95)式给出的 t_2，即 $t_1 < t_2$，则梁的响应按照情况 A 继续进行，不会发生子弹穿透梁的情况；反之，如果 $t_2 < t_1$，则梁的响应如情况 B 的分析结果，在塑性铰 H 可以移动之前已经发生了子弹对梁的穿透。

为简化以上表达式，令

$$C = \frac{1}{m} + \frac{Q_p}{6\rho M_p} \tag{7.96}$$

则由(7.90)式可知：

$$t_1 = \frac{v_0}{2Q_pC} \tag{7.97}$$

另外可由一元二次方程(7.95)式解出 t_2 的表达式：

$$t_2 = \frac{1}{2Q_pC}(v_0 \pm \sqrt{v_0^2 - 4Q_pCh}) \tag{7.98}$$

上式给出了两个可能的解。若两个时刻都是正实数，穿透应该在较早的时刻就已发生，因此(7.98)式中较小的解是有效解：

$$t_2 = \frac{1}{2Q_pC}(v_0 - \sqrt{v_0^2 - 4Q_pCh}) \tag{7.99}$$

讨论

1) 若冲击速度比较大，$v_0^2 > 4Q_pCh$，则 t_2 是个正实数且 $t_2 < t_1$。梁的冲击响应对应于情况 B，也就是在子弹撞击下梁将发生完全断裂。

2) 如果冲击速度不够大，$v_0^2 < 4Q_pCh$，则 t_2 没有实数解，表明梁的响应对应于情况 A 的分析结果，子弹撞击不会造成梁的穿透。

3) 由此，可以定义**弹道极限速度**(ballistic limit)如下：

$$v_0^2 = 4Q_pCh = 4Q_ph\left(\frac{1}{m} + \frac{Q_p}{6\rho M_p}\right) \tag{7.100}$$

在军事工程中，经常涉及弹体的穿甲问题。对于梁和板(7.100)式都能预测出其弹道极限速度，因此在武器设计等军工应用方面有重要价值。需要指出的是，上述分析中，剪切强度 Q_p 是假设剪应力在截面上均匀分布而计算出来的，见(7.81)式。而且在滑移过程中，设剪切强度始终为常数，在真实情况下，发生滑移后由于滑移面两侧的联接面积减少，Q_p 应该逐渐变小。因此，上述的分析也有一定的近似性，在概念正确的基础上，可以考虑 Q_p 的变化进行更细致的分析。

小结

1) 剪切滑移发生在载荷或者冲击很强，且梁比较短粗的情况下。

2) 本节的分析并没有考虑弯矩和剪力的相互作用,以及剪切强度 Q_p 在滑移过程中的变化。

7.5　在冲击载荷作用下梁的失效模式和失效准则

本节将对冲击载荷作用下梁的失效模式和失效准则进行总结,详见 Yu 和 Chen (1998)。

7.5.1　实验观察到的三种失效模式

Menkes 和 Opat 等人在 1973 年对两端固支梁进行了冲击实验。他们的方法是在梁上均布炸药,通过引爆炸药,对梁的上表面施加均匀的冲击载荷。实验发现,随着炸药量的逐渐增大,梁的变形与破坏模式逐渐由弯曲大变形过渡到拉伸破坏;如果继续增加炸药量,梁会在支承处发生剪切破坏,如图 7.20 所示。增加炸药量相当于增加冲击载荷的强度,在冲击载荷逐渐增加的过程中,梁横向挠度的变化规律是先增加,然后又逐渐减少。

实验观察表明,受均布冲击载荷作用的梁,可以辨识出 3 种失效模式:

模式 I(Mode I):非弹性大变形;

模式 II(Mode II):发生在外表面纤维或支承处的拉伸破坏;

模式 III(Mode III):最终挠度不大,但支承处发生横向剪切破坏。

图 7.21是梁的失效模式随梁的厚度及冲击载荷强度变化的示意图。对于梁比

KTAPS		I/I_{05}
10.9		0.47
17.8		0.76
25.6		1.11
28.7		1.22
35.1		1.51
39.6		1.69
42.9		1.83
46.0		1.95
50.7		2.16
52.9		2.25
61.6		2.63

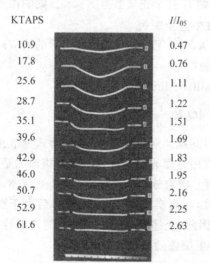
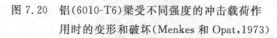

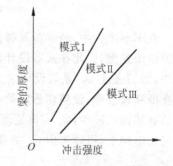

图 7.20　铝(6010-T6)梁受不同强度的冲击载荷作用时的变形和破坏(Menkes 和 Opat,1973)　　图 7.21　失效模式随梁的厚度以及冲击强度变化示意图

较薄,冲击强度比较小的情况,梁发生非弹性大变形失效(模式Ⅰ);对于梁比较薄,冲击强度比较大的情况,梁倾向于发生拉伸破坏(模式Ⅱ);对于梁的厚度和冲击强度都比较大的情况,则倾向于发生横向剪切破坏(模式Ⅲ)。其中模式Ⅰ和模式Ⅱ之间的分界比较清晰,而模式Ⅱ和模式Ⅲ之间的分界并不太明确。

7.5.2　初等失效准则

对于 Menkes 和 Opat(1973)所观察到的失效模式Ⅰ,即梁的塑性大变形,过去几十年中已发展了一些有效的方法改进原有的小变形分析,考虑伴随大变形而产生的轴力的效应(参见 7.2 节和 7.3 节),同时也可以考虑几何大变形引起的构型变化对运动方程和几何关系的影响(Strong 和 Yu,1993),从而能够更准确地估计梁发生大变形后的最终挠度。

对于失效模式Ⅱ和对于失效模式Ⅲ的**初等失效准则**(elementary failure criteria)是由 Jones 在 1976 年首先提出的(Jones,1976)。对模式Ⅱ的初等失效准则是:当梁中的最大正应变达到临界值,即 $\varepsilon_{\max} = \varepsilon_c$ 时,发生拉伸失效。对模式Ⅲ的初等失效准则是:当梁中某处的最大剪切滑移量 $\Delta^s_{\max}$ 达到梁的厚度时,即 $\Delta^s_{\max} = h$ 时,发生剪切失效。

如果按理想刚塑性假设,认为塑性铰只在没有厚度的某单一截面上发生,那么该截面处的正应变将为无穷大。于是,为了应用对模式Ⅱ的初等失效准则,在计算梁中的最大正应变 $\varepsilon_{\max}$ 时,必须假定塑性铰不再发生于某个单一的截面,而是具有一个等效长度 L_e。在考虑了轴力的影响后,Nonaka(1967)给出了塑性铰等效长度的估计,

$$L_e = (2 \sim 5)h \tag{7.101}$$

即塑性铰的等效长度约为梁厚度的 2~5 倍。

为什么塑性铰需要具有一定长度呢? 这可以联系塑性理论中的滑移线场来加以解释。图 7.22(a)上给出了梁受纯弯曲时,最简单的滑移线场,此时塑性铰长度与梁的厚度相当;而图 7.22(b)是在弯曲和拉伸联合作用下的滑移线场,塑性铰的影响区域显然比前者大。因此,确定塑性铰等效长度的问题,实际上就是取多长一段塑性区来计算等效的最大正应变

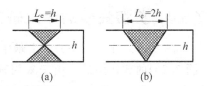

图 7.22　塑性铰的等效长度

$\varepsilon_{\max}$ 最为合理的问题。一般地可以认为,在单一应力作用下,等效塑性铰长度比较小;而在复合应力作用下,塑性铰的长度比较大。

应用对模式Ⅲ的初等失效准则,最简单的办法是按照 7.4 节描述的分析方法计算出梁中某处(通常是支承处或撞击物体的边缘)的最大剪切滑移量 $\Delta^s_{\max}$,再同梁的厚度比较。这样做虽然简单,但剪切滑移量的求法通常偏于粗糙,对此在 7.5.4 节中会作进一步的讨论。

7.5.3 能量密度失效准则

1990 年代初,Shen 和 Jones(1992)共同提出了能量密度失效准则(energy density criterion)。这一准则的关键在于计算塑性区内(例如塑性铰处)每单位体积的能量耗散密度 ϑ,判断此能量吸收率是否达到单位体积能量耗散密度的临界值 ϑ_c,即 $\vartheta = \vartheta_c$。

对刚塑性梁来说,设塑性铰的等效长度为 L_e,梁的宽度和厚度分别为 b 和 h,则此塑性铰的等效体积为 bhL_e,它能够耗散的最大塑性能为 $\Omega_c = \vartheta_c bhL_e$。对刚塑性梁来说,设 Ω 为某个塑性铰处的总塑性耗散能。于是,能量密度失效准则可以写为

$$\Omega < \Omega_c = \vartheta_c bhL_e \qquad (7.102)$$

为进一步判断各个失效模式,设 $\beta = \Omega^s / \Omega$,其中 Ω^s 是剪切塑性耗散能。这时,(7.102)式可细化为:

1) $\Omega < \Omega_c$,$\beta < \beta_c$,按模式 I (Mode I)失效,非弹性大变形;

2) $\Omega = \Omega_c$,$\beta < \beta_c$,按模式 II (Mode II)失效,外表面纤维或边界上的拉伸破坏;

3) $\Omega < \Omega_c$,$\beta > \beta_c$,按模式 III (Mode III)失效,边界上发生横向剪切失效。

Shen 和 Jones(1992)对 Menkes 和 Opat(1973)实验观测的模式 III 进行了进一步分析,在此基础上对剪切塑性耗散能的临界比 β_c 给出了一个建议值:$\beta_c = 0.45$。

应用能量密度失效准则的最大困难和最大争议在于如何选取塑性区(特别是塑性铰)的等效体积。由于不同的研究者对塑性铰的等效长度 L_e 的取法各异,对失效准则(7.102)式判断也就莫衷一是。在采用有限元或其他数值方法来计算塑性区的耗散能的时候,也发现单位体积的能量耗散密度对网格的大小十分敏感。这是因为在塑性铰附近的区域内应变梯度非常大,使得求取"最大耗散能密度"变得几乎没有实际意义。这一本质上的缺陷大大地限制了能量密度失效准则的应用价值。

7.5.4 剪切失效的深入研究

在 Yu 和 Chen(2000)的文献中,深入研究了在均布冲击载荷作用下两端固支梁(图 7.23)的剪切失效。由于采用理想刚塑性材料模型,材料行为中仅由屈服应力 Y 决定。注意到剪切变形和失效仅在十分局部的区域内发生(在本例中只在紧挨在固支端边上的截面发生),则梁长 L 对剪切失效的影响可以不计。梁截面的宽度 b 也比梁长 L 小得多,分析时可以取 $b = 1$。于是,不难发现,最大剪切滑移量 Δ_{max}^s 只取决于 4 个参数:冲击速度、屈服应力、梁的密度和厚度,即有

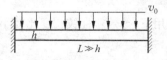

图 7.23 受均布冲击载荷作用的两端固支梁

$$\Delta_{max}^s = \Delta_{max}^s(v_0, Y, \rho, h) \qquad (7.103)$$

从量纲分析原理出发,将(7.103)式中给出的梁的最大剪切滑移量用梁的厚度作为无量纲量,可以得到无量纲的最大剪切滑移量只依赖于其他 3 个参数的无量纲组合,形式如下:

$$\frac{\Delta_{\max}^{s}}{h} = f\left(\frac{v_0}{\sqrt{Y/\rho}}\right) = f(\sqrt{\lambda}) \tag{7.104}$$

其中 $\lambda \equiv \rho v_0^2/Y$ 称为损伤数(damage number)或 Johnson 数(Johnson's number)。(7.104)式表明,最大剪切滑移量是损伤数平方根的函数。

先假设剪切失效发生时,$\Delta_{\max}^{s} = kh$,可以找到对应的临界冲击速度:

$$v_{c3} = f^{-1}(k)\sqrt{Y/\rho} \tag{7.105}$$

其中 $f^{-1}()$ 是(7.104)式中 f 的反函数。(7.105)式给出了一个剪切破坏(即模式Ⅲ失效)的临界速度。

在冲压试验和冲击实验中都观测到,一般来讲,并不需要剪切滑移量达到整个梁截面的厚度 h,而是只要达到梁截面的厚度的 30% 左右,即大约当 $\Delta_{\max}^{s} = 0.3h$ 的时候,梁截面就被沿厚度方向的裂纹所贯穿,导致全截面的剪切破坏。

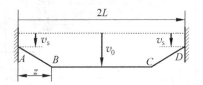

图 7.24　在均布冲击载荷作用下带有剪切滑移的梁的速度场

按照图 7.24 所示的带有剪切滑移的速度场,在初等失效准则(剪切滑移量等于梁的厚度,$\Delta_{\max}^{s} = h$)的条件下推导出以下临界冲击速度:

$$v_{c3} = \left(\frac{2Q_p^2}{3\rho b M_p}\right)^{1/2} \tag{7.106}$$

设梁具有单位宽度的矩形截面,并采用 Von Mises 屈服条件,进一步得出:

$$v_{c3} = \frac{2\sqrt{2}}{3}\sqrt{\frac{Y}{\rho}} = 0.943\sqrt{\frac{Y}{\rho}} \tag{7.107}$$

这正是初等失效准则给出的临界破坏速度。这就是说,将(7.105)式中的系数取为0.943,上述剪切失效分析就退化为初等失效准则。

对初等失效准则进行修正,须考虑以下因素:

1) 取剪切失效中厚度系数 $k<1$,例如 $k=0.3$;

2) 计及剪切滑移发生后联接面由厚度 h 减薄为 $h-\Delta^s$;

3) 考虑弯矩和剪力的相互作用。综合 2)与 3),建议取:

$$\left(\frac{\overline{M}}{\zeta^2}\right)^2 + \left(\frac{\overline{Q}}{\zeta}\right)^2 = 1 \tag{7.108}$$

其中,$\overline{M} = M/M_p$,$\overline{Q} = Q/Q_p$,$\zeta = 1-(\Delta^s/h)$。

考虑这几个因素后,经推导可以得到损伤数 $\lambda \equiv \rho v_0^2/Y$ 的临界值为

$$\lambda_c = 0.396 \tag{7.109}$$

以及对应的剪切临界破坏速度为

$$v_{c3} = 0.629\sqrt{Y/\rho} \tag{7.110}$$

可见,这样修正得到的剪切临界破坏速度只是初等失效准则预测值的 2/3。

图 7.25 给出了梁的剪切失效示意图,以及相应的在弯矩-剪力平面上的修正后的屈服面。与(7.110)式相对应,计算出此时滑移能在塑性能中的比例为

$$\beta = \Omega^s/\Omega = 0.47 \tag{7.111}$$

即滑移能占总耗能的 47%。对比 7.5.3 节中给出的经验数值 $\beta_c = 0.45$,可见考虑了弯矩和剪切的相互作用后,理论预测的(7.111)式同实验观测结果符合得非常好。

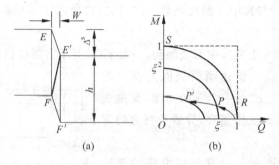

(a)   (b)

图 7.25 梁的剪切失效示意图以及相应的修正失效准则

思考题

一根曲梁,受到垂直于其弯曲平面的阶跃载荷的作用。试给出分析其动态响应的思路。

习题

7.1 一根简支梁长度为 $2L$,单位梁长的质量为 ρ,塑性极限弯矩为 M_p。若该梁在中点受到质量为 G 的小刚性块以初速度 v_0 的打击,试分析其动力响应过程。讨论支承处轴向可移和轴向不可移两种情形的不同。

7.2 无限长梁被刚性块撞击,若刚性块的撞击速度刚好达到弹道极限速度,计算弯矩和剪力各自耗散的能量。

7.3 如图所示,均匀梁长度为 $2L$,单位长度上梁的质量密度为 ρ,塑性极限弯矩为 M_p。两端均为固支,在中点受到集中力脉冲 $F(t)$ 的作用。设变形模式为图示的 3 个塑性铰,移行铰到中点的距离为 $\lambda(t)$。试推导控制此变形机构的动量方

程,请用 M_p, ρ, F, λ 以及梁中点的速度 v 来表示。若在 $0 \leqslant t \leqslant T$ 时间范围内,脉冲幅值为

$$F(t) = F_0 \cos(\pi t / 2T), \quad 0 \leqslant t \leqslant T$$

其他时间脉冲幅值为零,确定移行铰移动到梁固定端的时间,以及此时梁中点的速度。

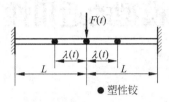

习题 7.3 图

第 8 章

模态分析技术、界限定理和刚塑性模型的适用性

　　本教材中的很多例子已经说明,在冲击载荷作用下,刚塑性结构的典型特征是其动态响应通常可以分为两个阶段:在早期,存在一个以移行铰为特征的**瞬态响应阶段**(transient phase);在后期,存在一个以驻定铰为特征的稳态响应阶段或称**模态响应阶段**(modal phase)。

　　在瞬态响应阶段,变形机构是由冲击载荷在结构上产生的初始速度场触发和演化出来的。在瞬态响应阶段中,变形机构是不停变化的:塑性铰的位置随时间变化,随之速度场的大小和分布都在发生变化。由于求解此阶段的响应时涉及随时间变化且未知的塑性铰位置,还要处理塑性铰两侧的物理量的不连续性,其非线性很强,所以在数学上求解比较困难。除了若干简单例子外,难以得到结构的瞬态响应的解析解。

　　与此相反,对模态响应阶段的分析则要简单得多。在此阶段中,塑性铰的位置不动,相应的变形机构不随时间变化,而且在大多数情况下模态变形机构的构型同准静态极限状态的变形机构相同。速度场的分布形式不变;应力达到塑性极限后保持常数;在不考虑几何大变形的情况下,加速度场也是常数,即结构作匀减速运动。以上因素是模态响应阶段问题容易分析和求解的原因。基于这些特征,提出了一种对结构动态响应的近似分析的方法,称为**模态分析技术**(mode technique)。在这种近似方法中,只考虑结构动态响应的模态阶段。

　　在理解模态分析的基础上,关于结构动态响应还有几个著名的**界限定理**,为在冲击载荷作用下结构的最终位移和响应时间提供上限和下限估计。8.5 节将叙述结构最终位移的上下限定理,它们在工程上很有实用价值。

　　此外,在前几章和 8.1～8.5 节知识的基础上,本章末尾的 8.6 节还将讨论对材料和结构采用刚塑性理想化模型的适用范围和限制条件。这一讨论不仅可以帮助理解刚塑性梁的动力行为同弹塑性梁的动力行为之间的相同与不同之处,而且对于刚塑性模型在板和复杂结构的动力分析中的适用性提供了一个指引。

8.1　变形的动模态

结构动态变形中的"模态"(mode)的含义是,在变形过程中所有的运动学变量(如位移、速度和加速度等)的空间分布("形状")是固定的,只是其幅值是随着时间变化的。数学上这样的变量都可以表示成时间与空间的分离变量函数,也就是可以写成 $f(t)g(x)$ 的形式。

现在假设由于冲击载荷的作用,某刚塑性结构获得了初始速度分布 $\dot{u}_i^0(x)$,其中 u_i 表示位移,可以有 3 个方向的分量($i=1,2,3$),x 是空间变量。$(\dot{\ })$ 表示对某个物理量求时间的导数 $d(\ )/dt$。

在结构的动态响应的全过程中,一个**完全解**(complete solution)的速度场 $\dot{u}_i(x,t)$ 必须满足运动方程,变形协调方程,材料的本构关系以及边界条件,另外还需要满足初始条件 $\dot{u}_i(x,0)=\dot{u}_i^0(x)$。一般而言,此速度场 $\dot{u}_i(x,t)$ 不能表示成时间和空间的分离变量函数形式。例如,在集中质量撞击悬臂梁的 Parkes 问题中(见 6.3 节),其瞬态响应阶段的速度场的形式为 $\dot{u}(x,t)=v(t)\cdot[1-x/\lambda(t)]$,速度场与移行铰的位置 $\lambda(t)$ 有关,显然不是可分离变量的 $f(t)g(x)$ 的形式。

而在模态响应阶段,塑性铰位置固定在梁的固支端 $\lambda=L$,不再随时间变化,于是速度场变成 $\dot{u}(x,t)=v(t)\cdot[1-x/L]$,也就是可以写成分离变量的形式了。

在近似分析中,**模态解**(modal solution)给出的速度场具有时间和空间的分离变量形式如下:

$$\dot{u}_i^*(x,t)=\dot{w}_*(t)\phi_i^*(x) \tag{8.1}$$

式中 ϕ_i^* 称为"模态"或者"模态形状"(mode shape),而 $\dot{w}_*$ 是结构上某个标志点的速度。一般约定模态幅值 $|\phi_i^*(x)|\leqslant1$。模态解与完全解的区别在于,模态解满足场方程,即运动方程、变形协调方程和材料的本构关系以及边界条件,但不必满足初始条件。

在模态分析技术中,由于速度场 $\dot{u}_i^*$ 具有可分离变量的形式,其加速度场 $\ddot{u}_i^*$ 必定具有与速度场相同的形式(相同的空间分布),也就是:

$$\ddot{u}_i^*(x,t)=\ddot{w}_*(t)\phi_i^*(x) \tag{8.2}$$

如果在结构的动态响应过程中没有另外加力,那么模态形状是由结构自身的性质决定的,与外加的初始速度场无关,因此可以认为模态形状是结构自身动态塑性变形的固有特征(natural mode)。将一个与时间无关的静态许可应力场施加到结构上去时,结构中同样存在模态。因此对于简单结构,它在动态响应中的模态形状显然可

以直接选取准静态极限状态的变形机构。例如,对于悬臂梁可以选取如下模态:

$$\phi^*(x) = 1 - x/L \tag{8.3}$$

其中 $x=0$ 对应位于悬臂梁自由端的位置。对于复杂的问题,使结构达到极限状态的变形机构往往不止一个,此时各种失效模态要互相竞争;真实发生的失效模态应该是要求的极限载荷最小的模态,因为在载荷逐渐增加的过程中这种模态将最先发生。对于刚塑性结构在动载下的真实失效模态,可以通过最小耗散功原理(the principle of minimum specific dissipation of power)进行识别。具体来说,给定相同的初始动能,在所有运动许可的速度场(kinematical admissible velocity fields)中,模态解对应的李函数(Lee's functional)取极值(Lee 和 Martin,1970;Lee,1970)。

$$J^* = D_p/\sqrt{K} \tag{8.4}$$

李函数 J^* 中 D_p 为塑性耗散能,K 为动能。

8.2　模态解的性质

1) 刚塑性结构受到脉冲载荷作用后,产生的动态变形不断趋向于模态解。

以上模态解的基本性质表明,对于冲击载荷作用下的理想刚塑性结构,其动态响应有不断地向模态解演化的趋势。也就是说,只给初始速度场,过程中无额外加载,则结构的动态响应最终总要演化到模态解。

Martin 在 1966 年基于“收敛定理”(convergence theorem)证明了此基本性质(Martin,1966)。设对于某个结构,在冲击载荷作用下有两个动态响应的解,即 $\dot{u}_i^a$ 和 $\dot{u}_i^b$,它们都满足相同场方程和边界条件,但具有不同的初始条件。可以构造泛函 $\bar{\Delta}$ 来描述任意时刻两个动态响应之间的差异:

$$\bar{\Delta} = \bar{\Delta}(t) = \frac{1}{2}\int_V \rho(\dot{u}_i^a - \dot{u}_i^b)(\dot{u}_i^a - \dot{u}_i^b) \cdot dV \tag{8.5}$$

Martin 证明了对于刚塑性结构,随着时间的增加这两个响应之间的差异只会减少,即二者是趋同的:

$$\frac{d\bar{\Delta}}{dt} = \int_V \rho(\dot{u}_i^a - \dot{u}_i^b)(\ddot{u}_i^a - \ddot{u}_i^b) \cdot dV \leqslant 0 \tag{8.6}$$

(8.6)式的物理意义是加速度差异和速度差异相乘,然后在整个结构的体积上积分。此式中,$\rho\ddot{u}_i\dot{u}_i$ 项表示的是惯性力的功率,因此由虚功原理,有

$$\int_V \rho(\dot{u}_i^a - \dot{u}_i^b)(\ddot{u}_i^a - \ddot{u}_i^b) \cdot dV = -\int_V (Q_j^a - Q_j^b)(\dot{q}_j^a - \dot{q}_j^b) \cdot dV \tag{8.7}$$

式中 Q_j 是广义应力(general stress),如弯矩以及轴力等;而 $\dot{q}_j$ 是对应的广义应变率(general strain rate),如对应于上述广义应力的曲率变化率及拉伸应变率等。若广义应力为弯矩,则对应的广义应变率就是转角速度。

如果上述两个动态解 $\dot{u}_i^a$ 和 $\dot{u}_i^b$ 分别对应于此问题的完全解和模态解,则有

$$\frac{\mathrm{d}\overline{\Delta}}{\mathrm{d}t} = -\int_V (Q_j - Q_j^*)(\dot{q}_j - \dot{q}_j^*) \cdot \mathrm{d}V \leqslant 0 \qquad (8.8)$$

此式可以解释为:模态解与完全解的差异随着时间的增加而减小。换句话说,随着时间的增加,完全解趋于模态解。

2) 冲击载荷作用下的结构,其模态解是一个匀减速运动,即速度 $\dot{w}_*(t)$ 是时间的线性函数。

在冲击载荷作用下,结构动能的减少率应该等于塑性变形的能量耗散率,即

$$-\frac{\mathrm{d}K}{\mathrm{d}t} = \dot{D}_\mathrm{p} = \frac{\mathrm{d}D_\mathrm{p}}{\mathrm{d}t} \qquad (8.9)$$

也就是:

$$-\int_V \rho \ddot{u}_i \dot{u}_i \cdot \mathrm{d}V = \int_V Q_j \dot{q}_j \cdot \mathrm{d}V \qquad (8.10)$$

根据模态解的定义,模态解是可以分离变量的,取其速度场为 $\dot{u}_i = \dot{w}_*(t)\phi_i^*(x)$,且与速度场对应的应变率场为 $\dot{q}_j = \dot{w}_*(t)k_j^*(x)$,则由(8.10)式可得

$$-\int_V \rho \ddot{w}_* \dot{w}_* \phi_i^* \phi_i^* \cdot \mathrm{d}V = \int_V Q_j^* \dot{w}_* k_j^* \cdot \mathrm{d}V \qquad (8.11)$$

(8.11)式可以给出加速度场:

$$\ddot{w}_* = -\frac{\displaystyle\int_V Q_j^* k_j^* \cdot \mathrm{d}V}{\displaystyle\int_V \rho \phi_i^* \phi_i^* \cdot \mathrm{d}V} = -a_* \qquad (8.12)$$

由于对于理想刚塑性结构,不考虑弹性效应、应变强化效应以及应变率效应。广义应力 Q_j^* 与广义应变率 $\dot{q}_j^*$ 和时间 t 无关,因而(8.12)式给出的 $\ddot{w}_*$ 和 a_* 也与时间无关。这表明:

(1) 模态解是一个单自由度运动;

(2) 随时间的增长,模态解作匀减速运动。

因此,模态解的速度场可以写成:

$$\dot{w}_*(t) = \dot{w}_*^0 - a_* t \qquad (8.13)$$

其中 $\dot{w}_*^0$ 是初始模态速度。相应的结构总响应时间 t_f^* 和最终变形 $\dot{w}_*^\mathrm{f}$ 分别为

$$t_\mathrm{f}^* = \dot{w}_*^0 / a_* \qquad (8.14)$$

$$\dot{w}_*^\mathrm{f} = \frac{1}{2}\dot{w}_*^0 t_\mathrm{f}^* = (\dot{w}_*^0)^2 / 2a_* \qquad (8.15)$$

从以上的阐述可知,如果模态形状 $\phi_i^*(x)$ 已知,并找到广义应变率 $\dot{q}_j^* = \dot{w}_*(t)k_j^*(x)$ 中的 $k_j^*(x)$,则由(8.12)式就确定了减速度 a_*;如果再知道初始模态速度 $\dot{w}_*^0$ 的话,由(8.14)式和(8.15)式就完全确定了模态解的全部力学量。

是否可以直接取外加载荷的初速度作为模态解的初始速度呢? 实践表明,这并

不是一个好的选择。由于模态解不考虑结构的瞬态响应阶段,瞬态响应部分的动能已经被忽略了,直接利用冲击载荷产生的速度作为模态解的初始速度会大大地高估初始动能,从而造成模态解偏离真实响应。下一节中将讨论初始模态速度的确定方法。

8.3　模态解的初始速度

从上节的讨论可知,表示模态解与完全解之间差异的泛函 $\bar{\Delta}$,随时间的增加而逐渐减小。因此,为了获得与完全解"最接近"的近似解,在选择初始速度 $\dot{w}^0_*$ 时,应该让初始时刻 $t=0$ 时,表示差异的泛函 $\bar{\Delta}_0$ 取极小值。于是,将泛函,

$$\bar{\Delta}_0 = \bar{\Delta}(0) = \frac{1}{2}\int_V \rho(\dot{u}^0_i - \dot{w}^0_* \phi^*_i)(\dot{u}^0_i - \dot{w}^0_* \phi^*_i) \cdot \mathrm{d}V \tag{8.16}$$

对初始速度 $\dot{w}^0_*$ 取偏微分,

$$\frac{\partial \bar{\Delta}_0}{\partial \dot{w}^0_*} = 0 \tag{8.17}$$

可得到对应泛函最小值的初速度,

$$\int_V \rho(\dot{u}^0_i - \dot{w}^0_* \phi^*_i)\phi^*_i \cdot \mathrm{d}V = 0 \tag{8.18}$$

即

$$\dot{w}^0_* = \frac{\displaystyle\int_V \rho \dot{u}^0_i \phi^*_i \cdot \mathrm{d}V}{\displaystyle\int_V \rho \phi_j \phi^*_j \cdot \mathrm{d}V} \tag{8.19}$$

以上过程称为**"最小$\bar{\Delta}_0$"技术**("min$\bar{\Delta}_0$" technique),是 1966 年由 Martin 和 Symonds 在论文中提出来的。该技术的核心思想是,让 Martin 的"差异泛函"$\bar{\Delta}$,在 $t=0$ 的初始时刻取最小,由之确定模态解的初速度。

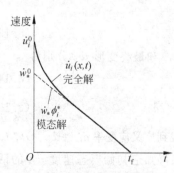

图 8.1　完全解和模态解给出的
速度随时间变化曲线

注意(8.19)式给出的初速度 $\dot{w}^0_*$ 对应的差异泛函值为

$$\bar{\Delta}_0 = \frac{1}{2}\int_V \rho \dot{u}^0_i \dot{u}^0_i \cdot \mathrm{d}V - \frac{1}{2}(\dot{w}^0_*)^2 \int_V \rho \phi^*_i \phi^*_i \cdot \mathrm{d}V$$
$$= K_0 - K^*_0 \tag{8.20}$$

它代表了初始时刻完全解的动能与模态解的动能的差别。模态解的初始动能一般小于完全解的初始动能,

$$\bar{\Delta}_0 = K_0 - K^*_0 \geqslant 0 \tag{8.21}$$

图 8.1 是完全解和模态解的速度随时间的变化示意图。由图可见,模态解的初始速度 $\dot{w}^0_*$ 要小

于完全解的真实初始速度 $\dot{u}_i^0$。在瞬态响应阶段二者的速度有很明显的差别,但进入模态响应阶段后速度就趋于重合,都在作匀减速运动。因而,用上述"最小 $\bar{\Delta}_0$"技术得到的模态解的初始速度 $\dot{w}_*^0$,使得模态解可以给出与完全解非常接近的模态阶段响应以及总响应时间 t_f。

8.4　模态技术的应用

模态技术的应用步骤概括如下:

1) 选择模态形状,$\phi_i^*(x)$;

2) 利用"最小 $\bar{\Delta}_0$"技术,确定模态解的初始速度 $\dot{w}_*^0$;

3) 计算减速度 a_*,总响应时间 t_*^f,以及最终位移 w_*^f;

4) 检查结构中的弯矩分布,塑性铰以外的区域的弯矩须小于塑性极限弯矩,$|M^*(x)| \leqslant M_p$;如果此条件不满足,说明选择的模态形状不妥,需要从第一步重新开始。

8.4.1　Parkes 问题的模态解

在 6.3 节中,曾经给出过 Parkes 问题的完全解,这里讨论一下模态分析法给出的近似解。图 8.2(a)是 Parkes 问题的示意图。悬臂梁的长度为 L,单位长度的密度为 ρ,横截面的塑性极限载荷为 M_p。在自由端 A 点突然受到初速度为 v_0 的质量点 m 的横向撞击。

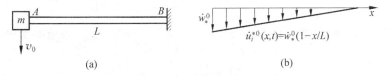

图 8.2　Parkes 问题的模态解

(a) 梁受到撞击的示意图;(b) 初始速度分布

1) 首先选择模态形式,以悬臂梁在准静态失效时的变形模式为其动模态:

$$\phi_i^*(x) = 1 - x/L \tag{8.22}$$

图 8.2(b)给出了梁上的模态速度分布的示意图,梁上任意点的速度为

$$\dot{u}_i^{*0}(x,t) = \dot{w}_*^0(1 - x/L) \tag{8.23}$$

2) 标志点为梁自由端 A 点,该点的初始速度 $\dot{w}_*^0$ 可由"最小 $\bar{\Delta}_0$"技术确定为

$$\dot{w}_*^0 = \frac{\int_V \rho \dot{u}_i^0 \phi_i^* \cdot \mathrm{d}V}{\int_V \rho \phi_j^* \phi_j^* \cdot \mathrm{d}V} = \frac{m v_0 \cdot 1}{m + \int_0^L \rho (1 - x/L)^2 \cdot \mathrm{d}x} \tag{8.24}$$

注意(8.24)式中分子和分母的两个积分。由真实初始速度 $\dot{u}_i^0$ 的分布可知,初

始时刻只有撞击点 A 的速度非零,其他所有点的速度都为零,因此分子积分的结果刚好是初始动量。在计算分母的积分时,注意一定不要忽略集中质量的作用。由分母的量纲可知,其物理意义是一个等效质量。

将(8.24)式整理得到:

$$\dot{w}_*^0 = \frac{mv_0}{m + \rho L/3} = \frac{3\gamma}{1 + 3\gamma}v_0 < v_0 \tag{8.25}$$

其中 $\gamma = \dfrac{m}{\rho L}$ 为无量纲的质量比,与 6.3 节的定义相同。由(8.25)式可知,模态解的初始速度显然小于完全解的真实初始速度,参见图 8.1。

3) 计算系统的模态响应。此问题中广义应力 Q_j^* 对应塑性极限弯矩,$Q_j^* \rightarrow M_p$；广义应变率 $\dot{q}_j^*$ 对应悬臂梁根部 B 点的转动角速度,$\dot{q}_j^* \rightarrow \dot{\theta}_B = \dot{w}_*(t)/L$。由 $\dot{q}_j = \dot{w}_*(t)k_j^*(x)$ 的关系可知,$k_j^* = 1/L$。将上述变量代入减速度的表达式(8.12)式,有

$$a_* = -\ddot{w}_* = \frac{\int_V Q_j^* k_j^* \cdot dV}{\int_V \rho\phi_i^*\phi_i^* \cdot dV} = \frac{M_p/L}{m + \rho L/3} \tag{8.26}$$

接下来计算系统的总响应时间:

$$t_f^* = \frac{\dot{w}_*^0}{a_*} = \frac{mv_0 L}{M_p} \tag{8.27}$$

与第 6.3 节的结果相比,模态解给出的总响应时间与完全解是一致的。由于悬臂梁自由端作匀减速运动,易知响应结束时对应的最大横向位移(自由端的挠度)为

$$w_*^f = \frac{1}{2}\dot{w}_*^0 t_f^* = \frac{m^2 v_0^2 L}{2(m + \rho L/3)M_p} \tag{8.28}$$

仍然采用以前定义过的能量比 $e_0 = K_0/M_p = \frac{1}{2}mv_0^2/M_p$,则模态解给出的最大端点挠度为

$$\Delta_f^* = e_0 \cdot \frac{3\gamma L}{1 + 3\gamma} \tag{8.29}$$

与此相对照,第 6.3 节中完全解给出的最大端点挠度为

$$\Delta_f = e_0 \cdot \frac{2\gamma L}{3}\left\{\frac{1}{1 + 2\gamma} + 2\ln\left(1 + \frac{1}{2\gamma}\right)\right\} \tag{8.30}$$

4) 检查结构中的弯矩分布

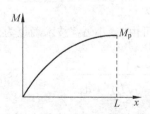

$$M^*(x) = -m\ddot{w}_* x - \int_0^x \rho\ddot{w}_* \frac{L - \chi}{\chi}(x - \chi) \cdot d\chi$$

$$= a_*\left(mx + \frac{1}{2}\rho x^2 - \frac{1}{6}\rho\frac{x^3}{L}\right) \tag{8.31}$$

图 8.3 按(8.31)式画出了弯矩沿梁的分布。显然在悬臂梁根部 $M^*(L) = M_p$,梁的其他部分弯矩小于塑性极限弯矩,这表明第一步中假设的动模态在全

图 8.3　模态解给出的弯矩分布

梁中都不违反屈服条件。

于是,经过上述四个步骤,利用模态分析方法给出了 Parkes 问题的近似解。将此模态解与第 6.3 节中得到的完全解进行比较,见图 8.4。在图 8.4(a)中,在质量比 $\gamma=0.2$ 的情况下,比较了完全解和模态解给出的自由端速度随时间的变化曲线。可见,在瞬态响应阶段向模态响应的转化点之前,完全解的速度显著高于模态解,这时由于塑性铰的移动,完全解的自由端速度变化迅速且是非线性的。在两阶段转化分界点之后,二者的速度变化完全一致,都是按线性规律递减。两个解给出的最终响应时间完全相同。

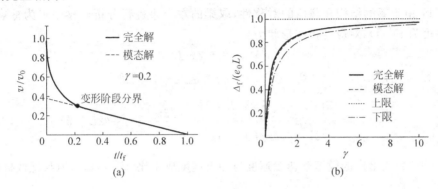

图 8.4　Parkes 问题的完全解和模态解对照
(a) 自由端速度随时间的变化；(b) 端点最终位移随质量比变化规律

图 8.4(b)给出了悬臂梁自由端的无量纲挠度 $\Delta_f/(e_0 L)$ 随质量比 γ 的变化曲线。由曲线可知,模态解与完全解的最大挠度差别很小。我们看到,模态分析方法不需要考虑非线性很强的瞬态响应阶段,可以大大简化求解问题的难度,却仍然得到精度相当高的结果。因此,模态分析方法在结构动态分析中不失为一种很实用的工程近似方法。

8.4.2　受局部冲击载荷的固支梁的模态解

第二个例子是受到局部冲击载荷作用的固支梁。如图 8.5 所示,长度为 L 的两端固支梁,单位长度的密度为 ρ,横截面的塑性极限载荷为 M_p。在中间宽度为 b 的范围内受到局部冲击载荷的作用,相当于初始瞬时梁在此加载的局部范围内具有 v_0 的初速度。

此问题的完全解包含两个变形阶段的响应:第一阶段为瞬态响应阶段,梁在初始速度间断处产生初始塑性铰,然后塑性铰分别向梁中点及固定端移动,第一阶段

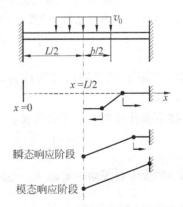

图 8.5　受局部冲击载荷的固支梁的模态解

的变形在塑性移行铰到达梁中点或固定端的时刻结束；第二阶段为模态变形阶段，变形模态中存在三个驻定铰，分别位于梁的两端和中点。追踪两阶段响应过程的完全解给出的最大中点位移为

$$\Delta_f = \begin{cases} \dfrac{\rho b^2 v_0^2}{12 M_p}\left(\dfrac{1}{4}+\ln\dfrac{L}{2b}+1\right), & b < \dfrac{L}{2} \\[3mm] \dfrac{\rho b^2 v_0^2}{48 M_p}\left(\dfrac{6L}{b}-\dfrac{L^2}{b^2}-3\right), & b \geqslant \dfrac{L}{2} \end{cases} \tag{8.32}$$

接下来我们用模态分析法进行近似分析：

1) 由于梁的结构和载荷的对称性，取梁的左半边进行分析。梁中点为标志点，其速度为 $\dot{w}_*(t)$，对应的模态形状为

$$\phi_i^*(x) = 2x/L \tag{8.33}$$

2) 运用最小 $\bar{\Delta}_0$ 技术，确定模态解的初始速度 $\dot{w}_*^0$，得到：

$$\dot{w}_*^0 = \frac{2\displaystyle\int_{(L-b)/2}^{L/2}\rho v_0 \cdot 2x/L \cdot \mathrm{d}x}{2\displaystyle\int_0^{L/2}\rho(2x/L)^2 \cdot \mathrm{d}x} = \frac{3v_0}{2} \cdot \frac{b}{L^2}(2L-b) \tag{8.34}$$

(8.34)式给出的模态解初始速度与冲击速度成正比($\dot{w}_*^0 \propto v_0$)，但与塑性极限弯矩 M_p 无关。

3) 模态响应分析。本问题中广义应力 Q_j^* 对应塑性极限弯矩 $Q_j^* \to M_p$；广义应变率 $\dot{q}_j^*$ 对应转动角速度 $\left(\dot{q}_j^* \to \dot{\theta} = \dfrac{\dot{w}_*(t)}{L/2}\right)$。由 $\dot{q}_j = \dot{w}_*(t)k_j^*(x)$ 的关系可知，$k_j^* = 2/L$。将上述变量代入减速度的表达式(8.12)式，有

$$a_* = \frac{\displaystyle\int_V Q_j^* k_j^* \cdot \mathrm{d}V}{\displaystyle\int_V \rho \phi_i^* \phi_i^* \cdot \mathrm{d}V} = \frac{4M_p \cdot 2/L}{2\displaystyle\int_0^{L/2}\rho(2x/L)^2 \cdot \mathrm{d}x} = \frac{24M_p}{\rho L^2} \tag{8.35}$$

(8.35)式给出的减速度与塑性极限弯矩成正比($a_* \propto M_p$)，而与初始冲击速度 v_0 无关。由匀减速运动的条件，计算出结构的总响应时间为

$$t_f^* = \frac{\dot{w}_*^0}{a_*} = \frac{\rho v_0 b(2L-b)}{16M_p} \tag{8.36}$$

(8.36)式表明，模态解的总响应时间与初速度成正比，与塑性极限弯矩成反比，即 $t_f^* \propto v_0/M_p$。

接下来计算中点的最大位移：

$$w_*^f = \frac{1}{2}\dot{w}_*^0 \cdot t_f^* = \frac{3}{64} \cdot \frac{\rho v_0^2}{M_p} \cdot \frac{b^2(2L-b)^2}{L^2} \tag{8.37}$$

在(8.37)式中引入初始动能 $K_0 = \rho b v_0^2/2$，有

$$w_*^f = \frac{3}{32} \cdot \frac{K_0}{M_p} \cdot \frac{b(2L-b)^2}{L^2} \tag{8.38}$$

再利用无量纲的能量比 $e_0 = K_0/M_p$，梁的中点最大位移可以表示为

$$\Delta_f^* = w_{*}^f = e_0 \cdot \frac{3b}{32}\left(2 - \frac{b}{L}\right)^2 \qquad (8.39)$$

(8.39)式表明，梁中点的最大位移同冲击初速度以及初速度作用的范围有关。

　　图 8.6 对照了完全解和模态解。在图 8.6(a)中比较了梁中点的速度随时间的变化规律，由图可见，模态解的中点初速度比真实施加的速度高；但这不表明模态解的动能比完全解更高，因为按照模态分析中假设的动模态形状，初始模态速度场在梁长方向是呈三角形分布的，其中初速度的最大值是在梁的中点，也即图中的模态初速度。而真实情况下，梁的初速度是呈局部矩形分布的。由图 8.6(b)可以看出对于中点最终挠度的预测，模态解和真实解有明显偏差，特别是在 b/L 较小的情况下，模态解对最终挠度的预测相当差。差别比较大的原因在于，模态解假设的初始动量分布与真实加载情况差别比较大。

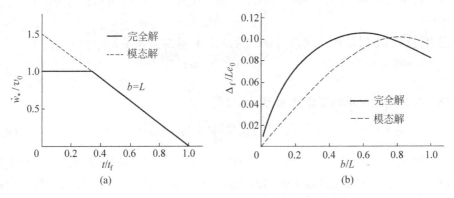

图 8.6　局部加载的固支梁的完全解与模态解对照
(a) 中点速度随时间的变化；(b) 中点最终位移随加载范围的变化规律

模态分析法总结

　　1）模态技术的求解过程比完全解简单得多；

　　2）模态分析包括三个基本步骤：假设模态形状；确定标志点的模态解初速度；模态响应分析。除了这三个基本步骤外，还需要检查结构上的弯矩分布是否与屈服准则相违背。

　　3）模态解的误差取决于初始动量分布。模态形状中初始动量分布与真实情况差别越大，解的误差也越大。

8.5　理想刚塑性结构的界限定理

　　对于理想刚塑性材料制成的结构，可以用近似的界限定理对最终的变形进行估算(Strong 和 Yu，1993)。

8.5.1 最终位移的上限

在冲击载荷作用下,结构上某个特征点 A 点的最终位移 Δ_f 应该满足:

$$\Delta_\mathrm{f} \leqslant \frac{K_0}{P_\mathrm{c}} \tag{8.40}$$

其中 K_0 是由于冲击载荷产生的结构的初始动能,P_c 是当载荷 P 作用在 A 点上时结构的静态极限载荷。此上限定理的证明参见 Strong 和 Yu(1993)的书。

现在以 Parkes 问题为例来说明最终位移的上限定理的应用。选取悬臂梁自由端点为 A 点,冲击的质量块带来的初始动能为

$$K_0 = \frac{1}{2} m v_0^2 \tag{8.41}$$

若在悬臂梁自由端作用集中力 P,则使结构发生静态失效的极限载荷为

$$P_\mathrm{c} = M_\mathrm{p}/L \tag{8.42}$$

由位移的上限定理(8.40)式,A 点的最终位移应该满足:

$$\Delta_\mathrm{f} \leqslant \frac{K_0}{P_\mathrm{c}} = \frac{m v_0^2 L}{2 M_\mathrm{p}} \tag{8.43}$$

将(8.43)式用无量纲的能量比 e_0 表示,可得

$$\frac{\Delta_\mathrm{f}}{L} \leqslant \frac{m v_0^2 / 2}{M_\mathrm{p}} \equiv e_0 \tag{8.44}$$

在图 8.4(b)中,除了 Parkes 问题的完全解和模态解预测的最大位移,还给出了由位移的上限定理给出的最大位移的上限。显然此位移上限比上述任何解的值都要高,它限定了解的最高值。在冲击质量比很大,即 γ 很大的时候,上限定理给出的最大位移跟真实的位移解很接近。

8.5.2 最终位移的下限

理想刚塑性结构中,特征点 A 点的最终位移应满足:

$$\Delta_\mathrm{f} \geqslant \frac{\left(\int_V \rho \dot{u}_0 \dot{u}_\mathrm{c} \cdot \mathrm{d}V \right)^2}{2 D(\dot{u}_\mathrm{c}) \int_V \rho \dot{u}_\mathrm{c} \cdot \mathrm{d}V} \tag{8.45}$$

式中,$\dot{u}_0(x)$ 是初速度场;$\dot{u}_\mathrm{c}(x)$ 是一个与时间无关的**运动许可速度场**;$D(\dot{u}_\mathrm{c})$ 是与该运动许可场 $\dot{u}_\mathrm{c}(x)$ 相关联的能量耗散率。

运动许可的速度场(kinematically admissible velocity field)是在塑性极限分析中引入的重要概念。这里只简单说明一下它需要满足的条件,如下:

1) 除了有限的线和截面外,速度场保持连续;

2) 满足速度场的位移边界条件;

3) 相关的能量耗散非负(即外载荷在此速度场上做正功)。

下限定理的推导比较复杂,在这里就不详细说明了。需要指出的是,结构动态响应界限定理的概念提出后,不少学者对最终位移构造了互不相同的下限。在这里采用的是其中公认效果较好的一种。

仍以 Parkes 问题为例,说明位移的下限定理的应用。Parkes 问题的初始速度场为

$$\dot{u}_0(x) = \begin{cases} v_0, & x = 0 \\ 0, & x \neq 0 \end{cases} \tag{8.46}$$

与时间无关的运动许可速度场采用准静态极限状态的变形机构:

$$\dot{u}_c(x) = \dot{w}_0(1 - x/L) \tag{8.47}$$

对应以上运动许可场的能量耗散率为

$$D(\dot{u}_c) = M_p \cdot (\dot{w}_0/L) \tag{8.48}$$

则下限定理(8.45)式的分子中的积分为

$$\int_V \rho \dot{u}_0 \dot{u}_c \cdot dV = m v_0 \dot{w}_0 \tag{8.49}$$

同时,下限定理(8.45)式分母中的积分为

$$\int_V \rho \dot{u}_c \cdot dV = m \dot{w}_0 + \int_0^L \rho \dot{w}_0(1 - x/L) \cdot dx = m \dot{w}_0 + \frac{1}{2} \rho L \dot{w}_0 \tag{8.50}$$

将(8.48)式、(8.49)式和(8.50)式代入下限定理(8.45)式,得到

$$\Delta_f \geqslant \frac{m^2 v_0^2 L}{M_p(2m + \rho L)} \tag{8.51}$$

采用质量比 $\gamma \equiv m/\rho L$ 对上式进行整理后得

$$\frac{\Delta_f}{L} \geqslant e_0 \cdot \frac{2\gamma}{2\gamma + 1} \tag{8.52}$$

(8.52)式即为采用(8.47)式的运动许可场得到的最终位移的下限。图 8.4(b)中也给出了此下限定理给出的最终位移。显然此下限解比前面得到的 Parkes 问题完全解和模态解都低,它确实是关于位移的一个下限预测。

关于 Parkes 问题,我们在理想刚塑性假设基础上,先后给出了完全解、模态解,以及关于最终位移的上下限估计。几种解的分析方法从复杂逐渐变得简单;究竟采用哪种方法取决于所要求解的精度。如果要求对整个响应过程的完整分析,就需要采用完全解;如果在撞击质量大的情况下只关心模态阶段的响应,则模态解的精度已经足够;如果工程问题中只需要对结构的最终位移进行估计,采用上下限定理便是最快捷的方法。

梁的塑性动力响应分为早期响应(瞬态响应)和后期响应(模态响应)。整个梁的塑性动力响应过程,要比波的传播过程长得多。如果结构较大或较复杂的话,塑性动力响应可能要几秒的时间才能完成。从方法论角度,对于复杂问题,要从时间尺度和

空间尺度把问题分开,在不同的尺度上建立分析精度不同的模型及相应的方法。虽然与完全解相比,模态解和界限解精度较差,但在只关心最终变形的情况下,这两套近似方法还是很有意义的。

8.6　刚塑性理想模型的适用性

在第 5.3 节引入材料的刚塑性模型后,在第 5～8 章中这一理想化模型已被广泛地应用于各种载荷与支承情况下的梁的动力分析,并成功地获得了许多有意义的解析或半解析结果。首先是在 5.3 节中已经指出,对于理想刚塑性材料制成的梁,弯矩和曲率间的关系可以用图 5.11 所示的阶跃函数表示。结果是,如若梁内某些截面上的弯矩达到了截面的塑性极限弯矩 M_p,则在那些截面上就形成塑性铰;任何量值大于 M_p 的弯矩,对于一个平衡构形来说都不是静力许可的;而任何量值小于 M_p 的弯矩,都不会在梁中产生塑性变形。于是,理想刚塑性梁的塑性变形将集中在一个或者少数几个截面上。类似地,在第 9 章中将会看到,理想刚塑性假设应用于板或壳的直接结果是它们的塑性变形集中在离散的塑性铰线上。可以推论,由于采用理想刚塑性的材料理想化,N 维(对于梁、环、拱等 $N=1$;对于板、壳 $N=2$)构件的塑性变形,集中在 $N-1$ 维的离散区域内。这就极大地简化了结构的塑性分析,对于建立结构动力响应的理论模型是非常有用的。

值得注意的是,采用理想刚塑性材料假设,意味着既忽略了弹性变形的影响,又忽略了塑性变形时的应变硬化效应。但是,从物理上说,材料的弹性变形总是塑性变形的先驱,因而无论结构所受的是准静态载荷还是动态载荷,真实的材料在变形的初期总会经历弹性变形;在塑性变形结束后,结构还必须经历一个弹性恢复(回弹)阶段从而达到它的最后构形。因此,很有必要研究忽略弹性变形的刚塑性模型究竟在什么条件下适用? 采用这一理想化模型会对动力响应分析结果带来多大的误差? 显然,回答这些问题不但是从理论上论证刚塑性模型合理性的需要,而且是在工程问题中应用刚塑性模型时必须弄清楚的重要前提。

检验这个问题的最简单的方法是考察图 8.7 所示的一维力学模型,对弹塑性模型的响应和刚塑性模型的响应加以比较。图 8.7(a)给出的弹塑性力学模型包含有一个线性弹簧和一对摩擦副,后者相当于一个理想塑性元件。当力 F 沿弹簧和摩擦副的轴线作用时,力 F 和位移 Δ 之间的关系为

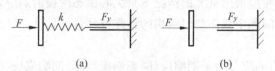

(a)　　　　　　　　　　　(b)

图 8.7　理想化的一维力学模型

(a) 理想弹塑性材料; (b) 理想刚塑性材料

$$F = \begin{cases} k\Delta, & \Delta \leqslant \Delta_y = F_y/k \\ F_y, & \Delta_y \leqslant \Delta < \Delta_f \end{cases} \tag{8.53}$$

上式中 k 是弹簧系数，F_y 是由摩擦副表征的塑性极限载荷。如果将 8.7(a) 中的弹簧移走，即认为材料的弹性变形是可以忽略的，就得到图 8.7(b) 所示的理想刚塑性模型。

设力 F 准静态地作用于图 8.7(a) 所示的弹塑性模型的左端。考查材料的变形过程，左端的位移从零开始逐渐增加至一个总的位移 $\Delta_{tl}^{ep} > \Delta_y = F_y/k$，其中下标 tl 表示所产生的总的位移，上标 ep 表示弹塑性材料。在位移为 $0 < \Delta \leqslant \Delta_y$ 阶段，对应的力 F 首先从零增至 F_y；随后保持为 F_y（对应 $\Delta > \Delta_y$）。在此过程中，总的输入能量为

$$E_{in} = \frac{1}{2} F_y \Delta_y + F_y (\Delta_{tl}^{ep} - \Delta_y) = E_{max}^e + F_y \Delta_p^{ep} \tag{8.54}$$

其中 $E_{max}^e = F_y \Delta_y / 2$ 是该弹塑性模型所能够储存的最大弹性能，$\Delta_p^{ep} = \Delta_{tl}^{ep} - \Delta_y$ 表示位移的塑性分量。(8.54) 式给出的总输入能量可以用图 8.8(a) 中阴影面积表示。

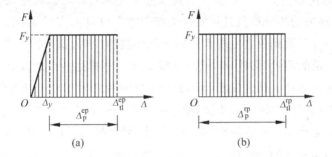

图 8.8　理想塑性模型的力-位移关系

(a) 弹塑性模型；(b) 刚塑性模型

然后，再设力 F 准静态地作用于图 8.7(b) 所示的刚塑性模型的左端。当且仅当 $F = F_y$ 时，才有可能发生变形。若模型左端的最终位移为 Δ_{tl}^{rp}，这里上标 rp 表示刚塑性模型，此变形过程中总的输入能量是

$$E_{in} = F_y \Delta_{tl}^{rp} = F_y \Delta_p^{rp} \tag{8.55}$$

这里位移的塑性分量等于总位移，$\Delta_p^{rp} = \Delta_{tl}^{rp}$。(8.55) 式给出的总的输入能量可以用图 8.8(b) 中阴影面积表示。

若两种模型中输入的能量相同，即 (8.54) 式和 (8.55) 式中的 E_{in} 相等，定义能量比（energy ratio）如下：

$$R_{er} \equiv \frac{E_{in}}{E_{max}^e} \tag{8.56}$$

由 (8.54) 式和 (8.55) 式可得

$$E_{\text{in}} - F_y \Delta_p^{\text{rp}} - F_y \Delta_p^{\text{ep}} \mid E_{\text{max}}^{\text{e}} \tag{8.57}$$

(8.57)式两边除以 E_{in} 可得

$$1 = \frac{\Delta_p^{\text{ep}}}{\Delta_p^{\text{rp}}} + \frac{E_{\text{max}}^{\text{e}}}{E_{\text{in}}} = \frac{\Delta_p^{\text{ep}}}{\Delta_p^{\text{rp}}} + \frac{1}{R_{\text{er}}} \tag{8.58}$$

(8.58)式也可以写成:

$$\frac{\Delta_p^{\text{rp}}}{\Delta_p^{\text{ep}}} = \frac{R_{\text{er}}}{R_{\text{er}} - 1} \tag{8.59}$$

因此,由(8.59)式可知利用刚塑性模型预测塑性位移的相对"误差"为

$$\text{“Error”} \equiv \frac{\Delta_p^{\text{rp}} - \Delta_p^{\text{ep}}}{\Delta_p^{\text{ep}}} = \frac{1}{R_{\text{er}} - 1} > 0 \tag{8.60}$$

(8.59)式表明,当施加的载荷相同时,刚塑性模型预测的塑性变形总是略大于对应的弹塑性模型,即有 $\Delta_p^{\text{rp}} > \Delta_p^{\text{ep}}$。刚塑性模型引起的"误差"随着能量比 $R_{\text{er}} = E_{\text{in}}/E_{\text{max}}^{\text{e}}$ 的增大而减小。例如,如果在某结构问题中,$R_{\text{er}} = 10$,则刚塑性模型预测的塑性变形的误差约为 11%,这对于大多数工程应用是可以接受的。

显然,上述的初步分析只是从能量角度考察了单自由度系统的准静态加载的情形。随后的研究扩展到单自由度系统的动态加载的情形,这时图 8.7 中承受载荷的平板应具备一定的质量(惯性)m,同时外载 F 可以不再是一个单调增加的力,而是随时间变化的某个脉冲。研究发现(Yu,1993),为确保刚塑性模型预测的塑性变形,同对应的弹塑性模型的预测相差不大,除了要满足上述能量比大的要求外,还要求所施加脉冲的周期远小于弹塑性结构的基本(最小)弹性振动周期。例如,对于图 8.7(a)的弹塑性模型而言,其基本(最小)弹性振动周期等于 $2\pi\sqrt{m/k}$,所以要求载荷脉冲周期远比此值小。此外,人们还研究过二自由度系统(例如一根刚性杆上附有两个集中质量)受动载的情形,比较了刚塑性模型和弹塑性模型的动力响应过程与最终变形量。

习题

8.1　如图所示,两端固支的理想刚塑性梁 AB,长度为 $2L$,单位梁长的质量为 ρ,塑性极限弯矩为 M_p。一个集中质量 m 以初速度 v_0 打击在梁跨度内的 C 点,该点距离梁的一个固支端 $L/2$。请用模态分析法对动态响应进行近似分析,给出(1)模态解中 C 点的初速度;(2)总响应时间;(3)C 点的最终位移。并讨论一般情况下,为什么梁在冲击载荷作用下的真实动态响应会不同于模态分析解。

8.2　应用界限定理对 8.1 题 C 点的最终位移作出上下限估计。

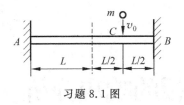

习题 8.1 图

8.3 仍然考虑 8.1 题的情形，但梁的两端为简支。设梁的弹性弯曲刚度 EI 和弹性极限弯矩 M_e 已知；可以假定弹性变形时梁的弯矩图呈三角形，最大弯矩在 C 截面并等于 M_e。请用以上给定的参数写(8.56)式所定义的能量比，以便讨论刚塑性假设的误差。

第 9 章

刚塑性板的响应分析

在研究板的动态行为之前,先回顾一下板对静载荷的极限承载能力。对发生较大塑性变形的薄板进行静力学和动力学分析时,我们均采用如下假设:

1) 板的材料为理想刚塑性,而且其性质与应变率无关;

2) 载荷垂直于板的初始中面,即板只受横向载荷作用;

3) 与板的厚度相比,板的挠度量很小。

在以上基本假设的前提下,分析理想刚塑性板的力学行为。若板的厚度为 h,材料单向拉伸屈服应力为 Y,则单位宽度上板的塑性极限弯矩为 $M_0 = \sigma_0 h^2/4$。其中,若采用 Tresca 屈服准则,则 $\sigma_0 = Y$;若采用 Mises 屈服准则,则 $\sigma_0 = 2Y/\sqrt{3}$。

基于上述第 2 条和第 3 条基本假设,在板的变形分析中可以忽略拉伸(膜力)和剪切产生的应力和变形,因而按照克希霍夫假定(即直法线假定),只考虑弯矩引起的正应力和弯曲变形。此外,由于只关注小变形,所有的几何关系和平衡方程(或运动方程)都建立在板的初始构型基础上。因此,本章对板的分析局限于板的**初期变形**(incipient deformation)阶段。

9.1 刚塑性板的静态承载能力

本节将应用上限定理估算板的静载承载能力,读者可以参考 Johnson 和 Mellor(1973),以及 Johnson(1972)的书。在前几章关于梁的分析中,我们知道梁在静载下的失效机构中通常包括若干塑性铰和不变形的刚性区段。受梁的极限分析的启发,容易构建出板的塑性失效变形机构,它是由一些**塑性铰线**(plastic hinge line)连接起来的不变形的刚性板块(rigid segment),沿塑性铰线上的弯矩等于板在单位宽度上的塑性极限弯矩 M_0。

其最基本的单元如图 9.1 所示。

参照第 8 章叙述界限定理时引入的运动许可速度场的概念,如果某个变形机构对应的速度场是运动许可的,也就是此速度场满足位移边界条件和塑性铰线上的连续性条件,则由外载荷功率和塑性耗散功率的平衡关系,可以得到板的塑性极限载荷的一个上限估计。一般来说,对于给定的构型其变形失效机构并不是唯一的,其中"最佳"的变形机构应该对应于最低上限(lowest upper bound),并且能够给出最接近板真实承载能力的估计。

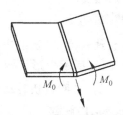

图 9.1 由塑性铰线连接的刚性板块

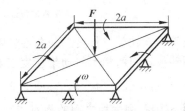

图 9.2 四边简支的方板受中心集中载荷作用

9.1.1 正方形板的承载能力

本节分析边长为 $2a$、厚度为 h 的正方形板,在不同支承条件下承受几种不同形式的载荷的能力。

支承与载荷情况 A

如图 9.2 所示,设方板四边简支,在板的中心处受到集中载荷 F 的作用。

由小变形假设,板中心的位移量与板厚相比是小量。如图 9.3(a)所示,假设的变形机构具有沿着板对角线的塑性铰线,则塑性铰线将板分成了 4 个不变形的三角形刚性区域:A,B,C 和 D。每个区域各自绕正方形的一条边转动。板具有的对称性要求 4 块刚性体的转动角速度相同,均为 ω;其转动方向可以由右手法则确定,因而 4 个角速度矢量在板平面内,分别沿着板的边长方向。

将角速度矢量重新画入图 9.3(b),各矢量以同一点 O 为起点,4 块刚性板的转动角速度矢量的终点相应标记为 a,b,c,d,此图称为速度矢端图(hodograph)。从此图中可以找到各刚性体之间的相对角速度,例如矢量 $\overrightarrow{Oa}$ 表示刚性块 A 的转动角速度,而矢量 $\overrightarrow{ab}$ 则表示刚体块 A 与刚体块 B 之间的相对转动角速度。

外力在此速度场上所做的功率 $\dot{W}$ 等于集中力的大小乘以板中点的法向速度 v_0,即

$$\dot{W} = F \cdot v_0 = F \cdot \omega a \tag{9.1}$$

总的塑性耗散功率等于所有塑性铰线上的耗散功率之和。每条塑性铰线上的塑

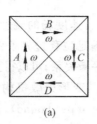　　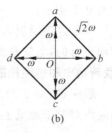

(a)　　　　　　　　(b)

图 9.3　方板变形机构中各个板块的角速度

(a) 板的角速度矢量；(b) 角速度矢端图

性耗散等于板在单位长度上的塑性极限弯矩 M_0，塑性铰线长度，以及由塑性铰线链接的刚性板块间的相对转动角速度三者的乘积。图 9.3(a)所示变形机构中有 4 条塑性铰线，每条长度为 $\sqrt{2}a$。按图 9.3(b)所示的矢端图，已知各刚性块转动角速度大小均为 ω，则各刚性块之间的相对转动角速度大小均为 $\sqrt{2}\omega$，因此有

$$\dot{D}_p = M_0 \cdot \sqrt{2}\omega \cdot 4\sqrt{2}a = 8M_0\omega a \tag{9.2}$$

由能量平衡条件知外力功率等于总的塑性耗散功率：

$$\dot{W} = \dot{D}_p \tag{9.3}$$

因此有 $F\omega a = 8M_0\omega a$，即

$$F_s = 8M_0 \tag{9.4}$$

　　(9.4)式给出了四边简支的正方形板在受中心集中力作用时的静态极限载荷的上限，下标"s"对应为静态载荷。注意此极限载荷与板的尺度 a 没有关系。由于 M_0 表示单位长度上板的塑性极限弯矩，同集中力具有相同的量纲，所以(9.4)式在量纲上没有问题。

支承与载荷情况 B

　　如图 9.2 所示的正方形板，边界条件为四边简支，在板的上表面受到均布压力 p 的作用。

　　设板的变形机制仍与中心集中力作用的情况 A 相同，即如图 9.3 所示。矢端图给出的刚性板之间的角速度关系也与情况 A 完全一样，因此二者的塑性耗散功率相同，均可用(9.2)式表示；与集中载荷的区别只在于外力功率的计算。每块三角形刚性板块的面积为 $A = a^2$，其质心的法向速度是 $v_c = a\omega/3$，因此有

$$\dot{W} = 4 \cdot p \cdot A \cdot v_c = \frac{4}{3}pa^3\omega \tag{9.5}$$

由功率平衡方程(9.3)式，得 $4pa^3\omega/3 = 8M_0\omega a$，即

$$p_s = \frac{6M_0}{a^2} \tag{9.6}$$

　　(9.6)式给出了四边简支方板在均布压力作用下的静态极限载荷的上限。

支承与载荷情况 C

如图 9.2 所示的正方形板,边界支承条件改为四边固支,板面上受到均布压力 p 的作用。

板的变形机制、矢端图和外载荷功率与四边简支的情况(支承与载荷情况 B)完全相同。不同在于,除了正方形对角线为塑性铰线以外,正方形板的四条外边界也必须成为塑性铰线,否则不能形成可变形的机构。因此,支承与载荷情况 C 同支承与载荷情况 B 的区别在于塑性耗散功率的计算,现在有

$$\dot{D}_{\mathrm{p}} = 8M_0\omega a + M_0\omega \cdot 8a = 16M_0\omega a \tag{9.7}$$

显然,与四边简支边界相比,四边固支边界条件下的塑性耗散是前者的二倍。因此,在均布压力作用下的静态失效载荷也是前者的二倍,

$$p_{\mathrm{s}} = \frac{12M_0}{a^2} \tag{9.8}$$

用同样的推理容易证实,四边固支的方板受中点集中力时,极限载荷也是情况 A 所给出的(9.4)式的二倍。

9.1.2　矩形板的承载能力

四边简支的矩形板,其边长分别为 $2a$ 和 $2b$,且 $a \geqslant b$。板的上表面受到均布压力 p 的作用。假设其失效变形机构如图 9.4(a)所示,板被 5 条塑性铰线划分为 4 个不变形的刚性板块,其中 2 块为三角形,2 块为梯形。为确定塑性铰线两个汇交点,需要一个待定参数 c。

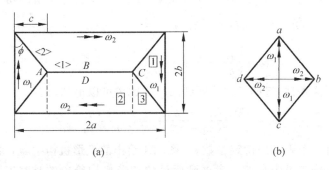

图 9.4　矩形板的角速度
(a) 板的角速度矢量;(b) 角速度矢量端图

沿着板中部的塑性铰线 AC,所有的点具有相同的法向速度,因此:

$$\omega_1 c = \omega_2 b = v \quad (b \leqslant c) \tag{9.9}$$

计算外力的总功率时需要考虑图 9.4(a)所示的变形机构中包含三种刚性板块。

首先考虑两侧的三角形刚性板块,在图中用符号"①"表示,此部分的外力功率为

$$\dot{W}_1 = p \cdot \left(\frac{1}{2} \cdot 2b \cdot c \right) \cdot \frac{1}{3}v \tag{9.10}$$

其次考虑梯形刚性板块中间的矩形部分,用符号"②"表示,此部分的外力功率为

$$\dot{W}_2 = p \cdot b(2a - 2c) \cdot \frac{1}{2}v \tag{9.11}$$

最后考虑梯形刚性板块两侧的三角形部分,用符号"③"表示,此部分的外力功率为

$$\dot{W}_3 = p \cdot \frac{1}{2}bc \cdot \frac{1}{3}v \tag{9.12}$$

将(9.10)式,(9.11)式和(9.12)式相加,可以得到外力的总功率为

$$\dot{W} = 2\dot{W}_1 + 2\dot{W}_2 + 4\dot{W}_3 = p \cdot \frac{2b}{3}(3a - c) \cdot v \tag{9.13}$$

接下来计算塑性耗散功率,5 条塑性铰线中有 1 条是水平的,在图 9.4(a)中用符号"⟨1⟩"来表示;另外 4 条是倾斜的,用符号"⟨2⟩"来表示。对于水平的塑性铰线"⟨1⟩",塑性耗散功率为单位长度上板的塑性极限弯矩 M_0,塑性铰线长度 $(2a - 2c)$,以及由塑性铰线链接的刚性板块间的相对转动角速度 $2\omega_2$ 三者的乘积,即

$$\dot{D}_1 = M_0 \cdot (2a - 2c) \cdot 2\omega_2 \tag{9.14}$$

任意一条倾斜塑性铰线"⟨2⟩"的长度为 $\sqrt{b^2 + c^2}$;根据图 9.4(b)给出的矢端图,塑性铰线链接的两刚性板块之间的相对角速度为 $\sqrt{\omega_1^2 + \omega_2^2}$。因此,塑性铰线"⟨2⟩"的塑性耗散功率是

$$\dot{D}_2 = M_0 \cdot \sqrt{b^2 + c^2} \cdot \sqrt{\omega_1^2 + \omega_2^2} \tag{9.15}$$

将两种塑性铰线的耗散合在一起,就得到此变形机构的总塑性耗散功率是

$$\dot{D}_p = \dot{D}_1 + 4\dot{D}_2 = 4M_0 \cdot \frac{a - c}{b}v + 4M_0 \cdot \frac{b^2 + c^2}{bc}v$$

$$= 4M_0 v \left(\frac{a}{b} + \frac{b}{c} \right) \tag{9.16}$$

由功率平衡条件,将(9.16)式同(9.13)式比较可以得到,

$$p = \frac{6M_0(a/b + b/c)}{b(3a - c)} = \frac{6M_0(ac + b^2)}{b^2 c(3a - c)} \tag{9.17}$$

(9.17)式中有一个未知的待定参数 c。图 9.4 给出的变形机构中若 c 取不同的数值,将给出不同的静态极限载荷。考虑到假设的变形机构给出的是静态极限载荷的上限,使(9.17)式中的 p 取最小值的参数 c,将对应于真实情况下最可能发生的塑性失效机构。因此利用 $\partial p / \partial c = 0$,来确定变形结构中的待定参数 c,于是要求,

$$ac^2 + 2b^2 c - 3ab^2 = 0 \tag{9.18}$$

解(9.18)式给出的关于 c 的一元二次方程,可得

$$c/b = \sqrt{3 + (b/a)^2} - b/a \quad (b \leqslant a) \tag{9.19}$$

(9.19)式也可以写成塑性铰线与矩形短边夹角 ϕ 的形式，即

$$\phi = \arctan(c/b) = \arctan\left[\sqrt{3 + (b/a)^2} - b/a\right] \tag{9.20}$$

由(9.18)式变化可知：

$$\frac{ac + b^2}{3a - c} = \frac{b^2}{c} \tag{9.21}$$

将(9.21)式代入(9.17)式，可得简化形式的静态失效载荷 p_s，有

$$p_s = \frac{6M_0}{c^2} = \frac{6M_0}{(b\tan\phi)^2} \tag{9.22}$$

以下我们以矩形板的几种典型几何尺寸为例，计算相应的静态极限载荷：

1) 如果 $a = b$，即矩形板退化为正方形板的特殊情况。则有 $c = b$，$\phi = 45°$，(9.22)式给出的静态极限载荷退化为 9.1.1 节给出的情况，$p_s = 6M_0/a^2 = 6M_0/b^2$。

2) 如果 $a = 3b$，则有 $c = 1.43b$，$\phi = 55°$，$p_s = 2.93M_0/b^2$。

3) 如果 $a \gg b$，对应于矩形板两个边长相差悬殊的情况，则 $c \to \sqrt{3}b$，$\phi \to 60°$，$p_s \to 2M_0/b^2$。这种情况下，静态极限载荷水平明显下降，仅是正方形板的 1/3。

9.1.3　正多边形板的承载能力

如图 9.5 所示，正 n 边形板，板中心到各边的垂直距离为 a，板单位宽度上的塑性极限弯矩为 M_0，分析在不同支承条件下板对几种不同形式的载荷的极限承受能力。

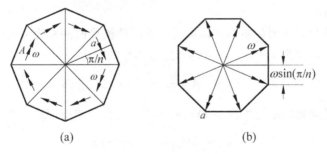

(a)　　　　　　　　　　(b)

图 9.5　正多边形板的角速度

(a) 板的角速度矢量；(b) 角速度矢端图

支承与载荷情况 A

正多边形板的边界条件为简支，受到位于板中心的集中载荷 F 的作用。图 9.5(a) 给出了板的失效机构，由 n 个等腰三角形刚性板块构成，各三角形板块之间以射线状的塑性铰线链接。每个刚性三角形板块的运动形式为绕各自的底边进行转动。由变形协调条件易知，各刚性板块的角速度大小相同，均为 ω，而角速度矢量的方向分别沿着刚性板块的各自底边。

由板中点的法向速度 $v_0 = \omega a$，计算出外加集中力的功率为

$$\dot{W} = F\omega a \tag{9.23}$$

图 9.5(a)所示的变形机构中包含 n 条射线状的塑性铰线，由几何关系可知，每条塑性铰线的长度为 $a/\cos(\pi/n)$。由图 9.5(b)得到的矢端图可知，相邻两个三角形刚性板块之间的相对角速度为 $2\omega \sin(\pi/n)$。因此总的塑性耗散功率为

$$\dot{D}_p = n \cdot M_0 \cdot a/\cos(\pi/n) \cdot 2\omega \sin(\pi/n) = 2M_0\omega an \cdot \tan(\pi/n) \tag{9.24}$$

由功率平衡方程，比较(9.23)式和(9.24)式，可以得到静态极限载荷：

$$F_s = 2M_0 n \cdot \tan(\pi/n) \tag{9.25}$$

由(9.25)式取正多边形的边数 n 趋向无穷大的极限情形，即 $n \rightarrow \infty$，(9.25)式可以给出圆板中心受集中力情况的静态极限载荷：

$$F_s = 2\pi M_0 \tag{9.26}$$

从变形机构来看，当塑性铰线的条数 n 趋向于无穷大时，相应的失效机构具有无穷多的极狭窄的三角形刚性板块，相邻的板块之间的相对转动则是无穷小，结果使得正多边形板变成一个圆板。

支承与载荷情况 B

简支的正 n 边形板，上表面受到均布压力 p 的作用。假定其失效机构仍如图 9.5(a)所示。

首先计算均布压力的功率。每块三角形刚性板块的面积为 $A = a \cdot a\tan(\pi/n)$，其质心的法向速度为 $v_c = \omega a/3$，则均布压力的总功率为

$$\dot{W} = n \cdot p \cdot A \cdot v_c = \frac{1}{3}\omega npa^3 \tan(\pi/n) \tag{9.27}$$

总的塑性耗散功率与情况 A 给出的集中载荷情况相同，即

$$\dot{D}_p = 2M_0\omega an \cdot \tan(\pi/n) \tag{9.28}$$

由功率平衡方程，即 $\dot{W} = \dot{D}_p$，可得均布载荷作用下的简支正多边形板的静态极限载荷为

$$p_s = 6M_0/a^2 \tag{9.29}$$

(9.29)式给出的静态极限载荷与多边形的边数 n 无关，显然这一结论也适用于圆板($n \rightarrow \infty$)的情况。

支承与载荷情况 C

固定支承边界条件的正 n 边形板，上表面受到均布压力 p 的作用。假定其失效机构仍然如图 9.5(a)所示，这时均布压力的外力功率已由(9.27)式给出。需要注意

的是,为了能够形成失效机构,多边形的固定边界上也必须形成塑性铰线;因此,在固支边界条件下,总的塑性耗散功率比简支情况下更大,

$$\dot{D}_\mathrm{p} = 2M_0\omega an \cdot \tan(\pi/n) + M_0 \cdot n \cdot \omega \cdot 2a\tan(\pi/n)$$
$$= 4M_0\omega an \cdot \tan(\pi/n) \tag{9.30}$$

由功率平衡方程,即 $\dot{W} = \dot{D}_\mathrm{p}$,可得均布载荷作用下的固支多边形板的静态失效载荷为

$$p_\mathrm{s} = 12M_0/a^2 \tag{9.31}$$

这表明,由于边界上的塑性铰线也造成能量耗散,固支多边形板在均布载荷下的静态极限载荷是简支情况下的二倍。同样,(9.31)式与多边形的边数无关,因此也适用于固支圆板的分析。

9.1.4 外边界固支的圆环板的承载能力

在前面的分析中,涉及几何形状比较简单的方板、矩形板、正多边形板以及圆板。对于形状更复杂的板也可以按同样的方法进行分析,如图 9.6(a)所示的圆环形板,其内半径为 b,外半径为 a,其外边缘为固定支承边界条件,而内边缘自由并承受均匀线分布的载荷(总值相当于力 P)的作用。

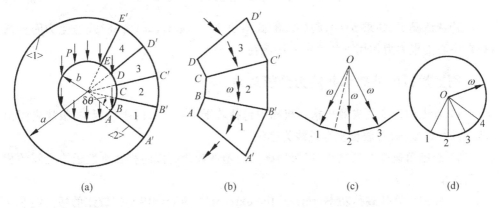

图 9.6 圆环形板的速度场
(a) 板的变形机制;(b) 板的角速度矢量;(c)、(d) 速度矢量端图

如图 9.6(a)所示的变形机构中,n 条塑性铰线沿半径方向放射形分布,标记为"〈2〉",将圆环面分成对称的 n 个小梯形,并让 n 趋向于无穷大。为了能形成失效机构,圆环面的外边界也必须成为塑性铰线,标记为"〈1〉"。由于外力 P 施加在圆环的内半径 $r=b$ 上,其线分布载荷密度为 $p = P/(2\pi b)$,圆环内半径上各点的法向速度是 $v = (a-b)\omega$。因此,外载荷的功率为

$$\dot{W} = p \cdot 2\pi b \cdot v = p \cdot 2\pi b \cdot (a-b) \cdot \omega \tag{9.32}$$

在圆环外边界的塑性铰线"〈1〉"上,塑性耗散功率为

$$\dot{D}_1 = M_0 \cdot 2\pi a \cdot \omega \tag{9.33}$$

在沿半径方向上的塑性铰线"〈2〉"上,n 条长度为 $(a-b)$ 的塑性铰线,相邻刚性板块之间的相对角速度为 $2\omega\sin(\pi/n)$,则

$$\dot{D}_2 = M_0 \cdot n \cdot (a-b) \cdot 2\omega\sin(\pi/n) \tag{9.34}$$

当 $n \rightarrow \infty$ 时,(9.34)式导出,

$$\dot{D}_2 = 2\pi\omega M_0(a-b) \tag{9.35}$$

因而,总的塑性耗散功率为

$$\dot{D}_\mathrm{p} = \dot{D}_1 + \dot{D}_2 = 2\pi(2a-b)\omega M_0 \tag{9.36}$$

由功率平衡方程,即 $\dot{W} = \dot{D}_\mathrm{p}$,从(9.32)式和(9.36)式可得此圆环板的静态极限线载荷:

$$p_\mathrm{s} = \frac{2a-b}{a-b} \cdot \frac{M_0}{b} \tag{9.37}$$

对应静态极限总载荷为

$$P_\mathrm{s} = 2\pi b \cdot p_\mathrm{s} = 2\pi M_0 \cdot \frac{2a-b}{a-b} \tag{9.38}$$

特殊情况下,如果 $b=0$,则(9.38)式给出 $P_\mathrm{s} = 4\pi M_0$,即(9.38)式退化为固支圆板在中心受集中力作用下的静态极限载荷。

刚塑性板的静态承载能力分析总结

1) 首先构造变形失效机构。机构中包括若干个不变形的刚性板块,板块之间由塑性铰线连接;通常假设塑性铰线为直线;

2) 绘制角速度的矢端图,以协助确定由塑性铰线链接的相邻刚性板块之间的相对角速度;

3) 分别计算外载荷功率(rate of the external work)和沿塑性铰线的塑性耗散功率(plastic dissipation rate);

4) 通过功率平衡方程得到静态极限载荷;

5) 在有些情况下,需要通过取极限载荷的极小值来确定失效机构中的待定几何参数,从而得到极限载荷的最佳上限估计。

需要强调的是,这种假设运动许可场的方法给出的极限载荷通常是真实失效载荷的一个上限。

9.2 脉冲载荷作用下板的动力响应

9.2.1 任意脉冲的等效替换

本小节的内容可参见 Zhu 等(1986)关于结构在冲击载荷下塑性动力学响应的论文。

如图 9.7 所示,Youngdabl 在 1970 年提出,一个任意形状的脉冲可以由有效冲量 I_e 和有效载荷 P_e 这两个量来表征。它们的定义如下:

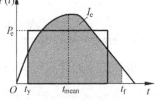

$$I_e = \int_{t_y}^{t_f} P(t)\,\mathrm{d}t \qquad (9.39)$$

$$P_e = I_e / (2t_{mean}) \qquad (9.40)$$

$$t_{mean} = \frac{1}{I_e} \int_{t_y}^{t_f} (t - t_y) \cdot P(t) \cdot \mathrm{d}t \qquad (9.41)$$

图 9.7 任意形状脉冲的等效替代

其中 $P(t)$ 是脉冲载荷,t_y 和 t_f 分别是塑性变形开始和结束的时刻。显然,(9.39)式对原先给出的脉冲加以掐头去尾,只保留中间的有效部分,得到的有效冲量 I_e 相当于图中阴影部分的面积;通过(9.41)式找出该有效脉冲的重心;由(9.40)式确定的矩形脉冲正好也具有同样的脉冲重心。这样一来,一个任意形状的脉冲就被等效成为一个矩形脉冲(方波)了,任意形状的脉冲只需要两个参量就完全得以表征。

在实际应用时,确定 t_y 和 t_f 是一个难点。为此,Youngdabl 又建议采用下式来协助分析:

$$P_y(t_f - t_y) = \int_{t_y}^{t_f} P(t) \cdot \mathrm{d}t \qquad (9.42)$$

其中 P_y 是所分析结构的准静态矩形载荷。

对于典型结构(包括梁和板)的动力响应算例,发现对线性衰减脉冲、三角形脉冲、半正弦波等非矩形脉冲,按上述方法等效替换为矩形脉冲后作响应分析,带来的误差非常小,约在 5% 左右,在工程估算所接受的范围内(Youngdahl,1970)。因此,着重研究矩形脉冲下结构的动力响应具有相当大的普遍意义。

9.2.2 在矩形脉冲作用下正方形板的动力响应

下面我们着重研究矩形脉冲下平板的动力响应,并应用 Kaliszky(1970)提出的简单分析方法。先作以下假定:

1) 脉冲为矩形脉冲,其脉冲强度温和(moderate),具体来说,$p_s \leqslant p_0 \leqslant (2\sim3) p_s$,即脉冲强度在 2~3 倍的静态极限载荷的范围内。

2) 在此载荷范围内,结构的动载变形机构与静载荷变形机构相同。

此外,仍然采用静态极限分析中的三条假设:材料为理想刚塑性且与应变率无关;载荷垂直于板的中面;板的挠度与板厚相比是小量。

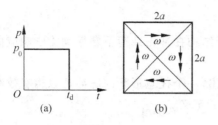

图 9.8　正方形板受矩形脉冲作用
(a) 矩形脉冲形式;(b) 板的变形机构

边长为 $2a$ 的正方形板,边界条件为四边固支,表面上受到均布矩形脉冲 (p_0, t_d) 的作用。脉冲随时间变化曲线见图 9.8(a)。

根据 Cox 和 Morland(1959)的研究结果,准静态极限分析给出的失效机构仅在脉冲载荷"温和"($p_s \leqslant p_0 \leqslant 2p_s$)的情况下成立;而对于脉冲强度更大的载荷($p > 2p_s$),准静态极限分析的失效机构不再适用。

由 9.1 节的分析可知,对于均布压力作用的正方形板,其静态极限载荷分别为

$$p_s = \frac{6M_0}{a^2}, \quad 简支边界 \tag{9.43}$$

$$p_s = \frac{12M_0}{a^2}, \quad 固支边界 \tag{9.44}$$

现在考虑在温和脉冲载荷作用下的板的动态响应。其响应过程可以分为两个阶段:第 I 阶段,板在脉冲加载阶段($0 \leqslant t \leqslant t_d$)的加速;第 II 阶段,板在加载停止后($t > t_d$)的减速。

第 I 变形阶段: 在静态极限分析中,变形的阻力来自于变形机构中的塑性铰线,而极限载荷 p_s 的计算正好体现了同这种阻力的平衡,也就是说,p_s 恰恰体现了产生这一静态失效机构所要求的载荷的大小;显然,只有施加的载荷超过静态极限载荷,才会在刚塑性结构中引起运动和变形。因而,能够使结构在准静态失效机构的基础上,产生变形的加速度的是载荷中超过静态极限载荷的那一部分,即作用于板上的 $(p - p_s)$,它可定义为**净压力**(net pressure)或称为**超载压力**(excess pressure)。对于脉冲强度为常数的情况,即 $p = p_0$,净压力显然也是一个常数。

设被塑性铰线链接的每个三角形刚性板块的转动角加速度为常数 α;由运动学条件知,每个板块的角速度为

$$\omega = \alpha t \tag{9.45}$$

对应的板中点的法向速度为

$$v = \alpha a t \tag{9.46}$$

容易计算出匀加速运动的板中点的法向位移为

$$\Delta = vt/2 \tag{9.47}$$

如何确定板中点的法向速度,或者转动角速度随脉冲的变化规律呢?取 4 块刚性三角形板块中的一块作为研究对象。根据能量方程,板表面的净压力在 $0 \sim t$ 时间

范围内所做的功,应该等于此时间范围内板动能的增加,

$$W = \Delta K \tag{9.48}$$

其中净压力的功等于净压力的大小$(p_0 - p_s)$、三角形面积 a^2 与三角形重心的法向位移 $\Delta/3 = vt/6$ 三者之间的乘积:

$$W = (p_0 - p_s) \cdot a^2 \cdot vt/6 \tag{9.49}$$

三角形板块相当于绕底边作定轴转动的刚体,初始时刻角速度为零,则其动能增加为

$$\Delta K = \frac{1}{2} J \omega^2 \tag{9.50}$$

式中 J 为三角形板绕底边的转动惯量(moment of inertia)。设板单位面积的质量为 μ,如图 9.9 所示,可以通过积分计算转动惯量 J,有

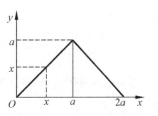

图 9.9　三角形板块对底边的转动惯量计算示意图

$$J = 2 \int_0^a \int_0^x \mu y^2 \cdot \mathrm{d}y \cdot \mathrm{d}x = 2 \int_0^a \frac{1}{3} \mu x^3 \cdot \mathrm{d}x = \frac{1}{6} \mu a^4 \tag{9.51}$$

考虑到转动角速度与板中点法向速度之间的关系,$\omega = v/a$,能量方程(9.48)式可给出板中点的法向速度:

$$v = \frac{2(p_0 - p_s)}{\mu} t \tag{9.52}$$

由此可知,板中点的法向速度与脉冲的净压力$(p_0 - p_s)$成正比,同时还与脉冲的作用时间成正比,即板的中点沿法向作匀加速运动。

在第 I 变形阶段结束的时刻,即 $t = t_d$,板中点的法向速度为

$$v_1 = \frac{2(p_0 - p_s)}{\mu} t_d \tag{9.53}$$

此时,板中点的法向位移(即挠度)为

$$\Delta_1 = \frac{1}{2} v_1 t_d = \frac{(p_0 - p_s)}{\mu} t_d^2 \tag{9.54}$$

而系统此时所具有的动能为

$$K_1 = 4 \cdot \frac{1}{2} J \omega_1^2 = 2 \cdot \frac{1}{6} \mu a^4 \cdot \left[\frac{2(p_0 - p_s)}{\mu} \frac{t_d}{a} \right]^2$$

$$= \frac{4}{3} \frac{a^2}{\mu} (p_0 - p_s)^2 t_d^2 \tag{9.55}$$

利用(9.54)式,系统此时的动能也可以表示成当前位移的形式:

$$K_1 = (p_0 - p_s) \cdot 4a^2 \cdot \Delta_1/3 \tag{9.56}$$

第 II 变形阶段:在第 I 变形阶段结束后,板中积蓄的动能 K_1 将在绕边界的继续转动的过程中被逐渐耗散掉。转动过程中阻力的大小正好可以用静载荷极限载荷 p_s 来衡量。设在变形第 II 阶段中,板中点增加的法向位移(即挠度)为 Δ_2,则相应的

塑性耗散能为

$$D_2 = p_s \cdot 4a^2 \cdot \Delta_2/3 \tag{9.57}$$

由 $K_1 = D_2$ 可得

$$\frac{4}{3} \cdot \frac{a^2}{\mu}(p_0 - p_s)^2 t_d^2 = \frac{4}{3} p_s a^2 \Delta_2$$

即

$$\Delta_2 = \frac{(p_0 - p_s)^2 t_d^2}{\mu p_s} \tag{9.58}$$

因此,板中点的最终挠度为两个变形阶段法向位移之和:

$$\Delta_f = \Delta_1 + \Delta_2 = \frac{p_0(p_0 - p_s)}{p_s \mu} t_d^2 \tag{9.59}$$

由于第Ⅱ阶段变形过程中,板中点是在作匀减速运动,有

$$\Delta_2 = \frac{1}{2} v_1 t_2 \tag{9.60}$$

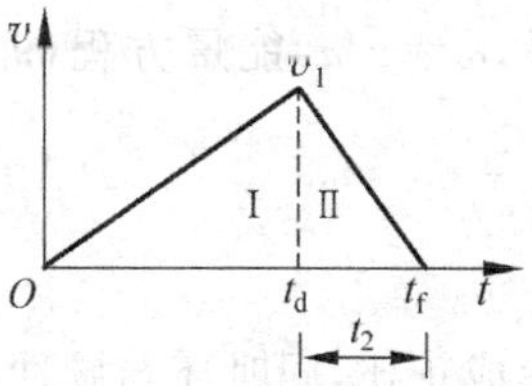

图 9.10 正方形板中点的法向速度
随时间的变化规律

由(9.60)式可以确定第Ⅱ变形阶段的时间历程:

$$t_2 = \frac{2\Delta_2}{v_1} = \frac{(p_0 - p_s)t_d}{p_s} \tag{9.61}$$

图 9.10 给出了板中点的法向速度随时间的变化规律,可见在变形的第Ⅰ和第Ⅱ阶段,该点沿板的法向分别在作匀加速和匀减速运动。

因此,板的总动态响应时间为两个时间阶段时间历程之和:

$$t_f = t_1 + t_2 = t_d + \frac{1}{p_s}(p_0 - p_s)t_d \tag{9.62}$$

整理(9.62)式后发现,有

$$t_f = \frac{p_0}{p_s} t_d$$

即

$$p_s t_f = p_0 t_d \tag{9.63}$$

(9.63)式的物理意义是:外载脉冲的冲量 $p_0 t_d$ 等于静态极限载荷与总时间历程的乘积 $p_s t_f$。实际上,由两个变形阶段冲量的变化也可以直接得出(9.63)式的结论。在变形的第Ⅰ阶段,外载输入系统的净冲量为

$$I_{in} = (p_0 - p_s) \cdot t_d \cdot 4a^2 \tag{9.64}$$

而在变形的第Ⅱ阶段,由于塑性铰的耗散作用,在系统中被消耗的冲量为

$$I_{out} = p_s \cdot (t_f - t_d) \cdot 4a^2 \tag{9.65}$$

由 $I_{in} = I_{out}$,直接可得(9.63)式。

小结

1）采用"净载荷"的计算方法，使我们在处理简支和固支板的问题上没有分别，只要在计算净载荷的时候，分别采用二者各自的静态极限载荷 p_s 即可。

2）可供大家思考的是：如果脉冲载荷幅值较强，$p_0 > 2p_s$，正方形板的动态变形机构会是什么形式？是否会出现瞬态变形阶段和模态变形阶段的区分？

9.2.3 在矩形脉冲作用下圆环板的动力响应

如图 9.11 所示的圆环形板，其内半径为 b，外半径为 a，板单位面积的质量为 μ。其外边缘为固定支撑边界条件，而内边缘自由并承受矩形脉冲载荷力（P_0，t_d）的作用。由 9.1.4 节的分析可知此问题的静态总极限载荷为

$$P_s = 2\pi M_0 \cdot \frac{2a-b}{a-b} \qquad (9.66)$$

或其静态线极限载荷为

$$p_s = \frac{P_s}{2\pi b} = \frac{M_0}{b} \cdot \frac{2a-b}{a-b} \qquad (9.67)$$

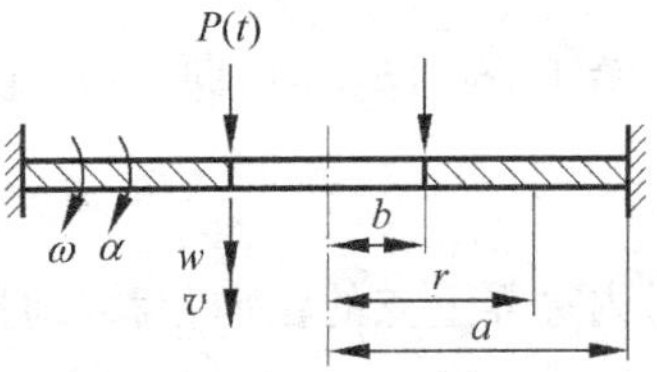

图 9.11　外边界固支的圆环板内边界受矩形脉冲力的作用

设圆环板内边界受如图 9.8(a) 所示的矩形脉冲，即 $P = P_0 (0 \leqslant t \leqslant t_d)$，并设脉冲载荷温和，即 $P_s < P_0 \leqslant 3P_s$。与正方形板受脉冲载荷的例子相同，圆环板的响应也可分成第 I 阶段和第 II 阶段。第 I 阶段，板在脉冲加载阶段（$0 \leqslant t \leqslant t_d$）发生加速；第 II 阶段，板在加载停止后（$t > t_d$）发生减速。

第 I 变形阶段：板绕外边界旋转的角加速度 α 是个常数，即板作匀加速转动，从运动学可知角速度随时间的变化规律：

$$\omega = \alpha t \qquad (9.68)$$

相应地可知圆环板内边界上各点的法向速度：

$$v = (a-b)\omega = (a-b)\alpha t \qquad (9.69)$$

以及圆环内边缘上点的法向位移（即挠度）：

$$\Delta = \frac{1}{2}vt = \frac{1}{2}(a-b)\alpha t^2 \qquad (9.70)$$

因此，在第 I 阶段变形结束的时刻 $t = t_d$，有

$$v_1 = (a-b)\alpha t_d \qquad (9.71)$$

$$\Delta_1 = \frac{1}{2}(a-b)\alpha t_d^2 \qquad (9.72)$$

以上方程中，角加速度 α 尚是待定常数。确定角加速度要通过第 I 阶段变形中的能量守恒。在整个第 I 阶段变形过程中，去除静极限载荷后的"净载荷"（$P_0 - P_s$）

所做的功应该等于板的动能增加,

$$(P_0 - P_s)\Delta_1 = \frac{1}{2}J(\alpha t_d)^2 \tag{9.73}$$

式中 J 为圆环板绕外边界定轴转动的转动惯量,可以通过积分求出:

$$J = \iint_A \mu(a-r)^2 \cdot dA = \int_b^a \mu(a-r)^2 \cdot 2\pi r \cdot dr$$

$$= \frac{\pi}{6}\mu(a-b)^3(a+3b) \tag{9.74}$$

因此,由(9.73)式可得第 I 变形阶段板的角加速度:

$$\alpha = \frac{1}{J}(a-b)(P_0 - P_s) \tag{9.75}$$

第 I 阶段结束时,即 $t = t_d$,板的内边界上点的法向速度为

$$v_1 = \frac{1}{J}(a-b)^2(P_0 - P_s)t_d \tag{9.76}$$

此时内边界上点的法向位移(即挠度)为

$$\Delta_1 = \frac{1}{2J}(a-b)^2(P_0 - P_s)t_d^2 \tag{9.77}$$

此时刻系统的动能为

$$K_1 = (P_0 - P_s)\Delta_1 = \frac{1}{2J}(a-b)^2(P_0 - P_s)^2 t_d^2 \tag{9.78}$$

第 II 变形阶段:在第 I 变形阶段结束后,板中储存的动能 K_1 将在绕边界的转动过程中被逐渐耗散掉,转动过程中阻力的大小正好可以用静载荷极限载荷 P_s 来衡量。若第 II 阶段圆环板内边界的法向位移为 Δ_2,则第 II 阶段变形过程中的阻力做功应等于 $t = t_d$ 时刻的动能:

$$K_1 = P_s\Delta_2 \tag{9.79}$$

由此可以计算第 II 阶段的内边界的法向位移(即挠度):

$$\Delta_2 = \frac{2}{JP_s}(a-b)^2(P_0 - P_s)^2 t_d^2 \tag{9.80}$$

响应结束后板在内边界上的最终挠度为

$$\Delta_f = \Delta_1 + \Delta_2 = \frac{(a-b)^2(P_0 - P_s)}{2J}t_d^2\left[1 + \frac{1}{P_s}(P_0 - P_s)\right]$$

整理上式可得

$$\Delta_f = \frac{(a-b)^2}{2J} \cdot \frac{P_0}{P_s}(P_0 - P_s)t_d^2$$

$$= \frac{3t_d^2}{\pi\mu(a-b)(a+3b)} \cdot \frac{P_0}{P_s}(P_0 - P_s) \tag{9.81}$$

此外,由于第 II 阶段内边界的点作匀减速运动,因此有

$$\Delta_2 = v_1 t_2/2 \tag{9.82}$$

由(9.80)式和(9.82)式可知第Ⅱ阶段响应时间为

$$t_2 = \frac{2\Delta_2}{v_1} = \frac{1}{P_s}(P_0 - P_s)t_d \tag{9.83}$$

因而,两变形阶段相加的总响应时间为

$$t_f = t_1 + t_2 = \frac{P_0}{P_s}t_d$$

即

$$P_s t_f = P_0 t_d \tag{9.84}$$

(9.84)式的物理意义是,外载荷脉冲的输入冲量 $P_0 t_d$,等于静态极限载荷与总时间历程的乘积 $P_s t_f$。此结论与矩形脉冲作用下正方形板的动力响应完全相同。

小结

1)这里采用的 Kaliszky 方法只对于"温和"(moderate)的脉冲载荷适用,温和脉冲是脉冲幅值稍高于准静态极限载荷的情况。

2)在结构动态响应的第Ⅰ阶段,加速度与**净载荷**或称**超载载荷**($P_0 - P_s$)成正比;在响应的第Ⅱ阶段,减速度与静态极限载荷 P_s 成正比。

3)本算例表明,板内边界的最终挠度 $\Delta_f \propto [P_0(P_0 - P_s)/P_s]t_d^2$,且总响应时间满足 $P_s t_f = P_0 t_d$。最终挠度的表达式说明,输入冲量 $P_0 t_d$ 和超载冲量($P_0 - P_s$)t_d 同时决定了板的最终挠度。

9.3   板的大变形承载能力和动力响应

如果板的弯曲变形比较大,其最大挠度已经接近或超过板的厚度,即 $\Delta \approx h$ 或 $\Delta > h$,则在板中面内的膜力(membrane force)将会十分显著,从而使得板的承载能力随着变形的增加而增加。这一效应,在薄板的弹性大挠度变形时就已经显现出来,并吸引了很多研究。而对于不太薄的板,显著的膜力效应,以及板的应力进入塑性状态,二者往往是耦合发生的,增加了分析的复杂性。

这里还应特别注意板与梁的本质差异:对于直梁,如果梁两端的支承不提供轴向约束(如 7.1 节讨论的情形),梁发生较大变形时中线并不伸长,所以不会产生轴力,也不会因此增强承载能力;但平板就不同了,因为平板发生任何弯曲变形时,无论边界是否提供面内约束,只要平板的中面变形成为 Gauss 曲率不为零的曲面(例如圆板变成旋转壳),板的中面内就一定会产生膜应变和膜力,并因此增强板对静载或动载的承载能力。这说明,大变形效应对于板的力学行为影响极大。

9.3.1   圆板发生准静态大变形后的承载能力

在准静态加载条件下,Calladine(1968)提出了一个简单方法,可以用于分析板在大变形时的承载能力。这个方法采用刚塑性模型,因此当板处于极限状态下时,板在直径剖面上的任一点处的环向应力必定等于材料的拉伸屈服应力或者压缩屈服应力,即有 $\sigma_\theta = \pm Y$。如果设定板弯曲变形的挠曲形状(即机动场),并根据内、外功率平衡的机动法,就能得到圆板发生大挠度变形时的极限承载能力的一个最佳上限估计。

设半径为 a 的刚塑性简支圆板承受中心集中力 F,如果不考虑大变形效应,仅在初始构型上分析,参见前面 9.1.3 节的 (9.26) 式,其初始静极限载荷为

$$F_0 = 2\pi M_0 \tag{9.85}$$

假设边界不限制板边缘的径向移动。既然圆板在初始极限载荷 $F_0 = 2\pi M_0$ 的作用下有一个锥形速度场,那么在沿直径的剖面(图 9.12)上看,被中心线分开的两半块都将发生一个转动。设转动的瞬心为 I。因为支承处不能有垂直位移,所以 I 必在支承的正上方,距离多少暂时未知。设直径剖面的一半绕 I 作刚体转动的角增量为 ϕ,则板内任一点 $B(x,y)$ 会有一个向下的位移增量 $\phi(a-x)$,同时在径向会有一个向外位移增量 ϕy,此处坐标 (x,y) 的取法如图 9.12 所示。B 点向外的运动产生一个周向应变增量 $\varepsilon_\theta = \phi y/x$。考虑 B 点附近的一个小面积元 dA,相应的旋转体积元是 $dV = 2\pi x \cdot dA$。于是在这个体积元上耗散的塑性功是 $Y|\varepsilon_\theta| \cdot dV = 2\pi Y\phi|y| \cdot dA$,其中 Y 是单向拉伸屈服应力。ε_θ 取绝对值是因为不论拉应变还是压应变,塑性功均为正。值得注意的是在塑性元功的表达式中并不出现 x,这说明能量吸收沿半径是均匀分布的。

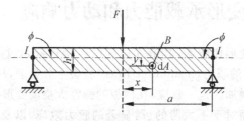

图 9.12　简支圆板沿直径的剖面图

对于这样一个机动场建立内、外功率相等的条件,有

$$F\phi a = 2\pi Y\phi \int_A |y| \cdot dA \tag{9.86}$$

(9.86) 上式中的 A 是指"直径半剖面"的区域。于是有

$$F = \frac{2\pi Y}{a} \int_A |y| \cdot dA \tag{9.87}$$

这里 ϕ 从 (9.86) 式的等式两端被消掉了,显然,(9.87) 式是一个上限。

为了计算 (9.87) 式中的积分,就必须确定 I—I 线的位置。上面求出的 $\varepsilon_\theta = \phi y/x$ 表明,在直径剖面上,低于 I—I 线的任何点都受到周向拉伸,因而其周向应力为 $+Y$;

高于 I—I 线的任何点都受到周向压缩,因而其周向应力为 $-Y$。考虑图 9.13 所示的半块圆板,由于假定了板边缘可以自由的径向移动,因而支承不提供任何水平方向的反力;于是,从半块圆板的总体平衡可知在直径剖面上,周向应力为 $+Y$ 的区域面积应与周向应力为 $-Y$ 的区域面积相等,这叫做"等面积原则"。不难证明,按照"等面积原则"确定 I—I 线的位置,恰使积分

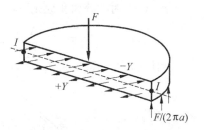

图 9.13　简支圆板沿直径剖面上的应力分布

$\int_A |y| \cdot \mathrm{d}A$ 取极小值 。这就是说,利用半块圆板在水平方向的总体平衡得到的"等面积原则",可以使(9.87)式给出的载荷上限得以最小化。但要注意,这样做并不能保证处处满足平衡方程,因而一般并不能形成一个下限,只是得到一个优化的上限。

对于圆板的初始极限状态,"等面积原则"所确定的 I—I 线正与板中面重合,因而有

$$\int_A |y| \cdot \mathrm{d}A = 2a \int_0^{h/2} y \cdot \mathrm{d}y = ah^2/4 \tag{9.88}$$

将(9.88)式代回到(9.87)式得

$$F_0 = \frac{1}{2} \pi Y h^2 = 2\pi M_0 \tag{9.89}$$

这与前面得到的(9.85)式是一致的。当然,Calladine 方法的主要用途不在于求初始极限载荷 F_0,而在于推广到大挠度情形。

当板中心挠度小于等于板厚,即 $\Delta \leqslant h$ 时,I—I 线的位置按图 9.14(a)确定,计算 $\int_A |y| \cdot \mathrm{d}A$ 的值变成一个纯几何的问题,从而得出圆板大挠度时的承载能力 F_s 的估计:

$$\frac{F_s}{F_0} = 1 + \frac{1}{3} \left(\frac{\Delta}{h} \right)^2 = 1 + \frac{1}{3} \delta^2, \quad \delta \equiv \frac{\Delta}{h} \leqslant 1 \tag{9.90}$$

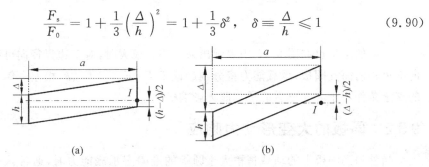

(a)　　　　　　　　　　　　(b)

图 9.14　I—I 线位置的确定

(a) $\Delta \leqslant h$; (b) $\Delta > h$

当 $\Delta > h$ 时，"等面积原则"所确定的 $I-I$ 线位置如图 9.14(b)所示，计算后得到：

$$\frac{F_s}{F_0} = \frac{\Delta}{h} + \frac{1}{3}\frac{h}{\Delta} = \delta + \frac{1}{3\delta}, \qquad \delta \equiv \frac{\Delta}{h} \geqslant 1 \tag{9.91}$$

利用(9.90)式和(9.91)式，图 9.15 中用实线画出了大挠度情况下边界可移的简

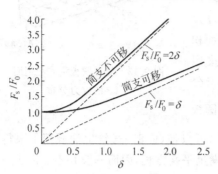

图 9.15　发生准静态大变形时圆板的
承载能力随中心挠度的变化

支圆板的承载能力随中心挠度的变化。显然，随着挠度的加大，板的承载能力 F_s 会很快增加；当挠度 Δ 比板厚 h 大得较多时，近似可以认为承载能力 F_s 随着挠度 Δ 是线性增加的。图中的虚线提供了一个简单的线性近似。

对(9.90)式和(9.91)式给出的 F_s 在挠度 Δ 上进行积分，即为图 9.15 中实线与横坐标之间围成的面积，其物理意义为达到给定变形过程中需要的塑性耗散能。这个能量积分的无量纲表达式为

$$\frac{1}{F_0 h}\int_0^\Delta F_s \cdot \mathrm{d}\Delta = \int_0^\delta \frac{F_s}{F_0} \cdot \mathrm{d}\delta = \begin{cases} \delta + \dfrac{1}{9}\delta^3, & \delta \leqslant 1 \\[2mm] \dfrac{11}{18} + \dfrac{\delta^2}{2} + \dfrac{1}{3}\ln\delta, & \delta \geqslant 1 \end{cases} \tag{9.92}$$

Calladine 方法也可用于固支圆板、夹层板及钢筋混凝土板等的大挠度承载能力的分析。Kondo 和 Pian(1981)提出另一种方法(广义屈服线方法)，并用以分析简支圆板受集中力发生大挠度后的承载能力。对于边界径向可移的情况，他们所得的结果与 Calladine 完全一致，即为(9.90)式和(9.91)式。对于边界径向不可移动的情形，广义屈服线方法给出：

$$\frac{F_s}{F_0} = \begin{cases} 1 + \dfrac{4}{3}\delta^2, & \delta \leqslant \dfrac{1}{2} \\[2mm] 2\delta + \dfrac{1}{6\delta}, & \delta \geqslant \dfrac{1}{2} \end{cases} \tag{9.93}$$

相应的结果也在图 9.15 中表示出来。当 δ 很大时，对于边界径向可移和边界径向不可移的简支圆板，承载能力将分别趋近于 $F_s/F_0 = \delta$ 和 2δ，相差一倍。这说明板的支承条件对于大变形后的承载能力影响极大。

9.3.2　圆板的大变形动力响应

当外加到圆板上的动载稍稍大于圆板的准静态承载能力时，通常认为圆板大变形的变形机构同准静态情形保持一致，于是可以直接利用圆板发生准静态大变形时的承载能力对动载情形的最大挠度作出近似估计。

例如考虑一块圆板在其中心受到一个集中质量 m，以初始速度 v_0 的撞击。如果圆板的动态大变形机构仍如 9.3.1 节假设的那样变成圆锥面，那么为使输入的初始动能 $K_0 = mv_0^2/2$ 被圆锥形塑性大变形机制耗散掉，应有 $\int_0^{\Delta_f} F_s \cdot \mathrm{d}\Delta = K_0$。再利用 (9.89) 式、(9.90) 式和 (9.91) 式不难得出：

$$\frac{K_0}{F_0 h} = \frac{mv_0^2/2}{2\pi M_0 h} = \begin{cases} \delta_f + \dfrac{1}{9}\delta_f^3, & \delta_f \equiv \dfrac{\Delta_f}{h} \leqslant 1 \\[3mm] \dfrac{11}{18} + \dfrac{\delta_f^2}{2} + \dfrac{1}{3}\ln\delta_f, & \delta_f \equiv \dfrac{\Delta_f}{h} \geqslant 1 \end{cases} \tag{9.94}$$

根据给定的 $K_0 = mv_0^2/2$，从 (9.94) 式中解出 $\Delta_f = \delta_f h$，即可以得到对撞击后板中点产生的最大挠度的估计，参见图 9.16。

这种近似方法也可以用于某些其他动态加载情形。例如假定圆板受到均布冲击载荷的效果是它获得均匀分布的初始速度 v_0，则根据圆板的初始动能 $K_0 = \pi a^2 \mu v_0^2/2$（其中 a 是圆板的半径，μ 是单位面积的板的质量），同样可以用上述方法确定板中点的最大挠度 Δ_f。

前面的 7.3 节叙述了分析梁的大变形动力响应的膜力因子法，类似地该方法也可

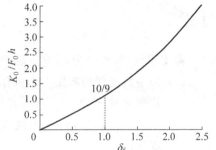

图 9.16　初始动能与无量纲板中点最大挠度的关系

以用于分析圆板、矩形板和其他形状板的大变形动力响应（Yu 和 Chen，1992）。

分析简支刚塑性圆板的大变形时，余同希和陈发良（1990）发现，在圆板的径向和环向可以分别将仅由弯矩所消耗的塑性功率 J_m，同弯矩与膜力联合作用下消耗的塑性功率 J_{mn} 加以比较，从而分别将径向的膜力因子 f_n^r 和环向的膜力因子 f_n^θ，定义如下：

$$f_n^r \equiv \frac{J_{mn}^r}{J_m^r} = \begin{cases} 1 + 4\delta^2, & \delta \equiv \dfrac{\Delta}{h} \leqslant \dfrac{1}{2} \\[3mm] 4\delta, & \delta \equiv \dfrac{\Delta}{h} \geqslant \dfrac{1}{2} \end{cases} \tag{9.95}$$

$$f_n^\theta \equiv \frac{J_{mn}^\theta}{J_m^\theta} = \begin{cases} 1 + \dfrac{4}{3}\delta^2, & \delta \equiv \dfrac{\Delta}{h} \leqslant \dfrac{1}{2} \\[3mm] 2\delta + \dfrac{1}{6\delta}, & \delta \equiv \dfrac{\Delta}{h} \geqslant \dfrac{1}{2} \end{cases} \tag{9.96}$$

当简支刚塑性圆板受到均布冲击载荷时，全板获得均匀初速 v_0。同 7.1 节所述的简支梁受均布冲击载荷的情形有点类似，圆板的塑性动力响应也存在两个阶段。在第一阶段即瞬态变形阶段，变形机构包含一个从板的外边界向圆板中心移行的塑性铰圆，此时在铰圆以内的区域是一个速度保持为 v_0 的圆形平台。当铰圆凝缩到圆板中心时，响应进入模态阶段（第二阶段）。由于随挠度增加而产生的膜力的效应，圆

板的承载能力逐渐增强,并有可能在模态变形出现之前使得圆板变成一个塑性膜,即类似于 7.2 节分析的梁变成塑性弦的情形。余同希和陈发良分阶段、分情况地应用了膜力因子法(余同希和陈发良,1990;Yu 和 Chen,1992),求得了圆板最终挠度与初始动能之间的关系,其结论与实验符合良好。

小结

对于板变形较大的情况,即挠度与板厚同量级的情况,需要考虑膜力对板承载能力的增强效应。这时,Calladine 方法和膜力因子法分别提供了准静态大变形和动态大变形的有效的分析工具。

习题

9.1 简支圆板,其半径为 a,单位面积的质量为 μ,单位长度的塑性极限弯矩是 M_0。

    (1) 当表面受到均布压力 p 的作用时其静极限载荷为 $p_s = 6M_0/a^2$。如果施加均布脉冲压力 $p = 3p_s$,其作用时间为 T,请证明板中心的最大挠度为 $3p_s T^2/\mu a$,且达到最大挠度的时间为 $3T$。由于变形较小,不考虑膜力效应。

    (2) 若圆板的边界条件改为固支,在相同载荷作用的情况下,请证明板中心的最大挠度为 $3p_s T^2/4\mu a$,且达到最大挠度的时间为 $3T/2$。由于变形较小,不考虑膜力效应。

9.2 简支圆板在均布初速度的作用下发生大变形,试提出一个分析思想,可以同时考虑变形模式的转化和大变形效应。

第四篇　材料和结构的能量吸收

第四章 材料科学研究中的量子化

第**10**章

能量吸收的一般特性

10.1　能量吸收结构介绍

　　随着社会的进步,人们普遍要求更高程度的个人和公共保护,因此对防护结构和安全设施的设计和应用提出了越来越高的要求。从 20 世纪 70 年代以来,加强了对用于耗散碰撞动能(或爆炸效应等)的吸能材料和能量吸收结构的研究和开发,在汽车、航空航天和军事工业方面尤其突出。本章就能量吸收的基本原理和分析方法做简单介绍,关于能量吸收材料和结构的详细论述,请参考余同希和卢国兴合著的《材料与结构的能量吸收》一书(Lu 和 Yu,2003;余同希和卢国兴,2006)。

10.1.1　工程背景

　　能量吸收结构广泛用于改善车辆的**耐撞性**(crashworthiness)。耐撞性是指当车辆受到碰撞时的响应性质的优劣,碰撞后车辆、乘员、装载物等的损伤越小,车辆的耐撞性就越好。如图 10.1 所示,汽车设计中要保持乘员室结构的完整,需要刚硬的 A 柱、B 柱以及车顶梁,但主要的碰撞能量吸收元件是车身前部的上梁和下梁。

图 10.1　汽车车身框架图

　　能量吸收结构应用于高速公路的安全防护。为了减少行驶车辆在碰撞时引起的损失,高速公路两侧要安装防护栏。最常用的防护栏系统是由立柱(钢柱或木柱),以及安装在立柱上的镀锌 W 形钢梁(W-梁)组成。立柱埋在基础内,当车辆与防护栏发生碰撞时,车辆的动能大部分耗散在 W-梁和立柱的塑性变形上,基础移动和梁的破裂也能耗散部分能量。目前所有发达国家都有标准或者法规来指导防护栏的设计和安装。除此以外,用于高速公路的防护系统还有混凝土隔栏和钢索安全护栏。混凝土隔栏的作用是改变误入歧途车辆的方向,使之回到正常轨道,同时车辆被隔栏下部斜面抬起,其部分动能转化为势能。钢索安全护栏是与道路平行的钢索,也可以改变车辆的方向,但是钢索的变形基本上是弹性的。

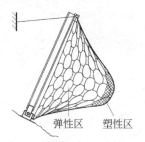

弹性区　塑性区

图 10.2　金属环连接成的落石防护网

能量吸收结构应用于工业事故的防护。对于矿井升降车、电梯井、铁路线终端等设备,都需要选用合适的能量吸收装置作为行程限制器,以防止突然的坠落或冲线事故。在山区,陡坡上滚下来的落石会对于路过的人员和车辆造成危险。在容易发生落石的区域,可以设置如图 10.2 所示的金属防护网,通过金属环的塑性变形来吸收滚石动能。在采矿、建筑和农业机械设计中,落体防护结构 FOPS(falling object protective structures)和翻滚防护结构 ROPS(roll-over protective structures)是两个重要概念,因为这些机械通常在危险的环境中或者斜坡上工作,驾驶室的结构设计要保证能在碰撞或者滚翻发生时吸收能量,并为驾驶员提供的生存空间。此外,在核能、电力和化学工业中,输送高压、高速液体的管道的甩动防护是极为重要的。如图 10.3 所示,管道甩动是指当一根管道破裂时,从破裂处泄漏的高压射流对管道施加很大的反向推动力,引起管道迅速甩动和变形。为了防止这类事故的发生,设计者要引入带有能量吸收器的管道甩动限制系统,能够在甩动的管道击中任何邻近的管道或仪器之前,耗散掉它的动能。

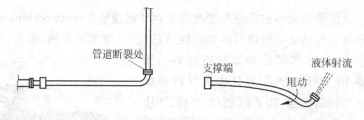

管道断裂处　　　　　支撑端　　　液体射流

甩动

图 10.3　管道甩动示意图

能量吸收结构应用于个人安全防护。自行车头盔、安全帽和防弹背心等都要求具有很高的能量吸收能力。以自行车头盔为例,当戴头盔者发生事故从车上跌落,头部与路面相撞时,头盔起了防护戴头盔者头部受伤的作用。国际标准要求,将一个质量为 5 kg 的人头模型(headform)戴上自行车头盔,从 2 m 高处落在硬地面上时(携带 100 J 的能量),人头模型的最大加速度要小于 100 g。与建筑工地的安全帽相比,自行车头盔要求有更高的能量吸收能力。

能量吸收结构/材料用于包装。作为保存和分发物品的重要方法,包装已经成为我们生活中不可缺少的部分。包装的基本作用是保护物品,免受运输和存储引起的外部损伤,以及将保存的物品同外界污染物分离开来。传统上,常用的缓冲材料包括木屑、细刨花、稻草麦秆、甘蔗渣、弄皱或撕碎的废纸、多孔软填料等。目前传统材料已经开始逐渐被各种聚合物制造的缓冲材料所替代,其中最常用的是泡沫材料。包装的动态响应并不太受关注,主要关心的是能量吸收能力。

10.1.2　能量吸收的一般原理

传统承载结构在工作载荷下只发生很小的弹性变形,而能量吸收结构的设计和分析与传统承载结构明显不同:能量吸收结构必须承受撞击、爆炸等强动载荷,所以其变形和失效涉及几何大变形、应变强化效应、应变率效应以及不同变形模式(如弯曲和拉伸)之间的交互作用。由于以上原因,大多数能量吸收器是用韧性金属制成,最常用的材料是低碳钢和铝合金。在减重要求苛刻的场合,有时也用纤维增强塑料和聚合物等非金属材料。

通常能量吸收结构的研究是从准静态分析和实验开始的。准静态条件下的大变形特征包括显著的几何效应,这在动力加载下也出现。速度不高的结构碰撞(50 m/s量级以下),应变率对屈服应力和流动应力的影响,可以使用第 4 章中基于平均应变率的 Cowper-Symonds 方程来分析。有些变形模式比其他的模式对动力效应更为敏感,具体地将在本章第 3 节给予说明。

显然,由工程背景的讨论可以看出,能量吸收结构的设计和能量吸收材料的选择应当适合它们的特定目的和工作环境。虽然在具体应用中,设计和选择可能显著不同,但需要遵循的普遍原则是,**要以可控制的方式耗散外部输入的能量**。例如以预定的速率耗散撞击的动能。以下将介绍能量吸收的基本原理,它们对于所有应用问题都是普遍适用的。

不可逆能量转换

通过结构和材料变形所实现的能量转换应当是不可逆的;即结构和材料应当能够将大部分的输入动能,通过塑性变形或者其他耗散过程转换成非弹性能,而不是以弹性方式将之储存。

如果初始动能转换成结构的弹性应变能,那么当结构达到它的最大弹性变形后,此弹性应变能将会以回弹的形式完全释放出来,随之引起对需要保护的人员和结构的二次伤害;即人或结构要先经历一个撞击的减速过程,在弹性恢复时又受到一个加速过程作用,相当于受两次冲击载荷的作用。因此,能量吸收结构要求能量转换一定是非弹性、不可逆的。在结构和材料的大变形过程中,存在有多种形式的不可逆能量转换,如塑性耗散能、粘性变形能、摩擦或者断裂耗散能。在这些能量吸收机制中,我们重点关注结构和材料塑性变形引起的能量吸收,因为这是韧性材料吸收能量的最为有效的机制,并具有广泛的实际应用价值。

峰值有限、尽可能恒定的反作用力

能量吸收器的峰值反作用力应当低于一个阈值;在能量吸收结构的大变形过程中,理想的反作用力应当尽可能保持恒定。

在大变形过程中,不但应当提供足够的总能量吸收能力,而且在碰撞时能量吸收结构/材料的峰值力(以及加速度)应当保持低于引起损伤的阈值,反作用力应当保持恒定或者几乎恒定,以避免过高的减速速率。

较长的行程

如上所述,能量吸收结构的作用反力大小必须受到限制,使之几乎为常数,而力所作的功等于力的大小乘以沿其作用线移动的位移,即行程。因此,具有足够长的行程才能吸收更多的能量。

除了考虑反力的大小外,耐撞性分析还必须考虑动能的耗散过程。给定初始动能,时间越长,反力就越小,这就引入了“以时间换距离”的概念——这是降低碰撞损伤需要遵从的一个原则。将速度 v 均匀地减至零需要距离 $vt/2$,在这个距离上反力作功以耗散初始动能,反力的作用时间越长,所要求的制动力就越柔和,可能造成的损伤就越小。

稳定和可重复的变形模式

为了应付不确定的工作载荷,所设计结构的变形模式和能量吸收能力应该是稳定和可重复的,以确保结构在复杂条件下工作的可靠性。

在发生碰撞事故时,外部载荷的大小、脉冲形式、方向和分布,都有很大的随机性和不确定性。因此,用于吸收能量的结构和材料应该具有稳定和可重复的变形模式,同时需要对外部动载的不确定性是不敏感的,在随机加载下能达到所要求的能量吸收能力。

质量轻、比能量吸收率高

能量吸收元件应当质量轻,具有高的比能量吸收率(specific energy-absorption capacity),这一点对于重量控制严格的设备(如飞机、汽车)上的能量吸收器以及个人安全装置尤为重要。

在提高车辆耐撞性的同时,设计者必须仔细考虑车辆可能增加的质量,因为任何质量的增加都意味着更多的燃料消耗和环境污染。对于各种个人防护装置来说,质量轻也是非常重要的。例如,市售自行车头盔通常是 $250\sim300\,\mathrm{g}$,质量低于 $200\,\mathrm{g}$ 的新型头盔将会受到欢迎。多胞材料是非常令人感兴趣的能量吸收材料。由于它的多孔性,与单纯由其基体材料制成的实体相比,多胞材料重量轻,其比刚度、比强度和其他比机械性能都有优势。

低成本和容易安装

能量吸收装置的制造、安装和维护应当简单且成本低。

以不可逆变形吸收能量的装置都是一次性使用的,经历过撞击变形后就需要更换。因此,受预算和维护成本的限制,防护结构的成本不能太高。

10.2　能量吸收能力的分析

耐撞性和冲击防护的意义十分明确,但目前为止尚且缺乏足够深度的科学研究。另一方面,工程塑性力学是高度发展的学科,可以广泛地用来分析和预测韧性材料制成的能量吸收结构的塑性变形行为。但是,我们也看到,分析能量吸收结构的目的和研究方法都与传统承载结构非常不同。

10.2.1　能量吸收结构的常用研究方法

材料行为的理想化

从前面几章的分析中,我们已经知道,理想刚塑性模型(RPP, rigid, perfectly plastic)是动力分析中经常采用的基本假设。当用于能量吸收的目的时,材料、构件和装置通常都要经历塑性大变形,其塑性应变要比弹性变形大很多。因此,理想刚塑性模型仍然是最常用的材料模型。

极限分析和界限定理

根据经典塑性理论,如果在载荷作用下,材料的应变强化和结构的几何改变可以忽略,则对于理想刚塑性材料,存在关于极限载荷的界限定理。关于结构在冲击载荷作用下最终位移的上限定理和下限定理的叙述,请参见本书的第 8 章。

大变形效应

结构在发生大变形的时候,两个方面的影响比较重要。首先,由于变形比较大,会有结构的构型改变效应(effect of change in configuration),即不能继续参照初始构型建立控制方程和分析问题,而需要在当前构型下进行推导和求解。其次,大变形后在结构的平衡方程和屈服条件中会引入轴力或膜力的影响。在第 7 章对梁的分析中已经知道,如果梁的轴向有约束条件限制,则横向变形会引起轴力。与只考虑弯曲的无轴向约束梁相比,轴力的作用效果是减少梁的最终变形,也就是一定程度上强化了结构,提升了结构的能量吸收能力。而在第 9 章的刚塑性板的动力学响应分析中,如果板的变形比较大,如其挠度已经大于板的厚度,则沿着板方向的膜力会对板起显著的加强作用,使得板的承载能力随着变形的增加而迅速增加。因此,如果设计一个能量吸收结构,最好能让轴力或膜力也参与能量吸收,这样比单纯利用弯曲变形吸收能量的效率更高;当然,如果轴力或膜力过大,也可能导致与弯曲失效不同的新的失效模式,这也是需要注意的。

动载荷效应

动载荷效应包括波的效应、应变率效应以及惯性效应。

在结构动力响应的早期,弹性波和塑性波可能以各种复杂方式影响材料和结构的能量吸收,这取决于动载荷本身、结构构形和材料性质。具体表现在以下几方面:

(1) 在动载荷作用区,塑性压缩波引起的高应力可能导致局部塑性破坏。

(2) 碰撞等动态过程产生的弹性压缩波到达结构远端时会发生反射,若该表面是自由的,反射回来的拉伸波可能造成脆性材料的层裂或崩落。

(3) 若弹性压缩波到达的远端表面为固定边界,反射的压缩波具有加倍的压应力数值,有可能已经超过塑性屈服应变,而造成远端首先发生塑性变形和能量耗散。

(4) 若细长单薄的构件(如细长梁或薄板)受到横向动载荷作用,虽然沿厚度方向的应力波在极短时间内就将消失,但是弹性挠曲波(即弯曲波)将从其加载区域传播开来。弯曲波是弥散的,将会以很复杂的方式影响能量耗散。

强动载荷作用于结构时,结构快速变形,从而出现高应变率。我们知道,很多工程材料的力学性质都与应变率有关。第 4 章中曾经给出了将应变率敏感性与材料微观机制联系起来的本构模型。对于工程应用来说,更为有用的是唯象的显式关系,即考虑到应变率对材料屈服应力和流动应力影响的率相关本构方程,如 Cowper-Symonds 关系等。

当构件被动态载荷加速时,除了外力所产生的剪力和弯矩,构件自身的惯性也将产生剪力和弯矩;其结果是,它的动态变形机构和能量吸收行为都可能明显地发生改变。在以前的内容中我们已经知道:

(1) 构件的动态承载能力与静态承载能力明显不同,如自由梁没有静态承载能力,但是却可以承受动态载荷;

(2) 动态变形机构可能与准静态破损机构不同,而且可能随作用力的数值而变化;

(3) 塑性能量耗散与输入能量之比可能随作用力的大小非单调地变化。

能量法

在分析各种结构的变形机构和能量吸收能力时,能量法是一种十分有效的方法,得到了广泛的应用。能量法的核心是,通过考虑能量的平衡得到基本方程。如对于刚塑性材料,外力功与塑性耗散互相平衡。在第 11 章中我们将会看到很多应用能量法分析典型能量吸收结构的例子。

理想化的接触模型

能量吸收结构中受动载荷作用时,经常发生接触和碰撞。需要建立适当的接触模型,才能合理地表征力和动量在两个物体之间是如何传递的。对于局部接触的模型,要进行一定的理想化才能进行分析。

由于上述用来分析能量吸收结构的常用研究方法,大多已经在前面各章的内容中有所涉及,这里重点讲述碰撞中的局部接触模型。

10.2.2　理想化的局部接触模型

当两个可变形物体碰撞时,它们之间会有相互作用的接触力,两个物体在接触处会发生局部变形(即压陷)。接触力和局部变形之间的关系不仅取决于可变形体的弹塑性性质,而且还取决于接触面的局部几何形状。

弹性体的法向接触：Hertz 理论

当两个可变形固体发生接触时,初始时刻只有一个点或者一条线接触。在非常轻微的载荷作用下,两物体在初始接触点附近发生变形,因此二者会在有限面积上发生接触。此接触面积与两个物体的尺寸相比是小量。

接下来,假定两个物体的接触面是光滑的,并以轴对称的方式增大。如图 10.4(a) 所示,取初始接触点作为圆柱坐标 (r, θ, z) 的原点,令 z 轴沿着接触面的法向,则 (r, θ) 为两个物体接触点处的公切面。

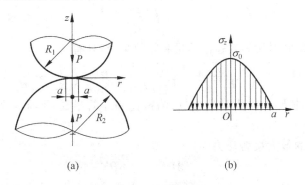

(a)　　　　　　　　　　(b)

图 10.4　几种接触形式

(a) 两个弹性球间的接触；(b) 接触区内的法向应力分布；

(c) 球与弹性半空间间接触；(d) 两个圆柱体间的接触

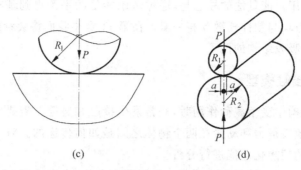

图 10.4 （续）

由几何分析可知,接触点处两个物体表面的剖面形状可以近似地表示为

$$z_1 = \frac{r^2}{2R_1}, \quad z_2 = \frac{r^2}{2R_2} \tag{10.1}$$

上式中 R 表示原点处的曲率半径,下标 1 和 2 分别代表物体 1 和 2。

为了求出接触力引起的应力分布和位移分布,首先需要确定接触面的大小和形状,以及作用在接触面上的法向压力分布。在 Hertz 理论中,作了如下假定:

(1) 接触体是各向同性和弹性的;

(2) 接触面基本上是平的,与物体未变形时在交界面处附近的曲率半径相比,接触面很小;

(3) 接触面是完全光滑且无摩擦的,因此只需要考虑法向压力。

基于以上假定,可以进行相应的弹性分析(K. L. Johnson,1985)。以下略去详细推导过程,直接列出 Hertz 理论的一些主要结论。

1) 当两个球面在力 P 作用下发生接触时(如图 10.4(a)),其接触压力分布在半径为 a 的小圆内,a 由下式给出:

$$a = \left(\frac{3PR}{4E^*}\right)^{1/3} \tag{10.2}$$

上式中 E^* 和 R 分别为等效弹性模量和等效半径,且有

$$E^* \equiv \left(\frac{1-\nu_1^2}{E_1} + \frac{1-\nu_2^2}{E_2}\right)^{-1}, \quad R \equiv \left(\frac{1}{R_1} + \frac{1}{R_2}\right)^{-1} \tag{10.3}$$

式中带有下标的 E, ν, R 为弹性模量、泊松比和球的半径;下标 1 和 2 分别表示球 1 和球 2。

接触面上的最大接触压力为

$$\sigma_0 = \frac{3P}{2\pi a^2} = \left(\frac{6PE^{*2}}{\pi^3 R^2}\right)^{1/3} \tag{10.4}$$

最大接触压力发生在接触圆的中心。在半径为 a 的接触圆上,压力分布为

$$\sigma_z(r) = \sigma_0 \left[1 - \left(\frac{r}{a}\right)^2\right]^{1/2} \tag{10.5}$$

图 10.4(b) 给出了 (10.5) 式表示的压力分布。

由于球的局部变形，总接触力 P 引起了两个弹性球体中心的相对位移 δ，

$$\delta = \frac{a^2}{R} = \left(\frac{9P^2}{16E^{*2}R}\right)^{1/3} \tag{10.6}$$

(10.6) 式也可以改写成：

$$P = k^* \delta^{3/2} \tag{10.7}$$

其中 $k^* = 4E^*\sqrt{R}/3$ 为接触刚度。

2) 当球面在力 P 作用下与一个平面发生接触时，如图 10.4(c) 所示，作为 1) 的一种特殊情况，可以取 $R_2 = \infty$（对应 $R = R_1$）。如果进一步假定两个球体具有相同的弹性模量 E，且 $\nu = 0.3$，则 $E^* = 0.55E$。因此，

$$a = 1.089\left(\frac{PR}{E}\right)^{1/3}, \quad \sigma_0 = 0.388\left(\frac{PE^2}{R^2}\right)^{1/3}, \quad \delta = 1.230\left(\frac{P^2}{E^2R}\right)^{1/3} \tag{10.8}$$

3) 如果是刚性冲模（或弹体）在力 P 作用下与一个弹性表面发生接触，作为 1) 的一种特殊情况，可以取 $R_2 = \infty$（对应 $R = R_1$），$E_1 = \infty$（对应 $E^* = 1.10E_2 = 1.10E$，其中 $\nu = 0.3$），并得到：

$$a = 0.880\left(\frac{PR}{E}\right)^{1/3}, \quad \sigma_0 = 0.616\left(\frac{PE^2}{R^2}\right)^{1/3}, \quad \delta = 0.775\left(\frac{P^2}{E^2R}\right)^{1/3} \tag{10.9}$$

4) 如图 10.4(d)，当两个圆柱体在力 P 作用下发生线接触时，半接触宽度为

$$a = \sqrt{\frac{4PR}{\pi E^*}} \tag{10.10}$$

其中等效模量 E^* 和半径 R 的定义如 (10.3) 式。圆柱体的最大接触压力为

$$\sigma_0 = \frac{2P}{\pi a} = \frac{4}{\pi}\sigma_{zm} = \sqrt{\frac{PE^*}{\pi R}} \tag{10.11}$$

式中 σ_{zm} 是接触区域内的平均法向压力。

弹性体的法向接触：Winkler 地基模型

因为接触面上任意点的位移依赖于整个接触区的压力分布，所以按弹性接触应力理论来分析问题会出现困难。如果用简单的 Winkler 弹性地基而不是弹性半空间来模拟固体，就可以避免这个困难。如图 10.5 所示，厚度为 h 弹性系数为 k 的弹性地基放置在刚性基础上，被一个轴对称刚性压头压入。考虑到两个固体（分别具有半径 R_1 和 R_2）贡献

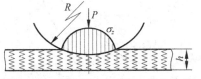

图 10.5　刚球压入 Winkler 弹性地基

之和，回顾 (10.1) 式和 (10.3) 式，压头的剖面形状可以由下式给出：

$$z(r) = z_1 + z_2 = \frac{r^2}{2}\left(\frac{1}{R_1} + \frac{1}{R_2}\right) = \frac{r^2}{2R} \tag{10.12}$$

对于轴对称情况，在力 P 作用下压缩，接触区将发展成半径为 a 的圆形区域，可

以证明出(Johnson,1985)

$$P = \frac{\pi}{4}\left(\frac{ka}{h}\right)\frac{a^3}{R}, \quad \delta = \frac{a^2}{2R} \tag{10.13}$$

对于一个长圆柱体在 Winkler 地基上的二维接触,则有

$$P = \frac{2}{3}\left(\frac{ka}{h}\right)\frac{a^2}{R}, \quad \delta = \frac{a^2}{2R} \tag{10.14}$$

以上的(10.13)式和(10.14)式提供了作用力和接触区大小之间的关系。将它们与 Hertz 理论的结果(如(10.6)式)对照可知,如果对轴对称情况取 $k/h = 1.70E^*/a$,对二维情况取 $k/h = 1.18E^*/a$,两种结果就能取得一致。如果地基厚度 h 固定,那么我们就必须使弹性系数 k 与 a 成反比,而 a 是随着压陷的增加而增加的。换句话说,在这个模型中,Winkler 地基的弹性系数必须随着 P 或者 a 的增加而减小。

刚性圆球对薄板的压陷

如图 10.6 所示,厚度为 h 的薄板放置于刚性的平坦基础上,受到半径为 R 的刚性圆球压入。若变形保持在弹性范围内,则此问题类似于图 10.5 所示的 Winkler 地基的压陷,地基的弹性系数可以取为薄板的弹性模量,即 $k=E$。应用(10.13)式,得到载荷 P 和位移 δ 之间的关系为

$$P = \frac{\pi ER}{h}\delta^2 \tag{10.15}$$

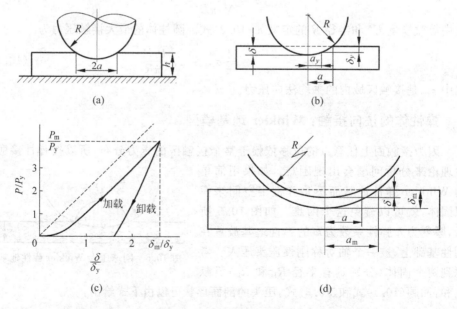

(a)　　　　　　　　　　(b)

(c)　　　　　　　　　　(d)

图 10.6　刚性球压入薄板

(a) 整体构型；(b) 弹塑性压陷；(c) 载荷-位移曲线；(d) 卸载时的构型

当最大压缩应变 δ/h 达到材料的屈服应变 ε_y,即当 $\delta=\delta_y=h\varepsilon_y=Yh/E$ 时,开始发生屈服。屈服载荷为

$$P_y = \frac{\pi Y^2 hR}{E} \tag{10.16}$$

当压陷继续进行时,即 $\delta>\delta_y$,在压头下方出现弹塑性应力分布。如果材料是理想弹塑性的,弹塑性边界在 $r=a_y$ 处,如图 10.6(b)所示,该处的垂直位移为 $u_z=\delta_y$。因为 $u_z(r)=\delta[1-(r/a)^2]$,下面关系必须成立:

$$\left(\frac{a_y}{a}\right)^2 = 1 - \frac{\delta_y}{\delta} \tag{10.17}$$

其中

$$\delta_y = \frac{Yh}{E} \tag{10.18}$$

应力分布可以表示为

$$\sigma_z(r) = \begin{cases} Y, & \text{塑性区} \quad 0 \leqslant r \leqslant a_y \\ \dfrac{Eu_z}{h} = \dfrac{E\delta}{h}[1-(r/a)], & \text{弹性区} \quad a_y \leqslant r \leqslant a \end{cases} \tag{10.19}$$

因此可以计算出接触力为

$$P = 2\pi \int_0^{a_y} Yr \cdot \mathrm{d}r + 2\pi \int_{a_y}^a \frac{E\delta}{h}[1-(r/a)^2]r \cdot \mathrm{d}r = \pi YR(2\delta-\delta_y) \tag{10.20}$$

上式当 $\delta \geqslant \delta_y = Yh/E$ 时成立。联立(10.15)式、(10.16)式和(10.20)式,有

$$\frac{P}{P_y} = \begin{cases} \left(\dfrac{\delta}{\delta_y}\right)^2, & \delta \leqslant \delta_y \\ 2\dfrac{\delta}{\delta_y}-1, & \delta \geqslant \delta_y \end{cases} \tag{10.21}$$

这个关于载荷和位移之间的关系以实线绘于图 10.6(c)中。事实上,如果采用理想刚塑性材料模型,载荷与位移间的关系可以简化为 $P/P_y=2\delta/\delta_y$,即如图 10.6(c)中的虚线。

在卸载过程中,只有弹性应变能够恢复。若将卸载发生前的最大压陷位移记为 δ_m,则当压头退回到 δ 时($\delta<\delta_m$,参见图 10.6 (d)),释放的弹性应力为

$$\sigma_z' = \begin{cases} E(\delta-\delta_m)/h, & 0 \leqslant r \leqslant a \\ \dfrac{Eu_z}{h} = \dfrac{E\delta_m}{h}[1-(r/a_m)^2], & a \leqslant r \leqslant a_m \end{cases} \tag{10.22}$$

其中 a_m 为卸载前接触圆的半径,所以 $a_m=2R\delta_m$,并有 $a_m^2-a^2=2R(\delta_m-\delta)$。从(10.21)式中减去(10.22)式的积分,可以得到卸载过程中的载荷-位移关系,有

$$\frac{P}{P_y} = \begin{cases} \left(\dfrac{\delta}{\delta_y}\right)^2, & \delta_m \leqslant \delta_y \\ \left(\dfrac{\delta}{\delta_y}\right)^2 - \left(\dfrac{\delta_m}{\delta_y}-1\right)^2, & \delta_m \geqslant \delta_y \end{cases} \tag{10.23}$$

上式给出的卸载过程的载荷位移关系也绘在图 10.6(c)中。可以看出,当载荷完全卸载,即 $P=0$ 时,最终的残余压陷为

$$\delta_f = \begin{cases} 0, & \delta_m \leqslant \delta_y \\ \delta_m - \delta_y, & \delta_m \geqslant \delta_y \end{cases} \tag{10.24}$$

压陷引起的能量耗散

如果压缩变形进入到塑性变形阶段,即压陷深度和接触力分别达到 $\delta_m(>\delta_y)$ 和 P_m,则接触力 P 在加载过程中所作的功可以由(10.21)式积分得到:

$$W(P)_{loading} = P_y\delta_y\left[\frac{1}{3} - \frac{\delta_m}{\delta_y} + \left(\frac{\delta_m}{\delta_y}\right)^2\right] = \frac{P_y\delta_y}{12}\left[1 + 3\left(\frac{P_m}{P_y}\right)^2\right] \tag{10.25}$$

上式中 P_m 和 δ_m 满足(10.21)式给出的 P 和 δ 间的线性关系。类似地,卸载过程所作的功可以由(10.23)式计算得到:

$$W(P)_{unloading} = P_y\delta_y\left(\frac{2}{3} - \frac{\delta_m}{\delta_y}\right) = \frac{P_y\delta_y}{6}\left(1 - 3\frac{P_m}{P_y}\right) \tag{10.26}$$

由(10.25)式和(10.26)式,整个过程中所耗散的塑性能量为

$$D_{local} = W(P)_{loading} + W(P)_{unloading} = P_y\delta_y\left(1 - \frac{\delta_m}{\delta_y}\right)^2$$

$$= \frac{P_y\delta_y}{4}\left(1 - \frac{P_m}{P_y}\right)^2 \tag{10.27}$$

由(10.16)式,$P_y\delta_y = \pi Y^3 h^2 R/E^2$。局部能量耗散 D_{local} 分别作为 δ_m/δ_y 和 P_m/P_y 的函数绘在图 10.7(a)和(b)中。可以看出,能量耗散随着 δ_m/δ_y 的增大而快速增加。例如当 $\delta_m/\delta_y = 1$(纯弹性)时,$D_{local}/(P_y\delta_y) = 0$;当 $\delta_m/\delta_y = 2$(即 $P_m/P_y = 3$)时,$D_{local}/(P_y\delta_y) = 1$;而当 $\delta_m/\delta_y = 4$(即 $P_m/P_y = 7$),$D_{local}/(P_y\delta_y) = 9$。

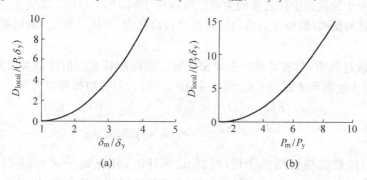

图 10.7 局部压陷引起的无量纲能量耗散

(a) 随最大位移变化; (b) 随最大载荷变化

当某个构件,如一根梁或者一块板,受到刚性圆球所施加的横向载荷作用时,由于压陷引起的局部能量耗散可以用(10.27)式估计,其中,将 P_m 取为构件的极限载荷 P_s。

　　碰撞后两个物体可以是粘着(stick)或者非粘着(non-stick)在一起。粘着情况时,假设在碰撞后两个物体在接触区的速度不连续性消失,两个物体在后续变形中,接触区位移始终相等。不粘着的情况认为碰撞后接触区没有速度和位移一致的限制条件,允许发生接触面的分离以及后续的多次碰撞。显然,非粘着的分析模型更加复杂。

10.3　惯性敏感能量吸收结构

10.3.1　两种类型能量吸收结构

　　Calladine 在 1983 年指出(Calladine,1983),在碰撞条件下金属结构通过整体变形吸收能量的方式,与结构的类型属性有关。一般来说,依照准静态载荷-位移曲线的整体形状,能量吸收结构可以分为两种类型,如图 10.8 所示:第Ⅰ类有一条相对"平坦"的载荷-位移曲线,而第Ⅱ类结构的曲线有一个初始峰值,随后"急剧下降"。Booth 等(Booth 等,1983)和 Calladine(Calladine,1983)的工作说明,第Ⅱ类结构的变形对碰撞速度要比第Ⅰ类敏感;也就是说,在总的输入动能保持相同的情况下,由高速度碰撞得到的最终变形比低速度碰撞的最终变形要小,这种速度敏感现象对于第Ⅱ类结构要比第Ⅰ类结构显著得多。

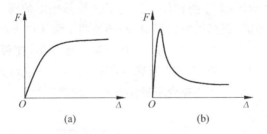

图 10.8　能量吸收结构的载荷-位移曲线
(a) 第Ⅰ类能量吸收结构;(b) 第Ⅱ类能量吸收结构

　　第Ⅰ类和第Ⅱ类结构在碰撞速度敏感性之间的差别,可以用图 10.9 说明。将结构原型的尺度缩小后进行动态试验,设模型尺度是原型的 $1/\Lambda$。由于模型尺度更小,其应变率效应和惯性效应更为明显。因此,将缩比模型的动态极限载荷 F_y^{model} 按比例放大后,得到的等效动态极限载荷 $F_y'' \equiv F_y^{\text{model}} \Lambda^2$ 要高于原型的真实动态极限载荷 $F_y' \equiv F_y^{\text{prototype}}$,即 $F_y'' > F_y'$。当碰撞能量保持比例,按比例放大后模型的最终位移必然小于原型的最终位移,即有 $\Delta_f^{\text{model}} \Lambda \equiv \Delta_f'' < \Delta_f' \equiv \Delta_f^{\text{prototype}}$。如图 10.9 所示,"相等放大能量"的条件要求面积 $A_1 = A_2$。图 10.9(a)表明对于第Ⅰ类能量吸收结构来说,其极限载荷在大变形过程中保持不变,因此放大后的模型位移与原型位移之间的差别较

小。但是,对于载荷-位移曲线是"急剧下降"的Ⅱ型结构来说,根据同样的面积相等规则,二者之间的位移差将变得非常显著,如图 10.9(b)所示。

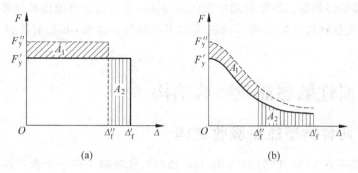

(a)　　　　　　　　　　　(b)

图 10.9　能量吸收结构对动态加载的敏感性

(a) 第Ⅰ类能量吸收结构;(b) 第Ⅱ类能量吸收结构

　　显然,区分两种类型的结构并理解第Ⅱ结构的"速度敏感性",对于设计能量吸收结构,以及确定动态模型试验的尺度率都是至关重要的。横向加载下的圆坯和圆管是典型的第Ⅰ类结构,这部分内容将在第 11 章中详细介绍,而本节将集中研究第Ⅱ结构的静态和动态行为。

　　Calladine 和 English 在 1984 年给出了两种结构的试验结果(Calladine 和 English,1984)。如图 10.10 所示,第Ⅰ组试件是放置于平坦基础上的圆环;第Ⅱ组试件由两块预先弯折的薄板组成,顶部用螺栓固定,底部被两个大块体夹在一起。利用落锤对试件进行加载,落锤有七种不同的重量,并从一定高度落下,使得所有试件都获得相同的输入动能 $K_0 = 122\,\mathrm{J}$。对于第Ⅱ类试件所呈现出的速度敏感性,他们用两个相对简单的理论解释,分别与材料应变率敏感性和惯性效应相关。

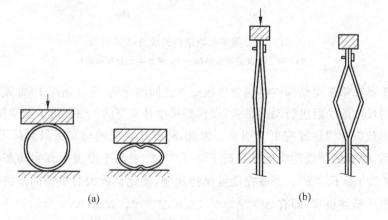

(a)　　　　　　　　　　　(b)

图 10.10　两类能量吸收结构的典型试件

(a) 第Ⅰ类结构:受压的圆环;(b) 第Ⅱ类结构:受轴压的折板

自从 Calladine 和 English(1984)所进行的开创性试验以来,图 10.10(b)所示的预弯薄板结构(即折板)在分析和试验中,便作为一个简单而典型的第 II 类结构被深入研究。对于折板的静力学行为,可参见 Grzebieta 和 Murray(1985,1986)的工作。下面我们着重研究折板的动力学行为。

10.3.2　折板的动力学行为

一般描述

现在考虑图 10.10(b)所示的折板顶端受到质量为 G、初速度为 v_0 的刚性撞击物的碰撞。Tam 和 Calladine(1991)的试验说明,折板响应由两个相组成。第一相持续时间短暂,撞击物的部分初始动能在碰撞中被板的轴向压缩所耗散;第二相是动力响应阶段,是按着图 10.11 所示的刚塑性变形机构进行的。显然,第二相的响应分析比较简单,因此这里重点研究第一相的能量耗散机理,并识别从第一相到第二相的转变。

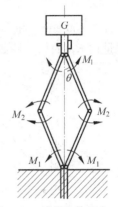

图 10.11　刚性物体撞击一对理想刚塑性折板

非弹性碰撞引起的瞬间能量损失

为了理解折板的动态行为,Zhang 和 Yu(1989)提出了一个简单模型,根据两个物体间非弹性碰撞的经典理论,考虑了碰撞时的能量损失。

图 10.11 给出了质量为 G 的刚性物体撞击一对理想刚塑性折板的示意图。每块板一半的长度为 L,质量为 m,初始折角为 θ_0。假定折板变形成一个四铰机构。当碰撞速度不是非常高时,可以忽略应力波效应,将折板简化成通过塑性铰连接的四根刚性杆,塑性铰处的弯矩 M_1 和 M_2 可视为主动力矩。

图 10.11 给出的变形结构是一个单自由度系统,取角度 θ 作为广义坐标,系统在任一时刻的动能为

$$T = \frac{2}{3} mL^2 \dot{\theta}^2 + 2L^2 (m+G) \sin^2\theta \cdot \dot{\theta}^2 \tag{10.28}$$

利用第二类拉格朗日方程,可以得到系统的运动微分方程,有

$$\ddot{\theta} + \frac{L^2(m+G)\sin\theta\cos\theta \cdot \dot{\theta}^2 + M_1 + M_2}{L^2[m/3 + (m+G)\sin^2\theta]} = 0 \tag{10.29}$$

此二阶微分方程的初始条件可由在冲击载荷情况下的拉格朗日方程得到,即

$$\Delta\left(\frac{\partial T}{\partial \dot{\theta}}\right) = \hat{I} \tag{10.30}$$

其中 $\partial T/\partial \dot{\theta}$ 是广义动量。(10.30)式的物理意义为：广义冲量 $\hat{I}$ 引起的广义动量的瞬时改变量为 $\Delta(\partial T/\partial \dot{\theta})$。因此，由(10.30)式，得到 $t=0$ 时刻的初始角速度为

$$\dot{\theta}_0 = \frac{Gv_0 \sin \theta_0}{2L[m/3 + (m+G)\sin^2 \theta_0]} \tag{10.31}$$

由(10.28)式和(10.31)式可得

$$\frac{T_0}{K_0} = \left[1 + \frac{m}{G}\left(1 + \frac{1}{3\sin^2 \theta_0}\right)\right]^{-1} < 1 \tag{10.32}$$

式中 $K_0 = Gv_0^2/2$ 是撞击物体的初始动能，T_0 是碰撞后瞬间系统动能。注意到 $\theta_0 \ll 1$，引入撞击物与折板的质量比 $R_M \equiv G/4m$，(10.32)式可改写为

$$\frac{K_0}{T_0} = 1 + \frac{1}{4R_M}\left(1 + \frac{1}{3\theta_0^2}\right) \approx 1 + \frac{1}{12R_M\theta_0^2} \tag{10.33}$$

针对 Calladine 和 English(1984)试验中所使用的 $\theta_0 = 1.146°$ 和 $\theta_0 = 4°$，T_0/K_0 与质量比 R_M 的相关性如图 10.12(a)所示。

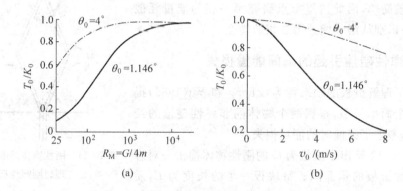

图 10.12　折板碰撞的系统动能
(a) 随质量比的变化；(b) 随初速度变化($K_0 = 122\text{ J}$)

由(10.32)式、(10.33)式和图 10.12(a)可以得到如下一些有趣的结论：

1) 在碰撞的瞬时，有瞬间动能损失($T_0 - K_0$)。

2) 此动能损失只依赖于质量比 R_M 和初始折角 θ_0，既与碰撞初速度 v_0 无关，也与材料的力学性质无关，仅仅要求碰撞必须是"完全非弹性的"，即两个物体碰撞后必须粘结在一起。

3) 系统的行为与两个不相等质量的完全塑性正碰撞类似；其中一个质量 G 在碰撞前具有速度 v_0，而另外一个初始静止，其等效质量为

$$m_s = m + \frac{m}{3\sin^2 \theta_0} \approx m\left(1 + \frac{1}{3\theta_0^2}\right) \tag{10.34}$$

上式中的两项分别来自折板的"纵向"和"横向"惯性。事实上，利用(10.34)式定义的 m_s 和(10.32)式，可以得到：

$$K_{\text{loss}} = K_0 - T_0 = \frac{m_s}{G + m_s} K_0 \tag{10.35}$$

(10.35)式表明能量损失正好等于由两个物体非弹性碰撞计算得到的"能量损失"。

4）如果改变撞击物的初始速度 v_0，但保持初始动能 $K_0 = Gv_0^2/2$ 不变，虽然 v_0 本身不直接影响能量损失（见第 2 条），伴随着 v_0 的增大将引起 G 的减少，从而导致更多的能量损失，这可以由（10.32）式验证。图 10.12(b)给出了 T_0/K_0 随碰撞速度 v_0 的变化关系（保持动能 K_0 不变，改变 G），其中 $K_0 = 122$ J 为常数。

在系统动力响应的第二相，刚性杆稳定地绕着四个铰转动，最终的转角与 T_0 成正比，T_0 是系统第一相碰撞后的剩余能量。因为折板的最终变形主要是由于铰的转动，T_0 随 v_0 增大（也即 G 的减小）而快速减少，这是折板"速度敏感性"的主要原因。事实上，在上述结论的第 4 条已经指出，所谓的"速度敏感性"更正确地说应该是第Ⅱ类结构的"惯性敏感性"。

由上述分析还可以看出，第Ⅱ类结构的"惯性敏感性"受结构"初始缺陷"的强烈影响。随着初始折角 θ_0（或者初始弯曲度 δ_0）的增加，惯性敏感性将会严重减弱。所以，随着"初始峰值载荷"从第Ⅱ类结构的准静态载荷-位移曲线（如图 10.8）中移去，具有很大折角 θ_0 的折板将不再表现出典型的第Ⅱ结构的能量吸收特性了。

小结

关于折板许多学者进行了更深入的研究，如考虑折板的轴向塑性变形效应、考虑模型中弹性变形的影响、考虑材料的应变率效应等。除了理论分析，也有研究者用有限元软件对折板的动力学行为进行数值模拟。

总的来说我们看到，第Ⅰ类结构（例如圆环和梁），吸收的能量随挠度单调增加，因为塑性铰的转动或多或少都与挠度近似成正比。但是对第Ⅱ类结构，其载荷位移曲线的形状表明，不成比例的大部分能量是在最初很小的位移增量中被吸收的。第Ⅱ类结构的这种能量吸收特性是几何效应的直接结果：初始含有一个中心铰的直杆端部的缩短与塑性铰转角平方成正比。这个论点不仅可以用于折板，而且可以用于许多在轴向加载下的薄壁结构，例如支柱、圆管和方管等。

当第Ⅱ类结构受到碰撞时，突然施加在其轴向的初始速度需要它的轴向缩短和绕塑性铰的快速转动来调节。后者意味着不仅具有高应变率，而且具有高的横向加速度。于是，横向惯性将显著影响结构的动力行为。（10.34）式明显表明，当初始缺陷 θ_0 很小时，横向惯性在这个效应中起支配作用。当弯折度增加时，这个效应将很快减少。事实上，通过采用"等效结构"概念，圆环可以看成是具有 $\theta_0 = 45°$ 的折板。圆环却是典型的第Ⅰ类结构，其行为完全不同于具有小的 θ_0 的折板。

对折板的研究，包括深入的弹塑性分析、半解析或纯数值，都表明：碰撞中的能量损失，即 Zhang 和 Yu（1989）给出的（10.32）式，可以用结构受弹塑性压缩过程中所耗散的能量来解释。同时,弹性、应变强化和应变率敏感性对第Ⅱ类结构惯性敏感行为都没有实质性影响。

习题

10.1　在图 10.2 所示的金属环连接成的落石防护网中,每个圆环受到沿圆周均布的 4 个径向向外的拉力的作用。试估算当圆环最后被拉成正方形时,由于其弯曲变形所耗散的总能量。

10.2　对于图 10.11 所示的受到刚性块撞击的折板结构,第一种情形是大质量块的低速撞击,第二种情形是小质量块的高速撞击。设两种情形的初始动能相同,哪种情形所造成的最终变形较大? 为什么?

第11章 典型的能量吸收结构和材料

在第 10 章我们介绍了能量吸收的基本原理和分析方法,这一章将对几种典型的能量吸收结构及广泛用于吸收能量的多胞材料进行分析。详细内容请参考余同希和卢国兴合著的《材料与结构的能量吸收》一书(Lu 和 Yu,2003;余同希和卢国兴,2006)。

11.1 圆环、圆管、方管

11.1.1 圆环和圆环系统

圆环是常见的构件,它在平面内的变形理论分析相对简单。

一对集中力作用下的受压圆环

如图 11.1(a)所示,考虑一对方向相反的集中力作用下的刚塑性圆环。圆环需要四个塑性铰才能形成一个失效机构。利用能量法,我们可以得到

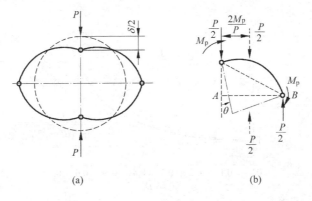

图 11.1 集中力作用下的受压圆环

(a) 圆环的四铰失效机构;(b) 1/4 圆环的受力

它的载荷-挠度曲线。另一方面,此问题也可以通过分析一圆弧段的平衡来求解,如图 11.1(a)所示。当圆弧段的转角为 θ 时,压缩量为

$$\frac{\delta}{2} = R - \sqrt{2}R\sin\left(\pi/4 - \theta\right) = R(1 + \sin\theta - \cos\theta) \tag{11.1}$$

AB 现在的长度为

$$\overline{AB} = \sqrt{2}R\cos(\pi/4 - \theta) \tag{11.2}$$

作用在 1/4 圆弧上的力和力矩等效于数值相等($=P/2$)、作用方向相反的两个力。平衡条件要求这两个力必须沿同一条作用线。因此,力的平移要等于 AB 长度的一半,$2M_p/P = \overline{AB}/2$,这里 M_p 为圆环的塑性极限弯矩。即

$$\frac{2M_p}{P} = \frac{\sqrt{2}}{2}R\cos\left(\frac{\pi}{4} - \theta\right) \tag{11.3}$$

或者写成:

$$P = \frac{2\sqrt{2}M_p}{R\cos\left(\pi/4 - \theta\right)} \tag{11.4}$$

取 $\theta = 0$,可以由(11.4)式得到初始失效载荷为

$$P_0 = \frac{4M_p}{R} = \frac{8M_p}{D} \tag{11.5}$$

其中 D 是圆环的直径。联立方程(11.1)式、(11.4)式和(11.5)式,可以给出圆环受对心集中压缩时的载荷-挠度曲线,

$$\frac{P}{P_0} = \frac{1}{\sqrt{1 + 2\delta/D - (\delta/D)^2}} \tag{11.6}$$

这个关系式表明,载荷随着压缩位移的增加而减小,该关系以短虚线绘于图 11.2。上述方法称为**等效结构技术**(equivalent structure technique)(Merchant,1965;Reddy 等,1987)。

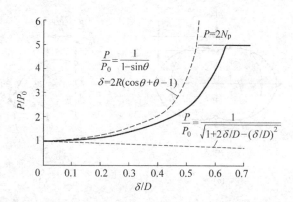

图 11.2　一对集中力作用下矩形截面圆环的载荷-挠度曲线($D/h = 5$)

两平板对压下的圆环

两平板对压下的圆环的失效需要四个塑性铰,图11.3(a)和(b)给出了两种常见失效模式(de Runtz 和 Hodge,1963;Burton 和 Craig,1963)。第一个失效模式有四个不动的塑性铰,较适合于软钢,因为软刚有上屈服点和下屈服点;第二个模式中圆环在移动接触点处被展平。两个失效模式的未变形段的受力图是相同的,因此得到相同的载荷-挠度曲线。其初始破损载荷与在集中力作用下的情况相同,$P_0 = 8M_p/D$。由平衡条件

$$\frac{1}{2}PR\cos\theta = 2M_p \tag{11.7}$$

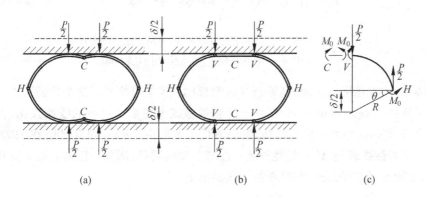

图 11.3　刚性平板对压下的圆环

(a) de Runtz 和 Hodge (1963)失效机构;(b) Burton 和 Craig(1963)失效机构;(c) 受力分析图

和几何关系

$$\delta = 2R\sin\theta \tag{11.8}$$

相联立有

$$P = \frac{P_0}{\sqrt{1 - (\delta/D)^2}} \tag{11.9}$$

或写成如下形式:

$$P = \frac{2Yh^2L}{D\sqrt{1 - (\delta/D)^2}} \tag{11.10}$$

其中 L 是圆环的宽度或者圆管的长度。图11.4画出了上式给出的载荷-位移关系,显然载荷是随着挠度的增加而增大。值得注意的是,至今为止对圆环的分析,同样也适用于横向载荷作用下的圆管,只要取适当的屈服应力值即可。因此,长度不超过其厚度几倍的短圆管可以看作是圆环,(11.10)式中的 Y 等于单拉试验得到的屈服应力;当管的长度大于其直径时,考虑平面应变条件,Y 应当取为 $2/\sqrt{3}$ 乘以单拉屈服应力。

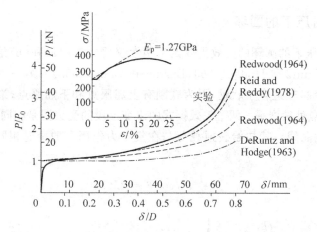

图 11.4　刚性平板对压下的圆环载荷-位移曲线（Reid，1983）

（$h/R=0.108, R=42.16$ mm, $L=101.6$ mm）

由图 11.4 还可以发现,理论预测的载荷比试验结果略低。这个差别可以用应变强化来解释。Redwood(1964)在以上分析的基础上考虑了材料的线性强化,得到的载荷比 de Runtz 等人的分析略高,但仍然低于实验值。Reid 和 Reddy 在 1978 年提出了一个塑性线理论,认为塑性铰是一段有长度的圆弧,圆弧长度随挠度 δ 变化。如图 11.4 所示,他们的分析结果更接近实验数据。

11.1.2　轴向压溃的圆管和方管

圆管的轴向失效模式

如图 11.5 所示,薄壁圆管轴向压溃时,其失效模式可能是轴对称的或者非轴对称的,主要取决于直径与厚度之比（D/h）。轴对称模式通常称为圆环模式（ring mode）或手风琴模式,而非对称模式被称为钻石模式（diamond mode）。钻石模式的

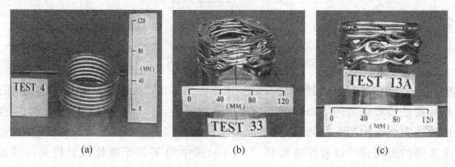

图 11.5　圆管的轴向失效模式

（a）圆环模式；（b）钻石模式；（c）混合模式

特征是可以用皱褶瓣数表示,多数常用的圆管的皱褶瓣数为 2~5。对于某些 D/h 值的圆管,其失效可能是圆环和钻石的混合模式(mixed mode),即开始为圆环模式,逐渐变为钻石模式。对各种尺寸圆管大量试验的基础上,可以给出圆管的失效模式分类图(Guillow,Lu 和 Grzebieta,2001)。大体上说,$D/h>80$ 的圆管按钻石模式失效;$D/h<50$ 且 $L/h<2$ 的圆管按圆环模式失效;而 $D/h<50$ 且 $L/h>2$ 则发生混合模式失效。对于长圆管,则发生欧拉失稳。

图 11.6 给出了铝制圆管的典型的载荷-位移曲线,该圆管发生轴对称压溃。轴力先是到达一个初始峰值,随后急剧下降,然后波动起伏。这些波动是连续皱褶形成的结果,每一个后来的峰值对应于一个皱褶过程的开始。圆管所吸收的能量就是这条曲线下的面积。应用上通常计算出平均力,作为能量吸收能力的指标。非轴对称模式的载荷-位移曲线的特征与图 11.6 类似。关于圆环模式,有较为成熟的理论预测,但关于钻石模式,理论分析上还没有普遍认可的结果。

圆环模式的 Alexander 模型

Alexander(1960)首先提出了圆环模式轴向压溃的理论模型。如图 11.7 所示,在单个折曲形成过程中,出现三个圆周塑性铰。假定褶皱是完全向外的,则塑性铰之间的所有材料都要经历周向拉伸应变。载荷对圆管所作的功被三条塑性铰线的塑性弯曲,以及塑性铰之间材料的周向伸长所耗散。

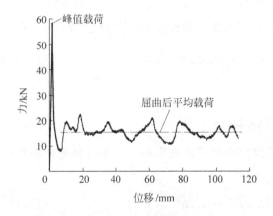

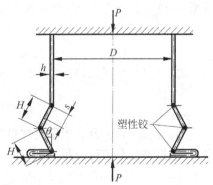

图 11.6　铝制圆管的载荷-位移曲线　　图 11.7　圆环模式失效的理论分析模型
($D=97$ mm,$L=196$ mm,$h=1.0$ mm)

设材料为理想刚塑性,此外,在屈服准则中,弯曲和拉伸没有交互作用;因此材料的屈服或者仅由弯曲引起,或者仅由拉伸引起。当一个褶皱完全被压扁时,其塑性弯曲耗散能为

$$W_b = 2M_0 \pi D \cdot \frac{\pi}{2} + 2M_0 \int_0^{\pi/2} \pi(D + 2H\sin\theta) \cdot d\theta \qquad (11.11)$$

或者:

$$W_b = 2\pi M_0 (\pi D + 2H) \qquad (11.12)$$

其中, H 是半褶皱长(half-length of the fold); D 是圆管直径; M_0 是单位宽度的塑性极限弯矩。

拉伸耗散能量为

$$W_s = 2\int_0^H Y\pi Dh \cdot \ln[(D + 2s \cdot \sin\theta)/D] \cdot ds \qquad (11.13)$$

其中 Y 是屈服应力。

当 $\theta = \pi/2$ 时, 有

$$W_s \approx 2\pi Yh H^2 \qquad (11.14)$$

考虑三个塑性铰圆之间面积的改变, $2[\pi(D+2H)^2/4 - \pi D^2/4] - 2\pi DH = 2\pi H^2$, 然后将之乘以单位长度屈服膜力 Yh, 也可以得到上面的方程。由能量平衡, 外力功等于弯曲和拉伸塑性耗散的能量, 因此有

$$P_m \cdot 2h = W_B + W_s \qquad (11.15)$$

这里 P_m 是完成整个褶皱过程的平均外力。将(11.12)式和(11.14)式代入(11.15)式, 有

$$\frac{P_m}{Y} = \frac{\pi h^2}{\sqrt{3}}\left(\frac{\pi D}{2H} + 1\right) + \pi Hh \qquad (11.16)$$

根据 H 值应当使力 P_m 取极小的思想, 可以求出未知长度 H。令 $\partial P_m / \partial H = 0$, 有

$$H = \sqrt{\frac{\pi}{2\sqrt{3}}} \cdot \sqrt{Dh} \approx 0.95\sqrt{Dh} \qquad (11.17)$$

将(11.17)式代入(11.16)式, 得到

$$\frac{P_m}{Y} \approx 6h\sqrt{Dh} + 1.8h^2 \qquad (11.18)$$

需要指出, 以上分析中假定材料是完全向圆管外变形的。如果材料是向圆管内变形, 通过类似分析可以得到:

$$\frac{P_m}{Y} \approx 6h\sqrt{Dh} - 1.8h^2 \qquad (11.19)$$

从试验观察得知, 实际上材料是部分向圆管内变形、部分向圆管外变形的。因此, 可以取(11.18)式和(11.19)式的平均值, 即

$$P_m \approx 6Yh\sqrt{Dh} \qquad (11.20)$$

以上是 Alexander 于 1960 年提出的关于圆管轴对称压溃的理论分析。模型非常简单但却抓住了试验观察到的大多数主要特点。后续很多学者在此基础上, 对模型提出过一些改进, 如考虑周向应变沿距离 s 的变化, 考虑更合理的有效压溃长度、

引入偏心因子等,这些改进使理论预测同试验符合的更好,但基本能量耗散机制仍是 Alexander 模型。

方管

受轴向载荷的薄壁方管,是汽车、铁路车辆和船舶结构中的常用构件。它们的破损模式与圆管有很大差别,但是二者的载荷-位移的一般特性是类似的。这是因为在受到轴向加载时,方管和圆管都要经历渐进破坏的过程。

图 11.8(a)为完全压溃的正方形箱形柱的典型照片。一个 $c/h=23$ 的铝管,c 是正方形边长,h 为厚度,管壁经历了严重的向内和向外塑性弯曲,可能还伴随有拉伸变形。这是方管的紧凑变形模式。如果管壁很薄,则方管可能发生非紧凑破损模式,如图 11.8(b)所示的 $c/h=100$ 的方管。在非紧凑变形模式下,管壁的折叠是不连续的,它们被略为弯曲的方形板所分开。非紧凑模式整体上可能相对不稳定,有发生 Euler 屈曲的趋势,这是工程师不希望出现的能量耗散形式。

典型方管的载荷-位移曲线如图 11.9 所示。与圆管的轴向压缩响应曲线类似,在初始峰值以后,力急剧下降,然后周期性地波动,对应于一个接一个折叠的形成和完全压扁。

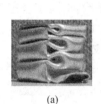

(a)　　　　　　　　　(b)

图 11.8　方管的塑性失效模式
(a)紧凑模式;(b)非紧凑模式(Reid 等,1986)

图 11.9　轴压作用下铝方管的载荷-位移曲线
($c=51$ mm,$h=2.19$ mm)

在以上薄管轴向压溃的分析中,最关心的是平均压溃力,因为这是评价薄管能量吸收能力的最重要参数。另一个参数是初始峰值力,通常也是最大的峰值力。此峰值力的水平在设计能量吸收装置时也起非常重要作用,因为它表示撞击对象所经历的最大减速度。理想的能量吸收结构中,峰值力不应该太大,应当接近于平均力。实际应用中,可以通过在管件中引入一些初始缺陷作为触发机构来降低峰值力的水平,如在管子一端削薄管壁,或者将管壁轻微预弯。新近的研究表明(Zhang 等,2009a, 2009b),采用一种小的屈曲触发装置(buckling initiator),可以有效地将圆管或方管受轴压时的峰值载荷降低 30%。

　　在薄管内填充泡沫可以有效增加能量吸收,这是因为填充泡沫会使褶皱的半波长减小,因而有更多的材料参与弯曲变形来耗散能量。如果泡沫平台应力较高,这种增强就更为显著。但是,泡沫的平台应力的最大值有一个限制:如果泡沫是密实的,在高应力下管子很有可能发生 Euler 类型失稳,反而极大降低能量吸收能力。最近的研究发现(Zhang 等,2009c),对圆管内充气压,有同填充泡沫相类似的作用,可使褶皱的半波长减小(甚至由非轴对称模式转变为轴对称模式),同时结构的能量吸收有所提升。更为重要的是,这种方式在一定范围内能利用充气压力的大小来调节圆管的能量吸收能力,向着自适应性的能量吸收装置跨进了一步。

11.1.3　圆管的翻转

　　圆管受轴向压缩过程中,除了上节的轴向压溃方式可以吸收能量,还可以通过翻转的方式,以其塑性变形吸收大量的能量。圆管翻转过程有很长的行程以及稳态的翻转力,是非常理想的能量吸收构件。因此圆管的翻转经常用于能量吸收构件,如直升机座椅支架以及汽车防撞机构等(Alghamdi,2001;Olabi 等,2007)。

　　圆管翻转可以分为带模具翻转和自由翻转(Reddy,1992;Al-Hassani,1972)。其中自由翻转需要适当的固定夹具,带模具翻转则是将圆管压在翻转模子上。在材料韧性好的前提下,只有厚度直径比在一定范围内的圆管才可能发生自由翻转;此外,还要求材料的塑性硬化效应不明显,否则初始翻转后容易发生屈曲。翻转也分为内翻和外翻,所谓外翻是指把圆管内壁翻成外壁。图 11.10 给出了圆管自由外翻的示意图。

　　在准静态加载的情况下,初始翻转后的载荷-位移曲线有一个平台,对应于稳态翻转载荷。**稳态翻转力** P 是实际应用中非常关注的物理量。如图 11.11 所示,初始半径为 R_0、厚度为 t_0 的圆管,假设翻转过程中轴向弯曲半径是常数 b,定义为**翻转半径**。

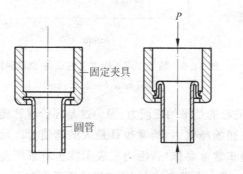

图 11.10　圆管自由外翻示意图

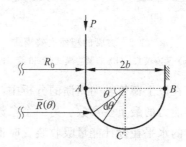

图 11.11　圆管翻转的二维分析模型

　　Guist 和 Marble 在 1966 年构建了一个简洁的二维分析模型,用来预测圆管翻转的翻转半径和稳态翻转力。令内侧的管子向下移动单位距离,则通过环壳区的表面积为 $(2\pi R_0)/2$。拉伸耗散的能量为

$$W_s = \pi R_0 t_0 \frac{2b}{R} Y = 2\pi t_0 b Y \tag{11.21}$$

其中 Y 是材料的屈服应力。弯曲耗散的能量为

$$W_b = 2\pi R_0 \frac{1}{b} M_0 = \frac{\pi t_0^2 R_0}{2b} Y \tag{11.22}$$

这里 $M_0 = Y t_0^2/4$。由能量平衡,塑性耗散功率等于外载荷所做的功:

$$P \times 1 = W_s + W_b \tag{11.23}$$

令翻转半径 b 的数值使作用力 P 取极小值,即 $\partial P/\partial b = 0$,得到:

$$b = \frac{1}{2}\sqrt{R_0 t_0} \tag{11.24}$$

将(11.24)式代入(11.23)式,得到稳态翻转力:

$$P = 2\pi Y t_0 \sqrt{R_0 t_0} \tag{11.25}$$

此模型预测的翻转半径大约是试验测试结果的两倍,而稳态翻转力比试验值低 15%左右。需要指出的是,在此分析模型中,假设管壁厚度和管子长度始终不变,这不符合塑性材料的体积不变假设。

基于真应变和 Tresca 屈服准则,Reddy 将 Guist 和 Marble 的模型扩展到线性硬化材料(Reddy,1992)。对于理想刚塑性材料,取 Reddy 分析中的硬化模量 $E_p = 0$,其翻转半径和稳态翻转力的公式如下:

$$\frac{8}{\sqrt{3}}\left(\frac{b}{R_0}\right)^2 - \frac{t_0}{R_0} \cdot \left(1 + \frac{2b}{R_0}\right) = 0 \tag{11.26}$$

$$P = \pi R_0 t_0 Y\left[\frac{t_0}{2b} + \frac{2}{\sqrt{3}} \cdot \ln\left(1 + \frac{2b}{R_0}\right)\right] \tag{11.27}$$

在 Reddy 的模型中,采用的屈服条件和流动准则隐含定义的应变场 $d\varepsilon_\varphi = -d\varepsilon_l$,$d\varepsilon_t = 0$,表明图 11.11 所示 AB 之间的圆弧段厚度不发生变化。ε_φ,ε_l 和 ε_t 分别表示周向应变、轴向应变(子午线方向)和厚度方向应变。Reddy 的模型比前人的更细致,不仅是采用真应变代替原工程应变,还因为模型保证了体积守恒。但在计算外力功率的时候,用了一阶近似 $\dot{W}_P = 2Pv_0$,即隐含 B 点的速度也等于初始压缩速度 v_0。这造成了 Reddy 模型计算无硬化材料时,比原 Guist 和 Marble 模型效果稍差。

利用商业软件 ABAQUS,图 11.12 给出

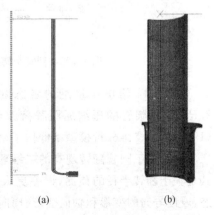

(a)　　　　　　　　(b)

图 11.12　圆管翻转的有限元计算模型

(a) 未变形的管;(b) 翻转过程中的管

了一个圆管自由外翻的有限元计算模型(邱信明和贺良鸿,2011)。设圆管材料为理想弹塑性：密度 $\rho=2800\ \mathrm{kg/m^3}$，弹性模量 $E=200\ \mathrm{GPa}$，泊松比 $\nu=0.27$，屈服应力 $Y=288\ \mathrm{MPa}$，材料的参数接近于铝。计算圆管的初始管长 $0.232\ \mathrm{m}$，初始半径 $R_0=0.025\ \mathrm{m}$，管子底部具有诱导半径 $6\ \mathrm{mm}$。由于结构和载荷的对称性，分析模型为轴对称的，翻转前和翻转过程的模型参见图 11.12。计算过程中已经验证此诱导半径大于翻转半径。诱导半径的端部采用完全固定边界条件。管子顶端采用无摩擦的刚性面以很低的速度 $0.1\ \mathrm{m/s}$ 压缩圆管。计算发现，在初始阶段以后，翻转载荷接近稳态值。取稳态阶段的平均载荷作为稳态翻转力，翻转半径则可以从变形后的圆管上测量得到。

　　图 11.13 给出了无量纲化翻转半径 b/t_0 与有限元计算结果的对照。显然，Guist(1966)以及 Reddy(1992)模型的预测都高估了翻转半径。当 t/R_0 从 0.01 变化到 0.13，理论预测与有限元的差距从 70% 降低到 30%。对于厚度半径比很小的管，翻转半径的预测不准确。这表明弹性效应可能对翻转半径产生较大影响。

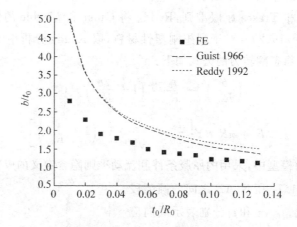

图 11.13　圆管翻转的翻转半径随厚度半径比的变化

　　图 11.14 给出无量纲的稳态翻转力 P/P_y 随 t_0/R_0 的变化曲线，其中 $P_y=2\pi R_0 t_0 Y$ 是圆管的压缩屈服载荷。与有限元结果对照表明，Guist(1966)和 Reddy(1992)两个二维分析模型都低估了稳态翻转载荷，误差在 10%~19%。

　　可见关于圆管翻转现有的二维理论模型与试验和数值计算都还有一定差距，尤其是关于翻转半径的预测，误差更大。实际上，圆管真实的变形过程是三维应力状态，厚度方向的变形和轴向变形、周向变形是相互关联的，更精确的分析需要考虑三维应力状态(邱信明和贺良鸿,2011)。

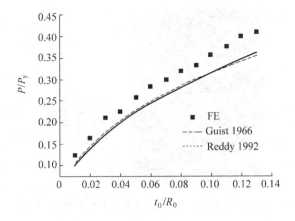

图 11.14　圆管翻转的稳态翻转力随厚度半径比的变化

11.2　多胞材料

包括蜂窝、格栅、泡沫、木材、纺织材料等多种构型的多胞材料（cellular material）有着良好的能量吸收特性。这里简要介绍几种典型多胞材料的应力-应变关系、胞元层次的力学机理以及它们对碰撞的响应。

11.2.1　蜂窝和格栅

蜂窝材料是典型的多胞材料，广泛用作夹层板的芯材，也可以单独用于能量吸收。蜂窝的结构形式是规则排列的二维结构，因此比具有三维胞元结构的泡沫材料更容易分析。狭义上的蜂窝通常指六角形蜂窝（hexagonal honeycomb），其他具有不同胞元结构的蜂窝也可以称为格栅材料（lattice material）。

六角形蜂窝

如图 11.15 所示，典型的六角形蜂窝材料由一系列六角形的胞元组成。取其中一个作为代表单元进行分析，设两个方向上的胞壁长度分别为 l 和 c，两个胞壁间夹角为 θ，胞壁厚度为 h。在平面 $X_1 X_2$ 内加载引起的变形，称为蜂窝的面内响应；而在 X_3 方向加载引起的变形称为蜂窝的面外响应。

描述多胞材料的一个重要参数是**相对密度**（relative density），定义为 $\bar{\rho} \equiv \rho / \rho_s$，其中 ρ 是多胞材料的表观密度，ρ_s 是构成多胞材料的固体密度。相应的孔隙率（porosity），即多胞材料中孔隙占总体积的比值为 $(1 - \rho / \rho_s)$。对于图 11.15 所示的六角形蜂窝，当 $h \ll l$ 时，有

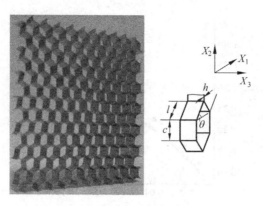

图 11.15　六角形蜂窝及其代表单元

$$\bar{\rho} \equiv \frac{\rho}{\rho_s} = C_1 \frac{h}{l} \tag{11.28}$$

其中 C_1 是一个常数，取决于胞元的具体几何形状。对于正六边形代表单元形成的六角形蜂窝，有 $l=c$ 和 $\theta = 30°$，则有（Gibson 和 Ashby，1997）：

$$\bar{\rho} = \frac{2}{\sqrt{3}} \frac{h}{l} \tag{11.29}$$

有些六角形蜂窝的制作过程是将若干张冲压成型的板材沿特定条带粘结在一起，然后再展开。这样 1/3 的胞壁（即长度 c）是双层厚度的。这种蜂窝材料的相对密度也具有（11.28）式的形式，

$$\bar{\rho} = \frac{8}{3} \frac{h}{l} \tag{11.30}$$

虽然可以得到更为精确的相对密度表达式，对于 $h/l \leqslant 1/4$ 的薄壁蜂窝，（11.29）式和（11.30）式给出的简单线性关系足够精确，因此为大多数分析中所广泛采用。

六角形蜂窝面内单轴压缩（沿 X_1 或 X_2 方向）的典型应力-应变曲线如图 11.16 所示。每条曲线基本上由三个阶段组成。第一阶段响应是线弹性的，当达到临界应力时，线弹性阶段结束；而此临界应力的水平在很大的应变范围内几乎保持不变，即为第二阶段的平台区域；最后由于胞元压实，应力会随应变急剧增加。

蜂窝整体受到的外部载荷传递到胞元这一级的胞壁上，使它们如同板结构一样变形。板壁的弯曲在宏观上体现为等效应变。因此，胞元的结构响应决定了蜂窝整体的等效应力-应变曲线。在第一阶段，即线弹性阶段，胞壁只发生小挠度弹性弯曲。第二阶段可能由如下三种不同的胞壁失效机制所控制：弹性屈曲、塑性坍塌或脆性断裂。其中前两种失效机制类似于压杆的失效：由于杆的柔度不同（这里是 h/l），压杆失效的原因可能是 Euler 屈曲或者是塑性屈服；h/l 较小的胞壁发生弹性屈曲，而 h/l 较大的胞壁则出现屈服（或塑性坍塌）。对于基体材料临界应变很小的脆

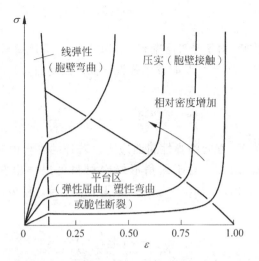

图 11.16　六角形蜂窝面内压缩的典型应力-应变曲线(Gibson 和 Ashby,1997)

性蜂窝,由于胞壁应变过大可能导致脆性断裂,而这第三种失效机制通常伴随有较大的平台应力的波动。

与能量吸收密切相关的两个参数是平台应力(plateau stress)和压实应变(densification strain),后者又称为锁定应变(locking strain)ε_D。理论上压实应变应当是等于孔隙率,但是在实践中发现,压实应变实际上比孔隙率要小,即蜂窝不能够完全被压实成固体。

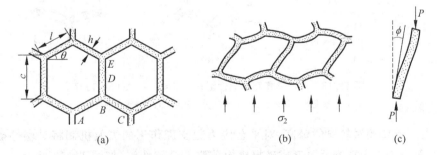

图 11.17　六角形蜂窝的弹性屈曲(Gibson 和 Ashby,1997)

(a) 胞元的几何形状；(b) 外加应力作用下的蜂窝；(c) 外加应力作用下的竖直胞壁

蜂窝的平台应力是由胞元失效机制所决定。当 h/l 小的时候,发生胞壁弹性屈曲,如图 11.17 所示。在这种情况下,竖直胞壁的行为与压杆非常类似。当蜂窝的外加等效应力为 σ_2 时,由竖直方向力的平衡可以得到对应的压杆作用力 P 为

$$P = 2\sigma_2 bl\cos\theta \tag{11.31}$$

这里 b 是胞元的宽度。压杆的 Euler 屈曲载荷为(Timoshenko 和 Gere,1961):

$$P_{cr} = \frac{n^2 \pi^2 E_s I}{c^2} \tag{11.32}$$

其中 I 为面积的二次矩,对于竖直胞壁有 $I = bh^3/12$,E_s 为胞壁材料的弹性模量。系数 n 反映杆端约束情况。当 $P = P_{cr}$ 时发生弹性屈曲。因此由(11.31)式和(11.32)式,得到临界应力为

$$\frac{\sigma_{e2}}{E_s} = \frac{n^2 \pi^2}{24} \cdot \frac{h^3}{lc^2} \cdot \frac{1}{\cos \theta} \tag{11.33}$$

这里下标 e2 表示在 X_2 方向的弹性屈曲应力。若杆端可自由转动,有 $n = 0.5$;若杆端不可以转动,则有 $n = 2$。对于六角形蜂窝材料可以导出其临界应力的理论值 (Gibson 和 Ashby,1997)。其中对于正六角形蜂窝($l = c$ 和 $\theta = 30°$),有 $n = 0.69$,因此有

$$\frac{\sigma_{e2}}{E_s} = 0.22 \left(\frac{h}{l} \right)^3 \tag{11.34}$$

上式表明当胞壁的失效机制为弹性屈曲时,无量纲的临界应力与 h/l 的三次方成正比。需要指出的是,在 X_1 方向不发生弹性屈曲,因为在这个方向没有胞壁,或者处于纯压缩状态。

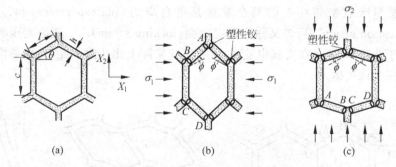

图 11.18 六角形蜂窝的塑性坍塌(Gibson 和 Ashby,1997)

(a) 胞元的几何形状;(b) 水平方向压缩;(c) 竖直方向压缩

对于胞壁相对较厚的蜂窝,对平台应力起支配作用的失效机制将是塑性破坏。因此,每一个六角形胞元要变成破损机构需要 6 个塑性铰(如图 11.18 所示)。当梁 AB 在应力 σ_1 的作用下转过一个小角度 ϕ,点 B 相对于点 A 向内移动了 $l \cdot \sin \theta \cdot \phi$。$\sigma_1$ 所做的功应等于塑性铰 A、B、C 和 D 处的塑性耗散能,即有

$$2\sigma_{p1} \cdot (c + l\sin \theta)b \cdot l\sin \theta \cdot \phi = 4M_p \cdot \phi \tag{11.35}$$

其中 $M_p = (1/4)Y_s h^2 b$,Y_s 为胞壁材料的屈服应力,$2\sigma_{p1} \cdot (c + l\sin \theta)b$ 是由于 σ_{p1} 引起的在 B 点沿 σ_1 方向的作用力,所以有

$$\frac{\sigma_{p1}}{Y_s} = \left(\frac{h}{l} \right)^2 \cdot \frac{1}{2(c/l + \sin \theta)\sin \theta} \tag{11.36}$$

对于正六角形蜂窝($l=c$ 和 $\theta=30°$)有

$$\frac{\sigma_{p1}}{Y_s} = \frac{2}{3}\left(\frac{h}{l}\right)^2 \tag{11.37}$$

通过类似的分析可以给出 σ_{p2} 为

$$\frac{\sigma_{p2}}{Y_s} = \left(\frac{h}{l}\right)^2 \frac{1}{2\cos^2\theta} \tag{11.38}$$

由以上分析可知,塑性坍塌与弹性屈曲的临界载荷是一对竞争的机制。比较(11.34)式和(11.38)式,可得正六角形蜂窝中弹性屈曲先于塑性坍塌发生($\sigma_{e2}\leqslant\sigma_{p2}$)的临界厚度为

$$\left(\frac{h}{l}\right)_{cr} = 3\,\frac{Y_s}{E_s} \tag{11.39}$$

当六角形蜂窝在面外方向(X_3)压溃时,与面内加载情况类似,同样可能是由弹性屈曲或者塑性坍塌控制其平台应力。对于弹性屈曲的情况,胞壁可以看成是具有适当转动约束的平板。将各个单独胞壁平板的屈曲载荷加起来,即可求出总的弹性屈曲应力(Gibson 和 Ashby,1997)如下:

$$\sigma_{e3} \approx \frac{2}{1-\nu_s^2} \cdot \frac{l/c+2}{(c/l+\sin\theta)\cos\theta} \cdot \left(\frac{h}{l}\right)^3 \tag{11.40}$$

对于材料 Poisson 比为 $\nu_s=0.3$ 的正六角形蜂窝,有

$$\sigma_{e3} \approx 5.2\left(\frac{h}{l}\right)^3 \tag{11.41}$$

对于塑性坍塌,Wierzbicki(1983)进行了与轴向压力作用下的矩形管相类似的分析,在分析中同时考虑了拉伸和弯曲变形。对正六角形蜂窝得到其平均压毁应力为

$$\frac{\sigma_{p3}}{Y_s} = 5.6\left(\frac{h}{l}\right)^{\frac{5}{3}} \tag{11.42}$$

注意上式中的幂次为 5/3,而不是 1 或者 2,这反映了弯曲和拉伸作用的联合效应。若只考虑胞壁的塑性弯曲,Gibson 和 Ashby(1997)的分析给出:

$$\frac{\sigma_{p3}}{Y_s} \approx \frac{\pi}{4} \cdot \frac{h/l+2}{4(h/l+\sin\theta)\cos\theta} \cdot \left(\frac{h}{l}\right)^3 \tag{11.43}$$

对于正六角蜂窝($l=c$ 和 $\theta=30°$)有

$$\frac{\sigma_{p3}}{Y_s} = 2\left(\frac{h}{l}\right)^2 \tag{11.44}$$

广义蜂窝(平面格栅)

除了常见的六角形蜂窝外,还有其他截面形式不同的蜂窝结构,通常也被称为格栅材料(lattice material)。图 11.19 给出了几种截面的平面图,分别为菱形格栅、矩形格栅、三角形格栅和 Kagome 格栅。在不同的外加载荷作用下,胞壁中可能有三种应力状态:弯曲、拉伸/压缩/膜力、剪切的作用。

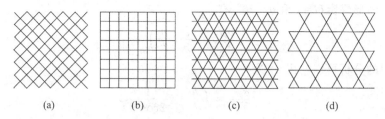

図 11.19　几种平面格栅结构（Qiu 等人，2009a）

（a）菱形格栅；（b）矩形格栅；（c）三角形格栅；（d）Kagome 格栅

　　根据其变形机制的不同，平面格栅可以分为轴力/膜力主导型结构和弯曲主导型结构（Qiu 等人，2009a）。如果所有的胞壁都用铰接的桁架单元来代替，轴力主导型格栅通常是静不定结构。以三角形格栅为例，其每个节点上有 6 根杆，显然为静不定结构。弯曲主导型格栅，如六角形蜂窝或者受主轴方向压缩的菱形蜂窝，在铰链连接的情况下会具有可以变形的机构。因此，如果节点是固结的，弯曲主导型格栅的节点处会承受很大的弯矩作用。在准静态加载的情况下，取代表单元对以上格栅结构进行分析，可以得到它们的等效性能如表 11.1 所示。由表可知，弯曲主导型格栅的等效模量与相对密度 $\bar{\rho}$ 的三次方成正比，而轴力主导型格栅与 $\bar{\rho}$ 呈线性关系；此外，两个方向上的塑性坍塌临界应力表明，弯曲主导型格栅与相对密度是平方关系，而轴力主导型结构仍然具有和相对密度有线性关系的塑性坍塌的临界应力。

表 11.1　几种平面格栅结构的等效参数（Qiu 等人，2009a）

	六 角 形	菱 形	矩 形	三 角 形	**Kagome**
$\bar{\rho}$	$2h/(\sqrt{3}l)$	$2h/l$	$2h/l$	$2\sqrt{3}h/l$	$\sqrt{3}h/l$
E/E_s	$3\bar{\rho}^3/2$	$\bar{\rho}^3/4$	$\bar{\rho}/2$	$\bar{\rho}/3$	$\bar{\rho}/3$
σ_{p1}/Y_s	$\bar{\rho}^2/2$	$\bar{\rho}^2/4$	$\bar{\rho}/2$	$\bar{\rho}/3$	$\bar{\rho}/3$
σ_{p2}/Y_s	$\bar{\rho}^2/2$	$\bar{\rho}^2/4$	$\bar{\rho}/2$	$\bar{\rho}/2$	$\bar{\rho}/2$

　　由于格栅或者蜂窝等多胞材料的相对密度是远小于 1 的，$\bar{\rho} \ll 1$，显然在相同相对密度的情况下，弯曲主导型格栅等效刚度更小，而且等效屈服应力更低。节点连接数为 4 的 Kagome 格栅处于弯曲主导型结构和轴力主导型结构的中间状态。因此，无缺陷的 Kagome 格栅在均匀的宏观等效应力作用下，像轴力主导型结构一样变形，但如果在胞壁有缺失或节点位置偏置的情况下，缺陷附近会有比较显著的弯曲变形。考虑到它们的变形机制，弯曲主导型格栅通常被简化为梁和刚架进行分析（如六角形蜂窝的分析）；而轴力主导型格栅的分析经常简化成铰接桁架，忽略其弯曲的影响。

　　需要指出的是，以上讨论的是格栅的初始临界坍塌载荷。在综合考虑了初始的弹性阶段，和进入大变形阶段后变形机构的变化，Qiu 等人（2009a）给出了以上几种格栅代表单元的等效应力-应变曲线,如图 11.20 所示。正像表 11.1 所说明的,在应变很小的情况下,轴力主导型格栅比弯曲主导型格栅具有更高的等效弹性模量,以及初始等效屈服应力;但当应变继续增加时,由于塑性变形机构的大变形几何效应,轴力主导型格栅的等效应力随应变增加急剧下降,而弯曲主导型格栅的等效应力基本不随应变增加而发生变化。同第 10 章图 10.8 所示的第 Ⅰ 类和第 Ⅱ 类能量吸收结构比较,容易发现,弯曲主导型格栅代表单元的响应曲线和第 Ⅰ 类能量吸收结构类似,而轴力主导型格栅与第 Ⅱ 类能量吸收结构类似。也就是说,虽然由等效静力学分析得到轴力主导型格栅的初始屈服应力更高的结论,但它属于惯性敏感的第 Ⅱ 类结构,在能量吸收方面具有不受欢迎的更大的峰值应力。

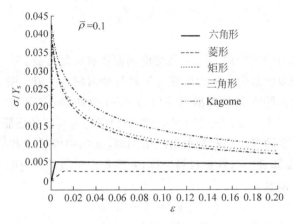

图 11.20 几种平面格栅结构代表单元的等效应力-应变曲线(Qiu 等人,2009a)

11.2.2 泡沫

由前面的分析可知,蜂窝材料的胞元是二维的,而泡沫材料(包括聚合物泡沫材料和金属泡沫材料)则是常见的具有三维胞元的多胞材料。泡沫材料可分为开胞和闭胞两种。当胞元只通过类似梁的棱边连接,液体可以在胞元之间流动时,称为开胞(open-celled)泡沫。与此相反,当胞元完全被胞壁所封闭,胞元之间没有液体流动的通道时,则称为闭胞(close-celled)泡沫。图 11.21 给出了开胞和闭胞泡沫的图片。有些泡沫材料也可能同时具有开胞和闭胞两种胞元。

可以通过用多面体胞元填充空间的方式生成泡沫,包括有三角形、菱形和六角形的柱体,菱形十二面体以及四十面体等(Gibson 和 Ashby,1997)。与蜂窝材料类似,相对密度也是描述泡沫特征的重要参数。对于开胞泡沫,有

$$\bar{\rho} = C_2 \left(\frac{h}{l} \right)^2 \tag{11.45}$$

对于闭胞泡沫,有

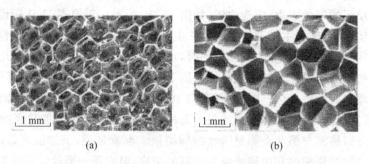

图 11.21　两种类型的泡沫(Gibson 和 Ashby,1997)

(a) 聚氨酯泡沫(开胞)；(b) 聚乙烯(闭胞)

$$\bar{\rho} = C_3 \frac{h}{l} \tag{11.46}$$

(11.45)式和(11.46)式中的 C_2、C_3 是与胞元形状有关的常数。

　　泡沫材料的力学行为和理论研究方法都与蜂窝材料类似。图 11.22 给出了不同密度闭胞硬质聚氨酯泡沫的典型压缩应力-应变曲线(Maji 等,1995)。通常泡沫的响应曲线都包括三个阶段：线弹性响应，以平台应力为特征的屈服，以及应力随着应变快速增长的压实阶段。当泡沫的密度增加时，初始弹性模量和平台应力也随之增加，但是压实应变降低。与蜂窝材料一样，开胞和闭胞泡沫材料的压实应变都可以表示为相对密度的函数，有

$$\varepsilon_D = 1 - 1.4\bar{\rho} \tag{11.47}$$

上式中的系数 1.4 是由实验结果归纳得到的。

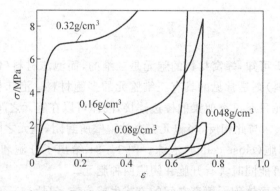

图 11.22　闭胞硬质聚氨酯泡沫的应力-应变曲线(Maji 等人,1995)

　　同样与蜂窝材料类似，泡沫的平台应力也是由泡沫胞元的失效机理决定的：它们可能是弹性屈曲、塑性坍塌或者是断裂。对于闭胞泡沫来讲，封闭在胞元中的空气或者液体受压缩，可以使得平均平台应力有所增加。

　　如图 11.23(a)所示，开胞泡沫的弹性屈曲可以利用一个理想化的代表胞元进行

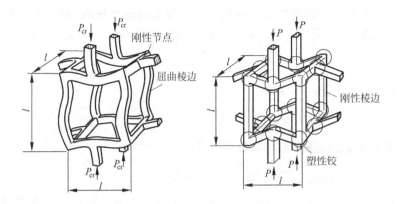

图 11.23 开胞泡沫的代表单元(Gibson 和 Ashby,1997)

(a) 胞壁的弹性屈曲;(b) 胞元的塑性坍塌

分析(Gibson 和 Ashby,1997)。由压杆的 Euler 屈曲载荷公式可以给出开胞泡沫的名义应力,有

$$\sigma_{\mathrm{e}} \propto \frac{P_{\mathrm{cr}}}{l^2} \propto \frac{E_{\mathrm{s}} I}{l^4} \propto E_{\mathrm{s}} \left(\frac{h}{l}\right)^4 \tag{11.48}$$

注意到上式应用了 $I \propto h^4$。因为对于开胞泡沫有 $\bar{\rho} \propto (h/l)^2$,因此有

$$\frac{\sigma_{\mathrm{e}}}{E_{\mathrm{s}}} \propto \bar{\rho}^2 \tag{11.49}$$

如果考虑到拐角处占有很显著的一部分体积,可以对方程(11.49)式加以改进。将理论分析同实验数据拟合,得到以下方程:

$$\frac{\sigma_{\mathrm{e}}}{E_{\mathrm{s}}} = 0.05 \bar{\rho}^2 \tag{11.50}$$

更精确的表达式则为

$$\frac{\sigma_{\mathrm{e}}}{E_{\mathrm{s}}} = 0.03 \bar{\rho}^2 (1 + \sqrt{\bar{\rho}})^2 \tag{11.51}$$

对于闭胞泡沫,设胞内有初始压力 p_0,压力差 $p_0 - p_{\mathrm{atm}}$ 会引起胞壁的拉伸,其中 p_{atm} 是大气压力。在引起胞壁屈曲之前,外部应力首先克服此压力差引起的拉伸。因此,(11.50)式和(11.51)式可以分别被修改为

$$\frac{\sigma_{\mathrm{e}}}{E_{\mathrm{s}}} = 0.05 \bar{\rho}^2 + \frac{p_0 - p_{\mathrm{atm}}}{E_{\mathrm{s}}} \tag{11.52}$$

和

$$\frac{\sigma_{\mathrm{e}}}{E_{\mathrm{s}}} = 0.03 \bar{\rho}^2 (1 + \sqrt{\bar{\rho}})^2 + \frac{p_0 - p_{\mathrm{atm}}}{E_{\mathrm{s}}} \tag{11.53}$$

当泡沫进一步被挤压时,由于胞元体积的减少,封闭在胞元内部的流体对胞壁产生更大的压力,其数值可以由 Boyle 定律求出。因而应力也与应变 ε 联系起来,

$$\frac{\sigma_{\mathrm{e}}}{E_{\mathrm{s}}} = 0.05 \bar{\rho}^2 + \frac{p_0 - p_{\mathrm{atm}}}{E_{\mathrm{s}}(1 - \varepsilon - \bar{\rho})} \tag{11.54}$$

图 11.23 采用的代表胞元也可用来分析胞元的塑性坍塌,如图 11.23(b)所示。因为塑性极限弯矩 $M_p \propto Y_s h^3/4$,所以力 $P \propto M_p/l \propto Y_s h^3/l$。因此,名义应力 σ_p 为

$$\sigma_p \propto \frac{P}{l^2} \propto Y_s \frac{h^3}{l^3} \tag{11.55}$$

因为开胞泡沫 $\bar{\rho} \propto (h/l)^2$,有

$$\frac{\sigma_p}{Y_s} \propto \bar{\rho}^{3/2} \tag{11.56}$$

利用上式与开胞泡沫的实验结果拟合,可得

$$\frac{\sigma_p}{Y_s} = 0.3\bar{\rho}^{3/2} \tag{11.57}$$

和

$$\frac{\sigma_p}{Y_s} = 0.23\bar{\rho}^{3/2}(1 + \sqrt{\bar{\rho}}) \tag{11.58}$$

闭胞泡沫的塑性坍塌不仅涉及胞元棱边的弯曲,而且还涉及胞壁的拉伸,后者对应力的贡献正比于相对密度 $\bar{\rho}$。设胞元棱边所占的体积率为 ϕ,则剩下的固体部分 $(1-\phi)$ 是属于胞壁的。因此闭胞塑料泡沫的破损强度为

$$\frac{\sigma_p}{Y_s} = 0.3(\phi\bar{\rho})^{3/2} + (1-\phi)\bar{\rho} + \frac{p_0 - p_{atm}}{Y_s} \tag{11.59}$$

11.2.3 多胞材料的动力学响应

如图 11.24(a)所示,一般多胞材料的等效应力-应变曲线具有相对于应变轴向下外凸的特性。在这种情况下,如同在第 2 章中对渐增硬化材料所讨论的那样(参见图 2.7 和图 2.8),后产生的塑性应力波速度比先产生的波速更高,因此会产生一个冲击波波前(Reid 和 Peng,1997;Ashby 等,2000)。

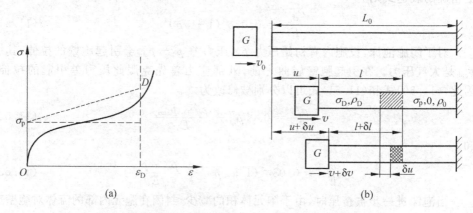

图 11.24 多胞材料的理想刚塑性冲击波理论(Lu 和 Yu,2003)

(a) 多胞材料的典型等效应力-应变曲线;(b) 集中质量撞击初始静止的圆柱

考虑初速度为 v_0 的集中质量 G 撞击初始静止的多胞材料圆柱(图 11.24(b))。将多胞材料的应力-应变曲线理想化为理想刚塑性材料,并在压实应变 ε_D 处锁定,如图 11.24(a)中的虚线。碰撞后一个冲击波波前形成,并以速度 c_p 向右传播。此冲击波波前的前方材料是静止的,应力为多胞材料的平台应力 σ_p。波前后方的材料被压缩至压实应变 ε_D,并具有压实后的密度为 $\rho_D = \rho_0/(1-\varepsilon_D)$,此部分材料以与质量 G 相同的瞬时速度运动,速度随时间而减小。波前经过后致密材料的应力水平突增为 σ_D,此应力水平将随着质点的瞬时速度 v_D 而变化。考虑某一瞬间,被压实圆柱当时长度为 l,其对应的初始长度为 $l_0 = l/(1-\varepsilon_D)$,则压缩这个长度所作的塑性功为 $\sigma_p\varepsilon_D Al/(1-\varepsilon_D)$。其中 A 是杆的横截面积,假定为常数。由能量平衡原理给出:

$$\frac{1}{2}\left(G+\frac{\rho_0}{1-\varepsilon_D}Al\right)v_D^2 + \sigma_p\varepsilon_D A\frac{l}{1-\varepsilon_D} = \frac{1}{2}Gv_0^2 \tag{11.60}$$

由图 11.24(a)知,塑性波速度 c_p 为

$$c_p = \sqrt{\frac{(\sigma_D-\sigma_p)/\varepsilon_D}{\rho_0}} \tag{11.61}$$

对应的质点速度为 $v_D = c_p\varepsilon_D$。对于时间增量 δt,由波前处一个单元的动量守恒给出:

$$(\sigma_D-\sigma_p)A\cdot\delta t = \frac{\rho_0 Ac_p\cdot\delta t\cdot v_D}{1-\varepsilon_D} \tag{11.62}$$

因此有

$$\sigma_D = \sigma_p + \frac{\rho_0 c_p v_D}{1-\varepsilon_D} \tag{11.63}$$

联立求解(11.60)式和(11.63)式,得到:

$$\sigma_D = \sigma_p + \frac{\rho_0}{\varepsilon_D}\cdot\frac{Gv_0^2-2\sigma_p Al\cdot\varepsilon_D/(1-\varepsilon_D)}{G+\rho_0 Al/(1-\varepsilon_D)} \tag{11.64}$$

(11.64)式表明,当被压缩圆柱长度 l 增加时,应力 σ_D 减小。取 $l=0$,可以由(11.64)式得出碰撞瞬间的最大的初始应力:

$$\sigma_D = \sigma_p + \frac{\rho_0 v_0^2}{\varepsilon_D} \tag{11.65}$$

(11.65)式右侧的第一项是准静态的平台应力,第二项是由惯性效应引起的动力增强项。可见,在碰撞载荷作用下,单纯由惯性效应的结果,就会引起多胞材料的峰值应力的增强。增加量 $(\sigma_D-\sigma_p)$ 正比于初速度的平方。只要撞击速度足够高,可以产生平面塑性波前,则塑性冲击波理论便可以用于多胞材料,如蜂窝材料、泡沫材料和木材等。

以蜂窝材料为例,在高速碰撞时会产生冲击波,但在中低速碰撞的情况下,就可能发生变形的局部化。Ruan 等人(2003)应用有限元分析,研究了六角形蜂窝受刚性板动态压缩时的面内响应。在蜂窝变形过程中,假设刚性板的速度恒定。为了研究

加载速度效应的影响,刚性板的碰撞速度取值范围在 3.5～280 m/s 变化。Ruan 等人(2003)的计算结果表明,六角形蜂窝随着动态压缩速度的不同,有三种变形模式:"X"形、"V"形和"I"形。在低速碰撞时($v<14$ m/s),发生"X"形的变形模式;在中速碰撞时,发生"V"形的过渡模式;在速度更高的碰撞中,发生"I"形的冲击波变形模式。图 11.25 给出了两种压缩速度下,六角形蜂窝的变形图。

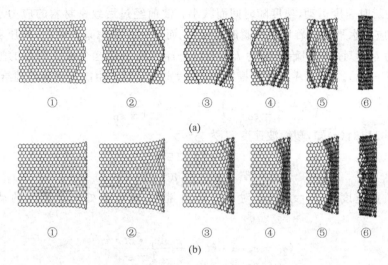

图 11.25　六角形蜂窝受到刚性板的匀速压缩(Qiu 等人,2009b)
(a) 压缩速度 3.5 m/s; (b) 压缩速度 28 m/s
① $\varepsilon=0.05$; ② 0.11; ③ 0.30; ④ 0.46; ⑤ 0.57; ⑥ 0.80

平台应力是能量吸收中的重要指标,对于六角形蜂窝动态压溃过程,Ruan 等人(2003)给出了由数值仿真拟合出的经验公式,有

$$\frac{\sigma_D}{Y_s} = 0.8\left(\frac{h}{l}\right)^2 + \left[62\left(\frac{h}{l}\right)^2 + 41\left(\frac{h}{l}\right) + 0.01\right] \times 10^{-6} v^2 \qquad (11.66)$$

(11.66)式表明,此动态平台应力取决于胞元的壁厚长度比 h/l,以及刚性板的压缩速度 v。

Qiu 等人(2009b)针对包括六角形蜂窝在内的几种广义蜂窝(格栅)进行了动力学压溃的有限元计算。几种格栅在高加载速度下,都表现出明显的惯性效应。图 11.26 给出了它们的动态平均应力随加载速度的变化规律。显然,随着加载速度的增加,几种广格栅结构的动态平均应力均增加。

通过拟合五种格栅动态压溃的数值结果,Qiu 提出了以下两种动态应力的经验公式,有

$$\frac{\sigma_D}{Y_s} = A_1 \bar{\rho}^2 + B_1 \bar{\rho} \frac{\rho_s v^2}{Y_s} \qquad (11.67)$$

和

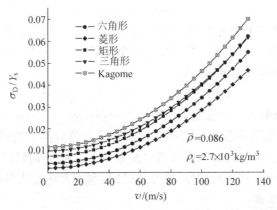

图 11.26　相对密度相同时几种格栅的动态平均应力随压缩速度
的变化曲线(Qiu 等人,2009b)

$$\frac{\sigma_{\mathrm{D}}}{Y_{\mathrm{s}}} = A\bar{\rho}^2 + \frac{\bar{\rho}}{1-B\bar{\rho}} \frac{\rho_{\mathrm{s}}v^2}{Y_{\mathrm{s}}} \tag{11.68}$$

(11.67)式和(11.68)式的共同特点是,动态应力 σ_{D} 随相对密度 $\bar{\rho}$ 及压缩速度 v 的增加而增加。形式上,(11.67)式和(11.68)式都和前面提过的冲击波理论 (11.65)式非常类似。(11.67)式和(11.68)式的右端第一项,均反映了准静态压缩情况下的平均应力 $\bar{\sigma}_{\mathrm{p}}$(参见第 11.2.1 节蜂窝的静力学分析);右端的第二项对应的是惯性效应引起的动力增强项 σ_{d}。第二个拟合方程(11.68)式中的 $(1-B\bar{\rho})$,其物理意义为压实应变,$\varepsilon_{\mathrm{D}}=1-\lambda\bar{\rho}$。图 11.26 的曲线还表明,对于不同的广义蜂窝(格栅)构型,只要相对密度相同,其动力增强项之间的差异很小。

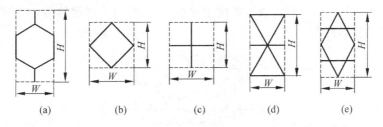

图 11.27　几种广义蜂窝的代表单元(Qiu 等人,2009b)
(a) 六角形蜂窝；(b) 菱形蜂窝；(c) 矩形蜂窝；(d) 三角形蜂窝；(e) Kagome 蜂窝

Qiu 等人(2009b)还给出了一个动力增强项的直观解释。在受到竖直方向 (x_2 向)压缩的情况下,取各种格栅的代表单元如图 11.27 所示。虚线包围的矩形高为 H 宽为 W。通过将图示的代表单元在水平和竖直方向重复即可生成大片的格栅试件。利用均匀加速度假设,总质量为 m 代表单元的速度从静止开始加速到 v,因此加速度 a 和格栅质心平均移动距离 $H/2$ 之间的关系为,$v^2 = aH$。由牛顿第二定律,压缩此代表单元的作用力 F 应为

$$F = ma = \rho_s S b v^2 / H \tag{11.69}$$

其中 S 是固体材料所填充的面积, b 是 x_3 方向的单元尺度。令 $S_0 = HW$ 表示此代表单元覆盖的面积,并利用相对密度的定义可知 $\bar{\rho} = \rho / \rho_s = S / S_0$,因此由惯性效应引起的动力增强应力项具有如下表达式:

$$\sigma_d = F / W b = \rho_s S v^2 / S_0 = \bar{\rho} \rho_s v^2 \tag{11.70}$$

上式给出了格栅在单轴压缩情况下动力增强项的一个估计,可见 σ_d 只取决于格栅密度 $\bar{\rho} \rho_s$,却与格栅的构型没有关系。这解释了数值计算中的现象,即相对密度相同的不同格栅构型,其动力增强项之间的差异很小。通过数值计算还发现,在高速冲击的情况下,格栅逐层被压溃,对应冲击波模式,利用上述简化模型得到的动力增强项(11.70)式更为准确。

以上研究表明,在将广义蜂窝等效为均匀连续介质的宏观层次,反映出的物理现象"冲击波效应",其实是微观层次胞元的"惯性效应"的综合效果。微观层次下胞壁结构的逐层坍塌,反映在宏观层次即为塑性应力波的传播过程。因此,对于具有微观结构的多胞材料而言,"冲击波效应"和"微结构的惯性效应"本质上是同一种物理现象,只不过是在不同尺度下说法的差异而已。

习题

11.1 当圆管在轴压下向外翻转时(图 11.11),有可能在其外侧出现撕裂。试建立撕裂发生的准则,并讨论发生撕裂后圆管的能量吸收能力的变化。

11.2 如图所示,有一种由聚合物制成的蜂窝材料,胞元呈圆环形,且在平面内呈六角形排列。请分析它属于弯曲主导型,还是膜力主导型结构?并画出它受压时的变形机构。

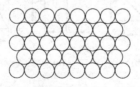

习题 11.2 图

结　束　语

本书的宗旨在于给有关专业的研究生和工程师，提供一本比较系统和全面的冲击动力学教材。但是，由于各个工程领域提出许多新问题，冲击动力学这一学科近年来发展很快，本书仅只是一个入门的导引。如果需要进行专题研究或是工程设计，请读者进一步阅读有关的专著，特别是以下几本专著：

- W. Johnson, *Impact Strength of Materials*, Edward Arnold. 1972
- N. Jones, *Structural Impact*, Cambridge University Press. 1989
- W. J. Stronge and T. X. Yu, *Dynamic Models for Structural Plasticity*, Springer-Verlag, London. 1993
- M. A. Meyers, *Dynamic Behavior of Materials*, John Wiley & Sons, New York. 1994
- G. Lu and T. X. Yu, *Energy Absorption of Structures and Materials*. Woodhead Publishing Ltd, 2003

此外，读者也需要注意跟踪新发表的研究论文，例如国际冲击工程学报（*International Journal of Impact Engineering*）一直不断刊登冲击动力学这一领域内的最新论文。

参 考 文 献

Alexander, J.M. (1960) An approximate analysis of the collapse of thin cylindrical shells under axial load. *Quart. J. Mech. App. Math.* , **13**, 10-15.

Alghamdi, A.A.A. (2001) Collapsible impact energy absorbers: an overview. *Thin Wall Struct.* , **39**(2), 189-213.

Al-Hassani, S.T.S. , Johnson, W. and Lowe, W.T. (1972) Characterization of inversion tubes under axial loading. *J. Mech. Eng. Sci.* , **14**(6), 370-381.

Ashby, M.F. , Evans, A. , Fleck, N.A. , Gibson, L.J. , Hutchinson, J.W. and Wadley, H.N.G. (2000) *Metal foam: a design guide.* Butterworth-Heinemann, Boston MA.

Booth, E. , Collier, D. and Miles, J. (1983) Impact scalability of plated steel structures, in *Structural Crashworthiness.* Eds Jones, N. , and Wierzbicki, T. , Butterworths, London, 136-174.

Burton, R.H. and Craig, J.M. (1963) An investigation into the energy absorbing properties of metal tubes loaded in the transverse directions. BSc (Eng) Report, University of Bristol, UK

Calladine, C.R. (1968) Simple ideas in the large-deflection plastic theory of plates and slabs, in *Engineering Plasticity*, Eds Heyman, J. and Leckie, F.A. , Cambridge, 93-127.

Calladine, C.R. (1983) An investigation of impact scaling theory, in *Structural Crashworthiness.* Eds Jones, N. and Wierzbicki, T. Butterworths, London, 169-174.

Calladine, C.R. and English, R.W. (1984) Strain-rate and inertia effects in the collapse of two types of energy-absorbing structure. *Int. J. Mech. Sci.* , **26**, 689-701.

Campbell, J.D. and Cooper, R.H. (1966) Yield and flow of low-carbon steel at medium strain rates, *Proceedings of the Conference on the Physical Basis of Yield and Fracture*, Institute of Physics and Physical Society, London, 77-87.

Campbell, J.D. and Ferguson, W.G. (1970) The temperature and strain-rate dependence of the shear strength of mild steel, *Phil. Mag.* , **21**, 63-82.

Campbell, J.D. , Eleiche, A.M. and Tsao, M.C.C. (1977) Strength of metals and alloys at high strains and strain rates, in *Fundamental Aspects of Structural Alloy Design*, Plenum, New York, 545-563.

Chen, F.L. and Yu, T.X. (1993) Analysis of large deflection dynamic response of rigid-plastic beams, *ASCE J. Eng. Mech.* , **119**, EM6, 1293-1301.

Clifton, R.J. (1983) Dynamic Plasticity, *J. Appl. Mech.* , **50**, 941-952.

Colokoglu, A. , Reddy, T.Y. (1996) Strain rate and inertial effects in free external inversion of tubes. *Int. J. Crashworthines*, **1**(1), 93-106.

Cox, A.D. and Morland, L.W. (1959) Dynamic plastic deformations of simply-supported square plates, *J. Mech. Phys. Solids*, **7**, 229-241.

de Runtz, J.A. and Hodge, P.G. (1963). Crushing of a tube between rigid plates, *ASME J. Appl.*

Mech. , **30**, 391-395.

Eshelby, J.D. (1949) Uniformly moving dislocations, *Proc. Phys. Soc.* (Lond.), A**62**, 307-314.

Field, J.E. , Walleyet, S.M. , Proud, W.G. , Goldrein, H.T. and Siviour, C.R. (2004) Review of experimental techniques for high rate deformation and shock studies, *Int. J. Impact Engng.* , **30**, 725-775.

Frost, H.J. and Ashby, M.F. (1982) Deformation mechanism maps, Pergamon, Oxord.

Gibson, L.J. , and Ashby, M.F. (1997) *Cellular solids: structure and properties*, Cambridge University Press, Cambridge.

Gilman, J.J. and Johnston, W.G. (1957) *Dislocations and mechanical properties of Crystals*, Wiley, New York, p. 116.

Greeman, W.F. , Vreeland, T. Jr. , and Wood, D.S. (1967) Dislocation mobility in copper, *J. Appl. Phys.* , **38**, p. 3595.

Grzebieta, R.H. and Murray, N.W. (1985) The static behaviour of struts with initial kinks at their centre point. *Int. J. Impact Engng.* , **3**, 155-165.

Grzebieta, R.H. and Murray, N.W. (1986). Energy absorption of an initially imperfect strut subjected to an impact load. *Int. J. Impact Engng.* , **4**, 147-159.

Guist, L.R. and Marble, D.P. (1966) Prediction of the inversion load of a circular tube. *NASA Technical Note TN-D-*3622.

Guillow, S.R. , Lu, G. and Grzebieta, R.H. (2001) Quasi-static axial compression of thin-walled circular aluminium tubes. *Int. J. Mech. Sci.* , **43**, 2103-2123.

Hashmi, S.J. , Al-Hassani, S.T.S. and Johnson, W. (1972) Dynamic plastic deformation of rings under impulsive load, *Int. J. Mech. Sci.* , **14**, 823-841.

Hawkyard, J.B. (1969) A theory for the mushrooming of flat-ended projectiles impinging on a flat rigid anvil, using energy consideration. *Int. J. Mech. Sci.* , **11**,313-333.

Hopkinson, B. (1905) The effects of momentary stresses in metals, *Proc. Roy. Soc. A*, **74**, 498-506.

Johnson, K.L. (1985) *Contact mechanics*, Cambridge University Press, Cambridge UK.

Johnson, P.C. , Stem B.A. and Davis, R.S. (1963) Symposium on the dynamic behavior of materials, special technical publication No. 336, American Society for Testing and Materials, Philadelphia, PA, 1963, p. 195.

Johnson, W. (1972) *Impact strength of materials*, Edward Arnold.

Johnson,W. and Mellor, P.B. (1973) *Engineering plasticity*, Van Nostrand Reinhold, London.

Johnson, G.R. and Cook, W.H. (1983) A constitutive model and data for metals subjected to large strains, high strain rates, and high temperatures, Proc. 7th Intern. Symp. Ballistics, Am. Def. Prep. Org(ADPA), Netherlands. 541-547.

Johnston, W.G. and Gilman, J.J. (1959) Dislocation velocities, dislocation densities, and plastic flow in lithium fluoride crystals. *J. Appl. Phys.* , **30**, 129-144.

Jones, N. (1976) Plastic failure of ductile beams loaded dynamically. *Trans. ASME. J. Eng. Ind.* , **98**(B1),131-136.

Kaliszky, S. (1970) Approximate solution for impulsively loaded inelastic structures and continua, *Int. J. Non-linear Mechanics*, **5**, 143-158.

Klopp, R.W. , Clifton, R.J. and Shawki, T.G. (1985) Pressure-shear impact and the dynamic viscoplastic response of metals, *Mech, Mater.* , **4**, 375-385.

Kondo, K. and Pian, T.H.H. (1981) Large deformation of rigid-plastic circular plates. *Int. J. Solids Structures*, **17**, 1043-1055.

Kolsky, H. (1949) An investigation of the mechanical properties of materials at very high rates of loading. *Proc. Phys. Soc.* , **B62**, 676-700.

Kumar, P. and Clifton, R.J. (1979) Dislocation motion and generation in LiF single crystals subjected to plate impact, *J. Appl. Phys.* , **50**, 4747-4762.

Lee, E.H. and Symonds, P.S. (1952) Large plastic deformations of beams under transverse impact, *J. Appl. Mech.* , **19**, 308-314.

Lee, L.S.S. (1972) Mode responses of dynamically loaded structures, *J. Appl. Mech.* , **39**, 904-910.

Lee, L.S.S. and Martin, J.B. (1970) Approximate solutions of impulsively loaded structures of a rate sensitive material, *J. Appl. Math. Physics*, **21**, 1011-1032.

Lenski, V.S. (1949)On the elastic-plastic shock of a bar on a rigid wall, *Prikl. Mat. Meh.* , **12**, 165-170.

Lu, G.X. and Yu, T.X. (2003) *Energy absorption of structures and materials*. Woodhead Publishing Limited.

Maiden, C.J. and Green, S.J. (1966) Compressive strain-rate tests on six selected materials at strain rates from 10-3 to 104 in/in/sec,*ASME J. Appl. Mech.* , **33**, 496-504.

Maji, A.K. , Schreyer, H.L. , Donald, S. , Zou, Q. and Satpathi, D. (1995) Mechanical properties of polyurethane foam impact limiters, *ASCE J. Engng. Mech.* , **121**, 528-540.

Martin, J.B. (1966) A note on the uniqueness of solutions for dynamically loaded rigid-plastic and rigid-viscoplastic continua, *J. Appl. Mech.* , **33**, 207-209.

Martin, J.B and Symonds, P.S. (1966) Mode approximations for impulsively loaded rigid-plastic structures. *J. Eng. Mech. Div.* , *Proc. ASCE*, **92**, EM5, 43-66.

Menkes, S.B. and Opat, H.J. (1973) Broken beams, *Experimental mechanics*, **13**, 480-486.

Merchant, W. (1965) On equivalent structures. *Int. J. Mech. Sci.* , **7**, 613-619.

Meyer, L.W. (1992) Constitutive models at high rates of strain, in *Shock-wave and high strain rate phenomena in material*, eds. Meyers, M.A. , Murr, L.E. and Staudhammer, K.P. Dekker, NewYork, 49-68.

Meyers, M.A. (1994) *Dynamic behavior of materials*, John Wiley & Sons, New York.

Meyers, M.A. and Chawla, K.K. (1984) Mechanical metallurgy: principles and applications, Prentice-Hall, Englewood Clikffs, NJ.

Nonaka, T. (1967) Some interaction effects in a problem of plastic beam dynamics, Part 2: Analysis of a structure as a system of one degree of freedom, *J. Appl. Mech.* , **34**, 631-637.

Olabi, A.G., Morris, E. and Hashmi, M.S.J. (2007) Metallic tube type energy absorbers: A synopsis. *Thin Wall Struct.*, **45**(7-8), 706-726.

Owens, R.H. and Symonds, P.S. (1955) Plastic deformation of free ring under concentrated dynamic loading, *J. Appl. Mech.*, **22**, 523-529.

Parkes. (1955) The permanent deformation of a cantilever struck transversely at its tip, *Proc. Roy. Soc.*, A**228**, 462-476.

Qiu, X., Zhang, J. and Yu, T.X. (2009a) Collapse of periodic planar lattices under uniaxial compression, part I: quasi-static strength predicted by limit analysis. *Int. J. Impact Engng.*, **36**, 1223-1230.

Qiu, X., Zhang, J. and Yu, T.X. (2009b). Collapse of periodic planar lattices under uniaxial compression, part II: dynamic crushing based on finite element simulation. *Int. J. Impact Engng.*, **36**, 1231-1241.

Reddy, T.Y. (1992) Guist and Marble revisited- on the natural knuckle radius in tube inversion. *Int. J. Mech. Sci.*, **34**(10), 761-768.

Reddy, T.Y., Reid, S.R. and Barr, R. (1991) Experimental investigation of inertia effects in one-dimensional metal rings system subjected to impact-II. Free ended systems. *Int. J. Impact Engng.*, **2**, 463-480.

Reddy, T.Y., Reid, S.R., Carney III, J.F. and Veilletter, J.R. (1987) Crushing analysis of braced metal ring using the equivalent structure technique. *Int. J. Mech. Sci.*, **29**, 655-668.

Redwood, R.G. (1964) Discussion of (de Runtz, J.A. and Hodge, P.G. 1963). *ASME J. Appl. Mech.*, **31**, 357-358.

Regazzoni, G., Kocks, U.F. and Follansbee, P.S. (1987) Dislocation kinetics at high strain rates, *Acta Met.*, **35**, 2865-2875.

Reid, S.R. (1983) Laterally compressed metal tubes as impact energy absorbers. Chapter 1 in *Structural Crashworthiness*. Eds. Jones, N. and Wierzbicki, T., Butterworths, London.

Reid, S.R. and Bell, W.W. (1984) Response of 1-D metal ring systems to end impact, in *Mechanical properties at high rates of strain*. Ed. Harding. J., Institute of Physics Coference Series No. 70, Bristol, 471-478.

Reid, S.R., Bell, W.W. and Barr, R. (1983a) Structural plastic model for one-dimensional ring systems. *Int. J. Impact Engng.*, **1**, 185-191.

Reid, S.R. and Peng, C. (1997) Dyanmic uniaxial crushing of wood. *Int. J. Impact Engng.*, **19**, 531-570.

Reid, S.R. and Reddy, T.Y. (1978) Effects of strain hardening on the lateral compression of tubes between rigid plates. *Int. J. Solid. Structures*, **14**, 213-225.

Reid, S.R. and Reddy, T.Y. (1983) Experimental investigation of inertia effects in one-dimensional metal rings system subjected to impact-I. Fixed ended systems. *Int. J. Impact Engng.*, **1**, 85-106.

Reid, S.R., Reddy, T.Y. and Gray, M.D (1986) Static and dynamic axial crushing of foam-filled sheet metal tubes. *Int. J. Mech. Sci.* , **28**, 295-322.

Ruan, D. , Lu, G. , Wang, B. , and Yu, T.X. (2003) In-plane dynamic crushing of honeycombs—a finite element study. *Int. J. Impact Engng.* , **28**(2), 161-182.

Shen, W.Q. and Jones, N. (1992) A failure criterion for beams under impulsive loading, *Int. J. Impact Engng.* , **12**, 101-121.

Stein, D.F. and Low, J.R. (1960) Mobility of edge dislocations in silicon - iron crystals. , *J. Appl. Phys.* , **31**, 362-369.

Stronge W.J. and Yu, T.X. (1993) *Dynamic models for structural plasticity*, Springer-Verlag, London.

Symonds, P.S. (1967) Survey of methods of analysis of plastic deformation of structures under dynamic loading, Brown University, Division of Engineering Report BU/NSRDC/1-67, June 1967.

Symonds, P.S. and Jones, N. (1972) Impulsive loading of fully clamped beams with finite plastic deflections and strain-rate sensitivity, *Int. J. Mech. Sci.* , **14**, 49-69.

Symonds, P.S. and Mentel, T.S. (1958) Impulsive loading of plastic beams with axial constraints, *J. Mech. Phys. Solids* , **6**, 186-202.

Tam, L.L. and Calladine, C.R. (1991) Inertia and strain-rate effects in a simple platestructure under impact loading. *Int. J. Impact Engng.* , **11**, 349-377.

Taylor, G.I (1948) The use of flat-ended projectiles for determining dynamic yield stress I: Theoretical considerations. *Proc. Roy. Soc. London.* , A**194**, 289-299.

Timoshenko, S.P. and Gere, J.M. (1961) *Theory of elastic stability.* Second edition. McGraw-Hill, Tokyo.

Vinh, T. , Afzali, M. and Rocke, A. (1979) Fast fracture of some usual metals at combined high strain and high strain rates, in *Mechanical Behavior of materials*, Proc. ICM, eds. Miller, A.K. and Smith, R.F. , Pergamon, New York, 633-642.

Vohringer, O. (1990) Material behavior at high rates, in *Deformation behavior of metallic materials*, ed. Chiem, C.Y. International Summer School on Dynamic Behavior of Materials, ENSM, Nantes, September 11-15, 1990, p. 7.

Whiffin, A.C. (1948) The use of flat ended projectiles for determining yield stress. II: tests on various metallic materials. *Proc. Roy. Soc. Lond.* , **194**, 300-322.

Youngdahl, C.K. (1970) Correction parameter for eliminating the effect of pulse shape on dynamic plastic deformation, *J. Appl. Mechanics*, **37**, 744-752.

Yu, T.X. (1979) Large plastic deformation of a circular ring pulled diametrically (in Chinese), *Acta Mechanica Sinica*, **11**(1), 88-91.

Yu, T.X. (1993) Elastic effect in the dynamic plastic response of structures, Chapter 9 in *Structural crashworthiness and failure*, ed. Jones, N. and Wierzbicki, T. pp. 341-384, Elsevier.

Yu, T.X. and Chen, F.L. (1992) The large deflection dynamic response of rectangular plates, *Int.*

J. Impact Engng., **12**, 603-616.

Yu，T.X. and Chen，F.L. (1998) Failure modes and criteria of plastic structures under intense dynamic loading: A review. *Metals and Materials*，**4**，219-226.

Yu，T.X. and Chen，F.L. (2000) A further study of plastic shear failure of impulsively loaded clamped beams，*Int. J. Impact Engng.*，**24**，613-629.

Yu，T.X. and Hua，Y.L. (1994) Introduction to the Dynamics of Plastic Structures (in Chinese)，USTC Press，Hefei，China.

Yu，T.X. and Stronge，W.J. (1990) Large deflection of a rigid-plastic beam-on-foundation from impact，*Int. J. Impact Engng.*，**9**，115-126.

Zerilli，F.J. and Armstrong，R.W. (1987) Dislocation-mechanics-based constitutive relations for material dynamics calculations. *J. Appl. Phys.*，**61**，1816-1825.

Zerilli，F.J. and Armstrong，R.W. (1990a) Dislocation mechanics based constitutive relations for dynamic straining to tensile instability，in *Shock Compression of Condensed Matter*-1989，eds. Schmidt，S.C.，Johnson，J.N. and Davison，L.W.，Elsevier，Amsterdam，357-361.

Zerilli，F.J. and Armstrong，R.W. (1990b) Description of tantalum deformation behavior by dislocation mechanics based constitutive relations. *J. Appl. Phys.*，**68**，1580-1591.

Zerilli，F.J. and Armstrong，R.W. (1992) The effect of dislocation drag on the stress-strain behavior of F.C.C. metals，*Acta Met.Mat.*，**40**，1803-1808.

Zhang，T.G. and Yu，T.X. (1989) A note on a "velocity sensitive" energy-absorbing structure. *Int. J. Impact Engng.*，**8**，43-51.

Zhang，X.W.，Su，H. and Yu，T.X. (2009a) Energy absorption of an axially crushed square tube with a buckling initiator，*Int. J. Impact Engng.*，**36**(3)，402-417.

Zhang，X.W.，Tian，Q.D. and Yu，T.X. (2009b) Axial crushing of circular tubes with buckling initiators，*Thin-walled Structures*，**47**(6-7)，788-797.

Zhang，X.W. and Yu，T.X. (2009c) Energy absorption of pressurized thin-walled circular tubes under axial crushing. *Int. J. Mech. Sci.*，**51**(5)，335-349.

Zhu，G.，Huang，Y.G.，Yu，T.X. and Wang，R. (1986) Estimation of the plastic structural response under impact，*Int. J. Impact Engng.*，**4**，271-282.

邱信明，贺良鸿. 圆管准静态翻转的三维模型分析. 失效分析与预防，2011：**6**，1-7.

余同希，陈发良. 用"膜力因子法"分析简支刚塑性圆板的大挠度动力响应. 力学学报，1990：**22**(5)，555-565.

余同希，卢国兴. 材料与结构的能量吸收. 北京：化学工业出版社，2006.